尾矿污染特征及环境管理

WEIKUANG WURAN TEZHENG
JI HUANJING GUANLI

叶旌 田祎 李文强 胡华龙 聂晶磊◎著

中国环境出版集团 · 北京

图书在版编目（CIP）数据
尾矿污染特征及环境管理 / 叶旌等著. -- 北京 : 中国环境出版集团, 2024. 12. -- ISBN 978-7-5111-6160-4
I. X751
中国国家版本馆 CIP 数据核字第 20240XK419 号

责任编辑 张 佳
封面设计 庄 琦

出版发行 中国环境出版集团
（100062 北京市东城区广渠门内大街 16 号）
网 址：http: //www.cesp.com.cn
电子邮箱：bjg1@cesp.com.cn
联系电话：010-67112765（编辑管理部）
010-67112736（第六分社）
发行热线：010-67125803，010-67113405（传真）
印 刷 玖龙（天津）印刷有限公司
经 销 各地新华书店
版 次 2024 年 12 月第 1 版
印 次 2024 年 12 月第 1 次印刷
开 本 787×1092 1/16
印 张 13.5
字 数 272 千字
定 价 65.00 元

PREFACE 前言

“十四五”时期，我国生态文明建设进入绿色转型的关键时期，深入打好污染防治攻坚战，推动减污降碳协同增效、促进经济社会高质量发展、实现生态环境质量改善由量变到质变，是实现美丽中国建设远景目标的重要途径，而固体废物环境管理是深入打好污染防治攻坚战的重要内容。在过去的几十年，我国各类矿山采选行业快速发展，产生的尾矿已成为我国产生量最大的工业固体废物，堆存量巨大。尾矿常含有重金属、选矿药剂等有毒有害物质，贮存尾矿的尾矿库一旦发生溃坝等安全事件，极易引发次生突发环境事件，对周边生态环境造成严重影响。本书从固体废物污染防治的角度，针对我国主要矿种尾矿问题，从尾矿的产生、贮存和综合利用等方面，全面分析不同矿种尾矿对大气、地表水、地下水和土壤的环境影响，总结各矿种尾矿的污染特征，同时系统梳理了近年来国内外尾矿环境管理的政策法规。本书不仅包含了丰富的理论知识，还结合了大量的实际案例，使内容既具有科学性又不乏实用性。本书编写的背景数据和研究成果尽可能全面、翔实，力求为国内尾矿污染防治科研和管理工作提供有用参考。

本书共 15 章，由生态环境部固体废物与化学品管理技术中心组织并完成编写工作，具体分工如下：第 1 章尾矿总体情况，由田祎、叶旌编写；第 2 章铅锌矿尾矿污染特征，由田祎、王星方编写；第 3 章铜矿尾矿污染特征，由赵虎、田祎编写；第 4 章钼矿尾矿污染特征，由顾芮冰、林星杰编写；第 5 章镍矿尾矿污染特征，由韦宗伯、钱琪所编写；第 6 章金矿尾矿污染特征，由张燕、叶旌编写；第 7 章锡矿尾矿污染特征，由陆子熠、叶旌编写；第 8 章锑矿尾矿污染特征，由杨丹、苗雨编写；第 9 章铁矿尾矿污染特征，由王硕、刘楠楠编写；第 10 章汞矿尾矿污染特征，由邵丁丁、杨济妮编写；第 11 章锰渣污染特征，由田向勤、田祎编写；第 12 章磷石膏污染特征，由田祎、石一辰编写；第 13 章赤泥污染特征，由赵瑞锋、楚敬龙编写；第 14 章生态环境管理，由徐波、叶旌编写；第 15 章国外及国际组织尾矿环境管理，由王硕、张鸽编写。另外，全书由田祎、叶旌整理，最后由叶旌、田祎、李文强、胡华龙、聂晶磊统稿、定稿。

本书在编写过程中得到了矿冶科技集团有限公司、生态环境部对外合作与交流中心的大力支持。

由于时间和水平的局限，书中可能有疏漏与不当之处，恳请广大读者批评指正。

本书编写组

CONTENTS 目录

1 尾矿总体情况

1.1 尾矿的产生

尾矿是指金属或非金属矿山开采出的矿石，经选矿厂选出有价值的精矿后产生的固体废物，是在当前技术经济条件下可以利用的有用矿物提取以后留下的产物。不同选矿工艺流程产生的尾矿在工艺性质和颗粒形态等方面都存在一定的差异。根据选矿工艺流程，尾矿的种类有重选尾矿、磁选尾矿、手选尾矿、化学选矿尾矿、浮选尾矿、电选及光电选尾矿；而从矿石种类来划分，常见的尾矿有铅锌矿尾矿、铜矿尾矿、钼矿尾矿、镍矿尾矿、金矿尾矿、锡矿尾矿、锑矿尾矿、铁矿尾矿等。

1.1.1 尾矿产生量

随着经济的发展、选矿技术的提升及有色金属需求的增加，我国矿石处理量处于快速增长阶段。2011—2021 年，我国尾矿的年产生量为 12 亿～18 亿 t。2018 年以来，大量小矿山关停，尾矿产生量出现较大降幅，而后逐年回升。2021 年，我国尾矿总产生量为 14.19 亿 t，同比增长 9.49%。其中，铁矿尾矿产生量约 6.11 亿 t，占比为 43.06%；铜矿尾矿产生量约 3.92 亿 t，占比为 27.63%；金矿尾矿产生量约 1.61 亿 t，占比为 11.35%；其他金属尾矿产生量约 1.35 亿 t，占比为 9.50%；非金属尾矿产生量约 1.20 亿 t，占比为 8.46%。2011—2021 年我国主要矿种尾矿产生情况见表 1-1 和图 1-1。

表 1-1　2011—2021 年我国主要矿种尾矿产生情况　　单位：亿 t

年份	铁矿尾矿	铜矿尾矿	金矿尾矿	其他金属尾矿	非金属尾矿	尾矿产生总量
2011	8.06	3.07	2.01	1.40	1.27	15.81
2012	8.21	3.17	2.12	1.45	1.26	16.21
2013	8.39	3.19	2.14	1.49	1.28	16.49
2014	9.43	3.51	2.28	1.90	1.45	18.57
2015	8.60	3.55	2.35	1.86	1.32	17.68

续表

年份	铁矿尾矿	铜矿尾矿	金矿尾矿	其他金属尾矿	非金属尾矿	尾矿产生总量
2016	7.98	3.07	2.45	1.41	1.30	16.21
2017	7.65	3.31	2.29	1.44	1.28	15.97
2018	4.75	3.02	2.16	1.15	1.03	12.11
2019	5.20	3.26	1.98	1.19	1.10	12.73
2020	5.40	3.35	1.88	1.23	1.10	12.96
2021	6.11	3.92	1.61	1.35	1.20	14.19
总计	79.78	36.42	23.27	15.87	13.59	168.93

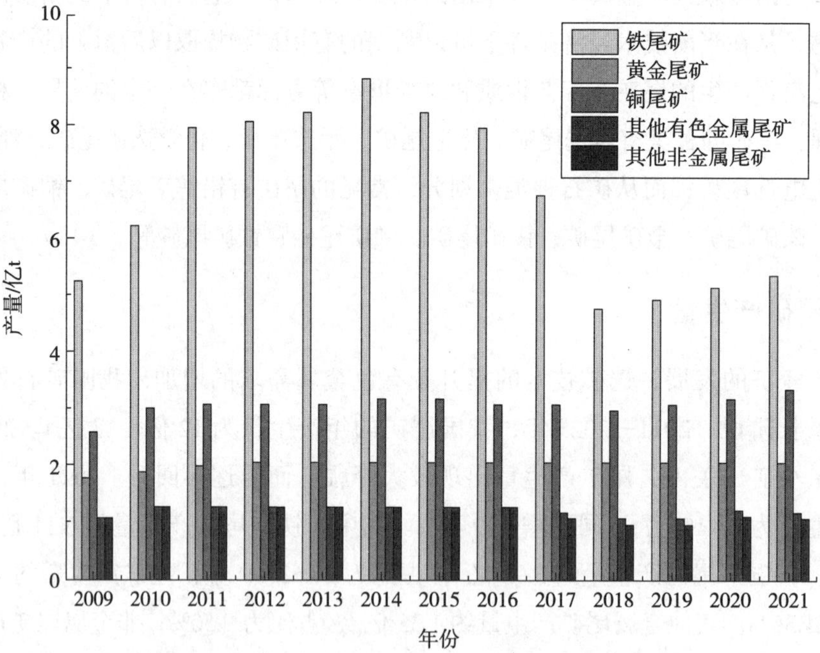

图 1-1 2009—2021 年我国主要矿种尾矿产生量

我国尾矿年产生量约占一般工业固体废物年产生量的 1/4 以上。有学者以年度尾矿产生总量和尾矿排放强度表征尾矿的排放状况。年度尾矿产生总量指某矿山或者某区域年度产生的矿山尾矿质量总和，尾矿排放强度指每生产 1 t 精矿产生的尾矿量，由于矿山可能有多种精矿，年精矿产量为矿山所有精矿当量质量之和。研究得出的我国不同矿种尾矿排放量和排放强度见表 1-2。其中，尾矿排放强度较大的为钼矿（496.1）、锡矿（119.89）、铜矿（43.18）、金矿（38.26）等；且全部有色金属矿的尾矿排放强度远大于 1，说明有色金属尾矿量远高于精矿量；铁矿精矿尾矿的比例约为 1 : 2，相当于 3 t 入选原矿产出 1 t 精矿；硫铁矿、磷矿、锰矿的尾矿排放强度小于 1，尾矿量小于精矿量。此外，根据中国矿业联合会统计数据，2015—2020 年，我国尾矿堆存量分别为 146 亿 t、168 亿 t、195 亿 t、207 亿 t、220 亿 t、231 亿 t，每年尾矿堆存量仍持续增加。

表 1-2　我国不同矿种尾矿排放量和排放强度

矿种	铅矿	锌矿	铜矿	钼矿	镍矿	金矿
排放量 / 万 t	602.74	1 995.11	15 568.50	5 611.44	1 131.6	10 580.68
排放强度	18.59	9.74	43.18	496.1	8.40	38.26
矿种	锡矿	锑矿	铁矿	硫铁矿	锰矿	磷矿
排放量 / 万 t	546.15	120.47	38 667.42	297.7	694	55.86
排放强度	119.89	11.92	2.17	0.86	0.57	0.59

1.1.2　尾矿对环境的影响

我国尾矿种类多、成分复杂，大量堆存的尾矿会给环境带来较大的风险。尾矿自身带有的包含重金属在内的特征污染物或有毒有害物质，以及在选矿过程中加入的各种化学药剂残存在尾矿中，可通过尾矿扬尘、地表水径流和地下水渗流等多种方式对大气、地表水、地下水、土壤造成污染，环境隐患较大。

①尾矿对大气环境的影响。尾矿扬尘是尾矿污染环境的主要途径之一，重金属可依附大气沉降，以气溶胶的形态进入大气，经过自然沉降和降水进入周围环境。尾矿扬尘范围大小影响因素包括尾矿入库形式、尾砂粒度、尾矿堆存高度、采取的防尘措施、所在区域气象条件、地形条件等。例如，选矿过程中磨矿的粒径越细，其选矿效果越佳，对大气环境的影响越大。随着选矿技术指标的不断提升，尾矿的粒径也越来越细，铅锌尾矿中粒径≤2.5 μm 的尾矿含量可达 24%，而粒径≤10 μm 的尾矿含量甚至可达 64.12%，这部分超细粒尾矿在干燥的情况下极易借助风力进入大气，从而影响环境。尾矿在干燥多风季节，含水率越低，尾砂越易在风力的驱动下进入大气中，再通过沉降扩散至下风向。

②尾矿对地表水环境的影响。流经尾矿堆放场所的地表水，通过与尾矿相互作用，溶解某些有毒有害物质，并携带转移，扩大了污染面，甚至有些矿山的尾矿直接排入湖泊、河流，直接造成地表水体污染，或河道堵塞，造成大面积的生态破坏和环境污染。含硫量高的尾矿容易在长期水浸的条件下，使硫元素发生氧化反应，产生酸性废水，污染地表水体。尾矿库的尾矿水和渗滤液中含有重金属、选矿药剂等有毒有害物质，若管理不当可通过地表径流、雨水冲刷等方式流到矿区周围地表水体，对地表水

体造成污染，增加水体的重金属、氟化物等组分含量。

③尾矿对地下水环境的影响。随着降雨或尾矿水进入尾矿库，尾矿中的重金属可以通过尾矿的空隙淋溶下渗进入地下水，进而污染周边的地下水环境。此外，我国部分早期尾矿库建设标准偏低，库内防渗设施不全，含重金属、硫化物等污染物质的尾矿水更易下渗污染地下水，再通过地下水运移至外环境。地下水一旦受到污染就难以治理，部分区域取用地下水作为饮用水水源，导致饮用水或其他用水存在安全隐患。

④尾矿对土壤环境的影响。尾矿对周边土壤潜在的污染途径包括：尾矿扬尘大气沉降至地表；渗滤液、尾矿水外排至浇灌周边土壤；污染物通过地下水迁移至土壤层；降雨时，尾矿随雨水淋溶至地表水，成为地表水的面源污染源。国内许多学者研究表明，矿区周边土壤受多种重金属复合污染，严重影响了当地的植物生产、生物多样性、农作物食品安全，威胁人体健康。例如，铅锌尾矿库周边不同深度土壤的铅、锌、铜、砷等重金属或类金属元素含量超过当地背景值，可达重金属重度污染水平。硫化铜矿尾矿暴露于大气中使其中的硫化物矿物氧化并形成酸性废水，该废水具有较低的 pH 并会富集可溶性的重金属元素，对铜矿尾矿库下游河流及土壤造成污染。此外，重金属元素还会扰乱植物根系正常的生理活动，影响植物对养分的吸收。

1.2 尾矿的贮存和处置

尾矿库是用来贮存尾矿的场所。我国尾矿库数量众多、分布广泛。据生态环境部相关调查统计，我国共有尾矿库近万座，总量居世界第一，分布于 28 个省（区、市）。尾矿库数量最多的前 10 个省（区）分别为河北、辽宁、云南、湖南、河南、内蒙古、江西、山西、陕西、甘肃，尾矿库数量占我国尾矿库总数的 75.1%。按尾矿矿种划分，我国铁矿尾矿库最多，占比超过一半，其次是铅锌矿、铜矿、金矿、钨钼矿、锡矿、锑矿、镍矿等的尾矿库，占比分别为 13%、6.0%、5.8%、3.9%、1.1%、0.5% 和 0.3%。尾矿库呈现出典型的流域分布特征，多位于山区沟谷地带，部分尾矿库周边环境敏感性高。

1.2.1 尾矿库类型

根据场地条件的不同，尾矿库可分为山谷型尾矿库、傍山型尾矿库、平地型尾矿库、截河型尾矿库 4 种，见图 1-2。山谷型尾矿库是最典型的尾矿库，我国的尾矿库大部分为山谷型尾矿库。

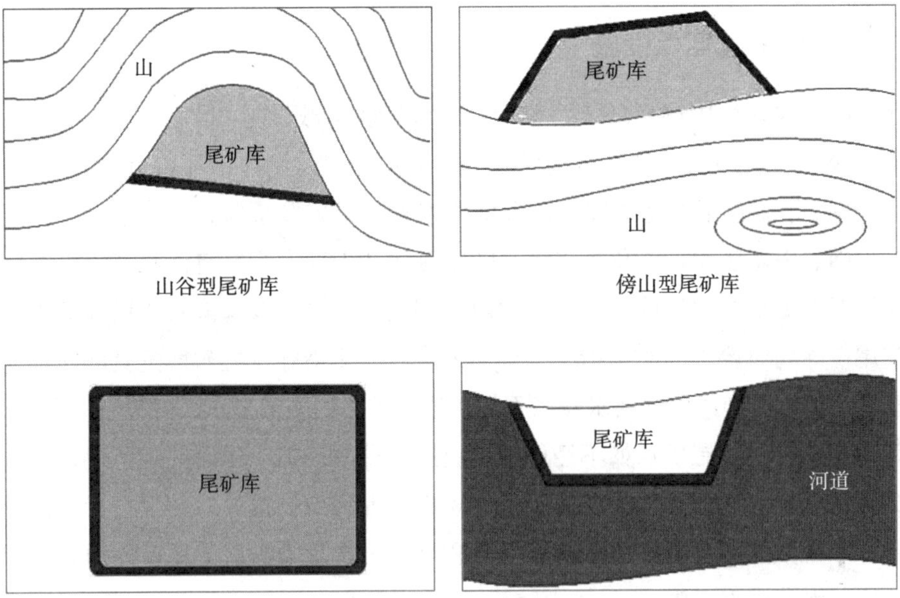

山谷型尾矿库　傍山型尾矿库

平地型尾矿库　截河型尾矿库

图 1-2 尾矿库类型

1.2.2 尾矿库基本设施

尾矿设施一般由尾矿堆存系统、尾矿输送系统、排洪系统、回水系统及配套的监测设施、环保设施等部分组成，见图 1-3。尾矿库的初期坝、堆积坝、副坝、排渗设施、排洪设施、观测设施等均为尾矿库的安全设施，其中尾矿坝内设置的排渗褥垫（碎石或土工排水网垫）、排渗管（或盲沟）及垂直塑料排水管或排渗井等构成水平和垂直排渗系统，确保尾矿坝浸润线低于控制浸润线，保障坝体安全；排水井、排水管、排水斜槽、排水隧洞、溢洪道、截洪沟等属于尾矿库的排洪系统，是尾矿库的重要安全设施，用于截流疏导尾矿库外汇水，减少库内水量，降低尾矿库水位，保障坝体安全。

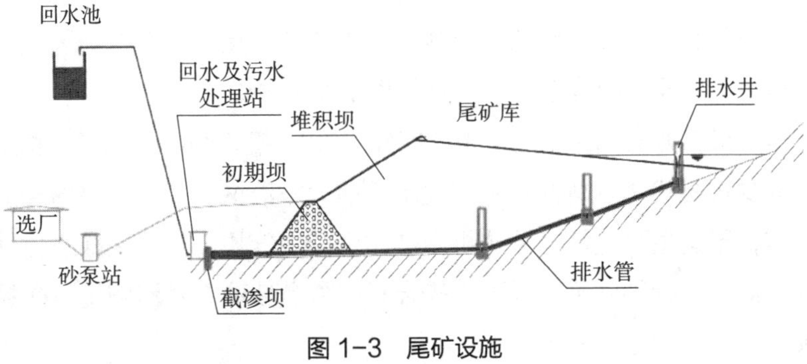

图 1-3 尾矿设施

1.2.3 尾矿库配套环保设施

用于防治尾矿库中尾矿环境污染的设施包括防扬散设施 / 措施、废水（包括渗滤液）收集及处理设施、污染物监测设施、地下水环境监测井、环境事件应急设施等。防扬散设施 / 措施包括在尾矿库滩面及堆积坝外坡面采取覆盖、碎石覆面、使用抑尘剂、抑尘网、喷雾洒水、绿化植皮等，防止滩面及坝面起尘。有渗滤液流出的尾矿库下游应设置渗滤液收集设施，保证渗滤液全部收集。同时渗滤液收集设施应采取不低于对应尾矿库防渗要求的防渗措施，还应采取防漫流措施。尾矿库配套的回水池、环境应急事故池等设施的防渗要求应当不低于该尾矿库的防渗要求，并设置防漫流设施。尾矿库向环境排放的尾矿水如不经处理不能达标排放，则应建设并规范运行废水处理设施，确保尾矿水达标排放，并按照有关规定设置污染物排放口并设立标志，依法安装流量计和视频监控。尾矿库上游、下游和可能出现污染扩散的尾矿库周边区域，应当设置地下水水质监测井。

1.3 尾矿的利用

2021 年，国家发展和改革委员会发布《关于“十四五”大宗固体废弃物综合利用的指导意见》，提出推进大宗固体废物综合利用对提高资源利用效率、改善环境质量、促进经济社会发展全面绿色转型具有重要意义。要稳步推进金属尾矿有价组分高效提取及整体利用，探索尾矿在生态环境治理领域的利用。随着国家及地方政府相继出台关于尾矿处理及资源综合利用税费减免、资金补助等相关优惠政策，国内规模以上矿山积极实施尾矿综合利用项目，我国尾矿综合利用率基本呈持续上升态势。2011—2021 年我国尾矿综合利用情况见图 1-4。2021 年我国尾矿综合利用量达 5 亿 t 左右，利用率达到 35.24%。

近年来，尾矿综合利用方向主要集中在有价组分回收、矿山井下充填、生产建筑用砂、生产建筑材料、作为公路路基材料、矿山植被复垦、填海造地等领域，其中矿山井下充填和生产建筑用砂占比最大，两者共计占 84.5%。

在生产建筑材料方面，由于尾矿中含有硅（Si）、铝（Al）等元素，将尾矿用作建材原料可以减少传统建筑材料开发，实现尾矿的大宗消纳，产生一定的经济效益和社会效益。目前，尾矿主要应用于分选机制砂、生产加气块、加气条板、免烧砖、透水砖、干混预拌砂浆、特种砂浆、混凝土掺合料、微晶玻璃、发泡陶瓷、陶粒轻骨料及路基等领域。

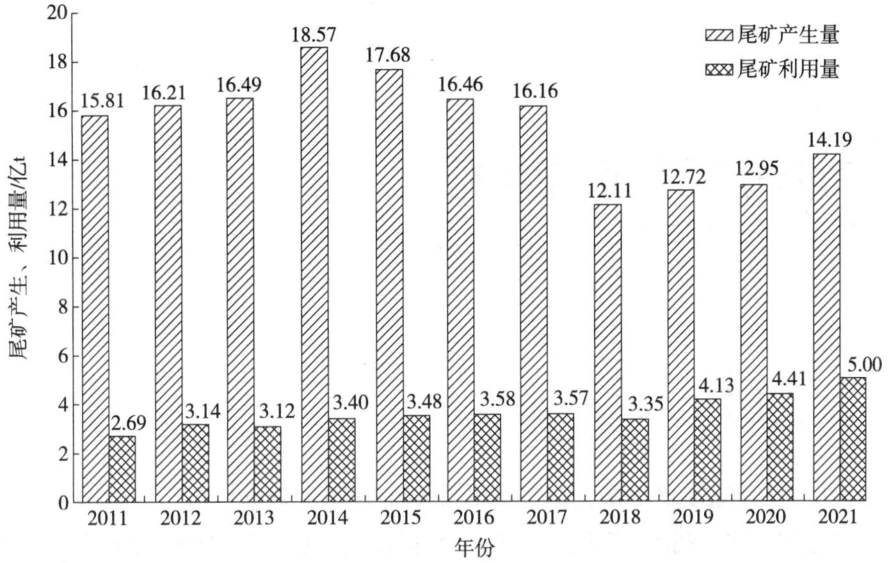

图 1-4 2011—2021 年我国尾矿综合利用情况

尾矿充填可以大量消纳尾矿，是极其有效的尾矿减量化利用技术之一。随着充填采矿技术的迅速发展，其中具有代表性的尾矿充填技术是全尾砂胶结充填技术和高水固结全尾砂充填技术，已有新建矿山采取充填采矿技术进行开采，真正实现了“无尾矿山”。

在二次分选及有价组分回收方面，由于特定时期工艺和设备等原因，选矿后排出的尾矿仍有多种共伴生有价组分未被完全提取与回收，当前尾矿再选回收主要集中于铁、铜、金、银、钛等有价金属和云母、石英等非金属矿物的回收方面，提取方法主要有磁选、浮选、反浮、重选耦合等。

在土壤利用方面，尾矿的利用主要有 3 个方向：一是利用尾矿中含有的锌（Zn）、锰（Mn）、铜（Cu）、钼（Mo）、磷（P）等植物生长必备微量元素，经适当处理后可将其制成微量元素肥料，以达到提高土壤肥力的作用；二是土壤改良剂，尾矿中的有效组分与土壤有害物质反应，能够达到改良土壤结构和酸碱性的效果，达到修复土壤环境的目的；三是采用微生物法或者生物法进行尾矿复垦，通过提高生物活性、有机质和养分浓度来改善矿山土壤质量。

2 铅锌矿尾矿污染特征

2.1 选矿工艺

我国铅、锌资源储量丰富，铅、锌资源储量和储量基础仅次于澳大利亚，位居世界第二。根据中国矿产资源报告，截至 2022 年年底，我国共查明铅总储量 2 186.5 万 t，主要分布在云南、内蒙古、四川、广东、青海、甘肃、湖南、江西、广西、陕西 10 个省（区），占全国总储量的 80%。锌矿储量 4 607.86 万 t，主要分布在云南、内蒙古、甘肃、广东、广西、湖南、四川、江西、陕西、浙江、福建、青海、河北等，占全国总储量的 90%。

铅锌矿按矿石氧化程度可分为硫化矿石（铅或锌氧化率小于 10%）、氧化铅锌矿（铅或锌氧化率大于 30%）、混合铅锌矿（铅或锌氧化率 10%～30%），我国铅锌矿石中，硫化铅锌矿占绝大多数。硫化铅锌矿石属原生矿物，分布最为广泛，主要组成矿物有方铅矿、闪锌矿或铁闪锌矿。

目前，国内铅锌选矿的工艺主要有全电位控制浮选、全浮选工艺、硫化浮选工艺、重选—浮选工艺、改性胺浮选、螯合捕收剂浮选、浸（氨浸、酸浸）出—浮选、快速浮选、分支串联浮选、异步混合浮选、部分快速优先浮选、选冶联合等。就单一浮选而言又分为先铅后锌的优先浮选、先硫化矿后氧化矿的分段浮选、先浮易浮矿后浮难浮矿等。目前，硫化矿石一般多用浮选；氧化矿石用浮选或重选与浮选联合选矿，或硫化焙烧后浮选，或重选后用硫酸处理再浮选。对于含多金属的铅锌矿，常采用磁—浮、重—浮、重—磁—浮等联合选矿方法。以硫化铅锌矿的优先浮选工艺为例，原矿通过粗碎、中碎、细碎后进入三段闭路磨矿；磨矿结束后，矿石经过一次粗选、二次扫选首先得到硫化铅锌精矿；接着通过一次粗选、二次扫选得到硫化锌精矿；尾矿浓缩后进入尾矿库，硫化铅精矿和硫化锌精矿则进入下个工艺流程分离出硫。

2.2 尾矿产生量

我国铅锌矿石类型复杂，贫矿多、富矿少，共伴生组分多达 50 余种，其中主要有铜、银、金、锡、锑、镉、铋、镓、铟、锗、汞、硫、萤石及分散元素等，属于难选矿物类型。根据《中国有色金属工业年鉴 2010》，我国铅选矿回收率为 83%，锌选矿回收率为 89%，铅锌矿种的伴生金和银的回收率为 58%～75%，而其他金属的资源回收率极低，或者根本没有回收利用。总体来看，目前我国铅锌尾矿综合利用率低，产生大量含多种重金属的尾矿进入尾矿库堆存，潜在重金属污染风险较大。据不完全统计，截至 2024 年，全国铅锌矿尾矿库约 700 座、尾矿量约 47 000 万 m^3，其中主要集中在湖南省、云南省、福建省、甘肃省、内蒙古自治区等。

铅锌矿尾矿产生系数，即每生产 1 t 铅、锌精矿附带产生的尾矿量，受矿山生产规模、矿石品位、生产工艺等因素影响。根据典型企业原铅锌矿消耗量、产品产量、尾矿产生量等信息，得到国内典型铅锌矿尾矿产生系数一般为 0.5～10.88 t/t（产品），详见表 2-1。

表 2-1 典型铅锌矿尾矿产生系数

企业	原矿消耗 /（万 t/a）	产品产量 /（万 t/a）	尾矿产生量 /（万 t/a）	尾矿产生系数 /［t/t（产品）］
铅锌矿 1	145	17.24	52.1	3.02
	154	18.04	63.3	3.51
	159	18.45	57.8	3.13
铅锌矿 2	66	31.0	16.2	0.52
	62	30.2	15.0	0.5
	66	28.8	15.0	0.52
铅锌矿 3	11	2.91	2.7	0.93
	21	5.11	3.7	0.72
铅锌矿 4	60	3.66	39.84	10.88

2.3 铅锌矿尾矿主要污染特征

2.3.1 铅锌矿尾矿主要成分

铅锌矿石多采用破碎、磨矿、分级、重选、浮选等工艺流程，选出铅、锌精矿后，剩余尾矿浆泵至尾矿库堆存。尾矿砂及尾矿水都含有多种重金属污染物，对周边环境造成潜在污染风险。对全国不同地区的7个典型铅锌矿尾矿样品进行取样分析，结果详见表2-2。结果表明：铅锌矿尾矿主要化学成分为二氧化硅（SiO_2）、氧化铝（Al_2O_3）、铁（Fe）、氧化钾（K_2O）、氧化镁（MgO）、氧化钙（CaO）等，潜在污染因子主要有铅（Pb）、锌（Zn）、铜（Cu）、砷（As）、镉（Cd）、汞（Hg），重点特征污染因子有铅（Pb）、锌（Zn）、砷（As）、镉（Cd）、铜（Cu）、汞（Hg）。

表2-2　典型铅锌矿尾矿成分分析

单位：%

项目	铅锌矿1（湖南）	铅锌矿2（广东）	铅锌矿3（内蒙古）	铅锌矿4（云南）	铅锌矿5（江西）	铅锌矿6（江西）	铅锌矿7（甘肃）
SiO_2	9.48	23.94	54.12	2.44	56.48	17.61	69.09
Al_2O_3	1.9	6.94	9.44	0.87	10.53	2.89	7.54
CaO	22	14.71	16.06	30.36	0.87	1.96	0.84
MgO	0.73	1.15	1.22	14.28	1.19	2.04	3.62
K_2O	0.047	0.058	1.6	0.11	0.088	0.071	0.55
K	0.42	1.64	1.26	<0.005	<0.005	0.005 2	0.006 3
P	<0.005	0.016	0.042	0.012	0.24	0.095	0.02
S	15.36	18.49	0.24	1.37	7.65	6.11	2.4
Fe	20.03	16.34	6.62	2.1	9.64	31.39	7.43
Mn	3.3	0.14	1.59	0.086	0.26	3.13	0.085
Cu	0.028	0.034	0.006	0.006 7	0.016	0.025	0.058
Zn	0.21	0.69	0.32	1.33	0.39	0.38	0.087
Ni	<0.005	<0.005	<0.005	<0.005	<0.005	<0.005	<0.005
Pb	0.14	1.44	0.18	0.57	0.31	0.4	0.014
As	0.54	0.12	0.014	0.018	0.63	0.19	0.012
Hg	<0.005	<0.005	<0.005	<0.005	<0.005	<0.005	<0.005
Cd	<0.001	0.002	0.002	<0.001	<0.001	0.002	<0.001
Cr	<0.005	0.012	0.016	0.007	0.011	0.014	0.01
V	<0.005	<0.005	<0.005	0.005 6	0.008 8	<0.005	0.005 6

铅锌尾矿粒径≤2.5 μm的尾矿含量为1%～24%；粒径≤10 μm的尾矿含量为4.06%～64.12%；粒径≤20 μm的尾矿含量为6%～87.16%；粒径≤37 μm的尾矿含量为9%～98.15%；粒径≤74 μm的尾矿含量为16%～100%。尾矿粒径统计结果见表2-3。

表 2-3 尾矿粒径统计结果

单位：%

尾矿	≤2.5 μm	≤10 μm	≤20 μm	≤37 μm	≤74 μm
锌矿矿尾矿 1	6	18.09	29.36	47.00	72.75
铅锌矿尾矿 2	20	64.12	86.96	98.00	100.00
铅锌矿尾矿 3	1.50	4.06	6	9.00	16
铅锌矿尾矿 4	6	16.10	21.69	28.00	38.13
铅锌矿尾矿 5	2.50	11.70	16.99	22.00	32.84
铅锌矿尾矿 6	24	63.95	87.16	98.15	100.00
铅锌矿尾矿 7	3	17.95	29.03	38.00	47.80
范围	1～24	4.06～64.12	6～87.16	9～98.15	16～100

2.3.2 尾矿库废水主要污染物

根据 7 家铅锌矿企业的尾矿库废水实测结果，铅锌矿尾矿废水呈碱性，pH 为 7.16～10.71，废水中 COD 浓度为 78～356 mg/L，废水中 Pb 浓度为 0.10～17.02 mg/L，废水中 Zn 浓度为 0.145～24.2 mg/L，废水中 As 浓度为 0.001 5～0.622 mg/L，废水中 Hg 浓度为 0.000 1～0.002 mg/L，废水中 Cd 浓度为 0.002 8～0.202 mg/L，废水中 Cu 浓度为 0.000 1～0.652 mg/L，废水中 Cr^{6+} 浓度为 0.004～0.008 4 mg/L，废水中 Ni 浓度为 0.005～0.051 mg/L，具体见表 2-4。

表 2-4 铅锌矿尾矿库废水实测结果

单位：mg/L

编号	污染源名称	pH	COD	Pb	As	Hg	Tl
1	尾矿库废水 1	10.18	258～356	1.03～3.21	—	—	—
2	尾矿库废水 2	10.71	78	2.577	0.216	—	—
3	尾矿库废水 3	8.89	177	15.81～17.02	<0.007	0.002	—
4	尾矿库废水 4	—	204	0.219	0.005 5	0.000 1	—
5	尾矿库废水 5	7.26	160	1.99	0.001 5	0.001	—
6	尾矿库废水 6	7.16	—	0.11	0.015	0.000 14	0.000 02
7	尾矿库废水 7	—	—	0.10	0.622	<0.000 04	0.000 52
编号	污染源名称	Cd	Cu	Zn	Cr^{6+}	Ni	
1	尾矿库废水 1	—	0.12～0.37	—	—	—	
2	尾矿库废水 2	0.003	0.001	0.145	0.008 4	—	
3	尾矿库废水 3	0.050	<0.050	0.245～0.400	—	0.021	
4	尾矿库废水 4	0.002 8	—	4.61	—	—	
5	尾矿库废水 5	0.016	0.081	1.01	—	—	
6	尾矿库废水 6	0.003	0.39	0.25	<0.004	0.005	
7	尾矿库废水 7	0.202	0.652	24.2	<0.004	0.051	

综上所述，铅锌矿尾矿库废水中的主要污染物有铅（Pb）、锌（Zn）、砷（As）、（Cd）、铜（Cu）、汞（Hg）、铊（Tl）等。

2.4 铅锌矿尾矿环境影响分析

铅锌矿尾矿库中的尾矿含有多种重金属，一旦尾矿进入大气、水和土壤，会对环境造成污染和危害，铅锌矿尾矿通过尾矿扬尘、地表水径流和地下水渗流 3 种方式将污染物扩散至周边环境。

2.4.1 大气环境影响分析

含重金属尾矿砂通过大气扩散至周边环境。尾矿在干燥多风季节，特别在西北干燥地区，尾砂在风力的驱动下进入大气中，再通过沉降扩散至下风向。尾矿对大气的影响和尾矿的粒径、尾矿的含水率及当地的气候息息相关。

铅锌选矿过程中，矿石通常需要经过粗碎、中碎、细碎，再进入闭路磨矿流程，磨矿的粒径越细，其选矿效果越佳。随着选矿技术指标的不断提升，铅锌矿尾矿的粒径也越来越细，由表 2-3 可知，尾矿中粒径≤2.5 μm 的尾矿（$PM_{2.5}$ 粒径）含量可达 24%，而粒径≤10 μm 的尾矿（PM_{10} 粒径）含量可达 64.12%，这部分超细粒尾矿在干燥的情况下极易通过风力进入大气。尾矿扬尘一方面对周边大气环境质量产生影响，另一方面会使尾矿沉降后的重金属等污染物扩散至周边水体、土壤中造成污染。

2.4.2 地表水环境影响分析

铅锌矿尾矿库中的废水含有重金属、选矿药剂、硫化物等，废水中的有害物质可通过地表径流、雨水冲刷等方式流到矿区周围地表水体。铅锌矿尾矿库废水水质接近于选矿废水，尾矿库通常设置尾矿回水设施，将尾矿废水返回选厂处理后回用不外排。仅在暴雨等极端情况下，为确保尾矿坝安全，将部分雨水外排放至外环境，这部分雨水水质较好，对外环境影响有限。

2.4.3 地下水环境影响分析

铅锌矿尾矿大多属于第Ⅰ类一般工业固体废物，在 2020 年前建设的根据《一般工业固体废物贮存、处置场污染控制标准》（GB 18599—2001），Ⅰ类堆存场未提防渗要求，因此铅锌矿尾矿库建设时，库底防渗等级低，含重金属、硫化物等污染物质的尾矿废水易下渗污染地下水，再通过地下水运移至外环境。

2.4.4　土壤环境影响分析

国内大量学者对铅锌尾矿库带来的重金属污染进行了调查，发现铅锌矿区的重金属污染情况十分严重。广东省的凡口和乐昌铅锌矿，湖南省的水口山、黄沙坪和桃林铅锌矿，云南省的兰坪铅锌矿等大型矿区周边，土壤重金属均出现严重超标现象，主要超标因子包含 Pb、Zn、Cd、As 等。矿区周边土壤受多种重金属复合污染，严重影响当地的植物生产、生物多样性、农作物食品安全，威胁人类健康。周科平等对大脚岭铅锌尾矿库的重金属污染情况进行了研究，研究发现，尾矿库不同深度土壤的 Pb、Zn、Cu、As 4 种重金属元素含量均超过了当地背景值，达重金属重度污染水平。王莹等对某废弃铅锌尾矿库周边土壤进行了研究，结果表明，周边土壤中 Pb、Zn、Cu 和 As 的平均含量分别为 2 708 mg/kg、1 760 mg/kg、287 mg/kg 和 328 mg/kg，远超过当地土壤环境背景值。

表 2-5　铅锌矿尾矿库潜在环境影响主要途径和污染因子

分类	主要途径	主要影响污染因子
环境空气	风力侵蚀造成扬尘	尾砂扬尘中 Pb、Zn、As、Cu、Cd 等
地表水环境	地面漫流	pH、Pb、Zn、As、Cu、Cd 等
地下水环境	废水泄漏及渗漏	pH、Pb、Zn、Cu、As、Cd 等
土壤	地面漫流、入渗、大气沉降	Pb、Zn、Cu、As、Cd 等

2.4.5　铅锌尾矿案例

2.4.5.1　概况

某铅锌矿床平均地质品位 Pb 占比为 1.24%、Zn 占比为 3.03%、S 占比为 11.14%、伴生银 21.93 g/t。矿山日处理原矿 5 000 t（112.5 万 t/a），产品方案为铅精矿 1.69 万 t/a、锌精矿 5.63 万 t/a、硫精矿 15.75 万 t/a，选矿工艺流程为半自磨 + 球磨及先选铅、铅尾矿选锌、锌尾矿选硫的优先浮选流程，硫尾矿即为最终尾矿自流至尾矿浓缩机，经浓缩后送至尾矿库。选矿工艺及产排污节点如图 2-1 所示。

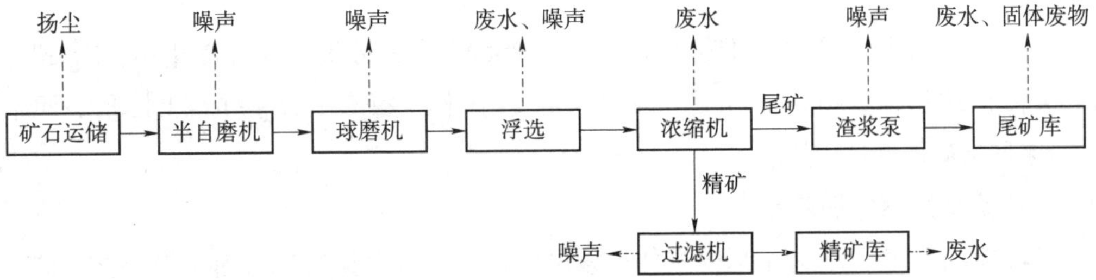

图 2-1　选矿工艺及产排污节点

2.4.5.2　尾矿库概况

某铅锌矿选矿厂尾矿库为三等库，设计库容 1 254.2 万 m^3，排放量 52.56 万 t/a。尾矿采用坝前及周边放矿工艺，尾矿设施主要包括水力输送系统、尾矿库和回水系统 3 部分。水力输送系统把选矿厂排出的尾矿浆，经厂区浓缩回水，通过流槽或砂泵，送至尾矿库。尾矿库主要包含 1# 尾矿坝、2# 尾矿坝、3# 尾矿坝及排水构筑物等。回水系统包含回水池、回水泵站、回水管线等，将库内部分澄清水收集后，泵回选矿厂使用。

2.4.5.3　尾矿库污染源分析

尾矿库污染物主要为尾砂及库内尾矿澄清水。尾砂及库内尾矿澄清水主要污染物为重金属 Pb、Zn、Cu、Cd 等。尾矿主要成分见表 2-6。

表 2-6　铅锌矿选矿厂尾矿库尾砂成分　　单位：%

项目	Ag	Pb	Zn	As	Cu	S	Fe	CaO	SiO_2	Au	MgO	Mn	Cd
含量	0.000 87	0.22	0.34	0.01	0.02	4.46	21.75	15.11	30	0.000 514	2.03	7.5	0.01

由表 2-6 可知，尾砂中金属元素 Zn、Pb、Mn、Fe 的含量较高，其余金属元素含量较低。Fe、Mn 含量高是由于矿区处于铁矿成矿带附近，背景值较高；重金属元素 Pb、Zn 含量较高，存在污染环境的风险。对尾矿库回水池的水进行了取样分析，其监测结果见表 2-7。

表 2-7　尾矿库回水池水质监测结果　　单位：mg/L

监测项目	Cd	Pb	Cu	Hg	As
回水池废水监测结果	0.002 33	0.003 49	0.001 43	0.007 47	0.000 14
标准指数	0.466	0.349	0.001 43	149.4	0.002 8
GB 3838—2002 中Ⅱ类水质标准	0.005	0.01	1	0.000 05	0.05
监测项目	Cr	Zn	Fe	Ni	pH
回水池废水监测结果	0.167 78	2.22	0.843 75	0.910 46	8.9
标准指数	3.36	2.22	2.81	45.52	0.95
GB 3838—2002 中Ⅱ类水质标准	0.05	1	0.3	0.02	6～9

与《地表水环境质量标准》（GB 3838—2002）中的Ⅱ类水质标准相比，Hg 超标 148.4 倍、Cr 超标 2.36 倍、Zn 超标 1.22 倍、Fe 超标 1.81 倍、Ni 超标 44.52 倍。回水池经泵回选矿厂循环使用。

2.4.5.4　环境敏感保护目标

尾矿库下游涉及水环境风险受体，该尾矿库下游沿沟谷 1.7 km 有一条小溪，该小溪 6.8 km 处可到达一条河，该河下游 8.3 km 即某一级支流的喀拉额尔齐斯河，为额尔齐斯河的一级支流。尾矿库周边 10 km 范围内无村庄、饮用水水源地、自然保护区等敏感目标，因此，环境风险受体为尾矿库下游的小溪及相关河流。

2.5 尾矿利用处置

因其选矿工艺的特性，铅锌尾矿具有数量大、成本低、粒度细、重金属含量较高等特点，大量堆存在尾矿库中不仅占用土地资源，还会带来严重的环境与安全隐患。

由于不同矿区铅锌矿自身性质和选矿工艺的差异，铅锌尾矿的理化性质存在较大波动，因此综合利用的方式不尽相同。目前，铅锌尾矿的综合利用主要集中在有价组分回收、充填井下采空区以及制备建筑材料 3 个领域。其中，有价组分回收主要是回收铅锌尾矿中铅锌外的其余有价组分，对铅锌尾矿的减量化消纳效果并不明显；利用充填胶凝材料协同铅锌尾矿充填井下采空区不仅可有效消纳铅锌尾矿，还可充分固化铅锌尾矿中的重金属等有害元素，是安全高效的尾矿综合利用手段；其余铅锌尾矿的综合利用主要是投入建筑材料领域，该领域消纳尾矿的手段种类较多，可用于生产各种水泥、加气混凝土砌块、道路材料等，虽然生产的建筑材料存在尾矿掺量低等问题，但该领域前景广阔，是目前解决铅锌尾矿堆存问题的最有效途径。

2.5.1 有价组分回收

受限于选矿技术落后、装备性能差及工艺不完善等因素，矿石中许多有价组分往往难以全部选出，造成尾矿中有价成分较多，因此可以通过二次浮选、磁选、酸浸、生物浸出等工艺回收尾矿中的有价组分，进而有效提高尾矿的经济价值。

由于不同铅锌尾矿的成分各异，可通过再选回收的有价组分也存在差异，就现有研究来看，铅锌尾矿中可回收的主要有价组分有 Pb、Zn、S、Fe、Mn、萤石、重晶石、绢云母等。

翟旭东采用先硫后氧的流程回收铅锌尾矿中的锌，以硫酸铜为活化剂，以丁基黄药为捕收剂浮出细磨后铅锌尾矿中的硫化锌，之后进行重选脱泥，并采用浮选的方式对沉砂中的氧化锌进行处理，最终 Zn 品位达到 23.43%，Zn 回收率达到 81.68%，有效回收了铅锌尾矿中的 Zn 资源；叶岳华等针对云南某铅锌尾矿中的 Au、Ag、S 展开回收，制定了“铅锌混合浮选—尾矿选硫”的工艺流程，采用乙硫氮和 BK-N 的组合，再选得到的精矿中含 Au 15.83 g/t、Ag 2 268.57 g/t，Au 回收率为 7.63%、Ag 回收率为 18.47%；硫精矿品位为 48.77%，回收率为 89.70%。进一步降低了尾矿中的有用组分含量，有效资源得到最大化利用。

综上所述，针对铅锌尾矿中的有价组分进行回收的研究较多，工艺较为成熟，可以得到品位较高的精矿产品，有效避免矿产资源的浪费，实现矿物价值的最大化，为矿山企业带来更大的经济效益，但尾矿再选后依旧会产生较大比例的尾矿，因此有价组分回收这一综合利用方式往往被作为铅锌尾矿综合利用过程的第一步，不能彻底解决铅锌尾矿大规模消纳的问题。

2.5.2 充填井下采空区

在矿产资源开采的过程中人为挖掘形成的地下空洞被称作采空区，由于应力不均，采空区容易发生塌陷等安全事故，是影响矿山安全生产的主要因素之一，通常采用充填的方式进行解决。尾矿井下充填是指在使用尾矿替代土壤，配加水泥或充填胶固粉等胶凝材料提高固结强度后通过充填站将尾矿送至矿山的采空区进行充填的方式，不仅可以有效降低采空区的安全隐患，还可以大规模消纳尾矿，解决尾矿堆存带来的环境问题与安全问题。

施士虎等研究了铅锌矿尾矿胶结充填材料的无侧限抗压强度（UCS）发展规律。结果表明，以普通硅酸盐水泥（OPC）为胶凝材料的充填体，无论颗粒大小，在养护后期抗压强度均有所降低。在相同条件下，OPC 掺量越高，胶结充填体的 UCS 越高，且养护天数越长，胶结充填体的 UCS 开始降低。在相同条件下，尾矿越细，各龄期胶结充填体的 UCS 越低，且在较早的养护龄期，胶结充填体的 UCS 开始降低；赵泽民等采用由“69% 矿粉 +30% 水泥 +1% 泡花碱”所制备的矿渣硅酸盐水泥替代传统硅酸盐水泥来制备铅锌尾矿充填体材料，可以显著降低充填成本。同时，采用 10%～15% 细粒度铅锌尾矿粉替代部分粗粒度铅锌尾矿砂制备充填体时，细粒尾矿粉可以改善充填体的粒级配分布，提高料浆流动性，同时可以发挥微集料效应，改善充填体的微观结构；张丹采用机械活化和化学活化协同处理铅锌尾矿和铅锌冶炼渣，制备了新型矿山充填胶凝材料，在减少水泥用量、降低生产成本的同时可以有效解决铅锌尾矿和铅锌冶炼渣的消纳问题。利用铅锌尾矿充填矿山采空区是铅锌尾矿综合利用的重要方式，这种方式成本较低，尾矿消纳量大，且对尾矿的理化性质和原料稳定性的要求较低，充填胶凝材料可对尾矿颗粒进行包裹，固化尾矿中的重金属等有害元素，该方法具有较好的普适性，但经济价值有限。

2.5.3 制备建筑材料

利用铅锌尾矿制备建筑材料具有污染少、经济效益高、可持续发展性强等优点，是铅锌尾矿资源化利用的一种极具前景和价值的方法。铅锌尾矿的主要化学成分与建材原料成分相似，因此可以将尾矿用作建筑原料来实现尾矿的规模化消纳，如水泥、混凝土、建筑用砖、发泡陶瓷、陶粒、微晶玻璃等。

2.5.3.1 水泥原料

铅锌尾矿用于水泥产业的途径主要分为两种：一种是作为水泥混合材，直接掺入水泥熟料中替代部分水泥，这种方法简单且成本较低，但由于铅锌尾矿中存在大量非活性物质，大量配入会影响水泥强度，因此配入量十分有限，往往需要采用机械活化或激发剂活化来提高铅锌尾矿的活性；另一种是将铅锌尾矿用作生产水泥熟料的原料，铅锌尾矿中的主要成分为 SiO_2 和 Al_2O_3，与水泥生料中的硅质、铝质材料相近，能够满足生产硅酸盐水泥的组分需求，同时铅锌尾矿中含有的 Pb、Zn、Cu、Mn、Cr、Ti 等微量元素还具有助熔、矿化等效果，可以提高水泥生料易烧性，因此可以将尾矿代替部分黏土配料来生产水泥熟料，实现铅锌尾矿的规模化利用。但这种方法存在重金属离子固结程度低、重金属离子易浸出污染环境等问题。

王生辉等将铅锌尾矿、铅锌冶炼渣作为水泥混合材，研究表明，铅锌尾矿中存在一定量的非活性组分，基本不参与前期水化反应，导致前期水化反应产物相对减少，表现为前期强度有所降低，同时铅锌尾矿不能为体系提供足够量参与二次水化反应的有效成分，导致后期强度也出现一定的降低，因此铅锌尾矿单掺时比例不宜超过 10%；李炳良等在铅锌尾矿作水泥混合材的过程中使用活性激发剂 DE 来提高铅锌尾矿的活性，进而提高铅锌尾矿的掺量。研究表明，在原料粉磨过程中添加 0.04% 的活性激发剂 DE 可以增加 5% 的铅锌尾矿掺量；高锦城等按照铅锌尾矿：石灰石为 35.4：64.6 的比例在 1 350 ℃条件下煅烧制备水泥熟料，可以达到 42.5 水泥的 28 d 抗压强度指标。养护前期主要水化产物为钙矾石，随着养护时间的增加，水化产物 C-S-H 含量增多，逐渐填满石块内部空隙，增加浆体密实度，进而提高抗压强度。将铅锌尾矿用于水泥生产工艺简便、成本较低，是铅锌尾矿消纳的重要方法，但也存在一定的局限性。成品水泥的质量受水泥生料的化学成分影响，这也限制了铅锌尾矿掺入量的提高，且不同来源的铅锌尾矿成分不同，甚至同一种尾矿也存在成分波动的问题，因此在同一生产过程中难以控制成品水泥的性能稳定不变。同时，还需要关注铅锌尾矿在焙烧过程中的潜在污染问题。

2.5.3.2 多孔陶瓷

发泡陶瓷是一种新型建筑材料，具有轻质、保温、隔热、变形系数小、强度高、使用寿命长等优势，通常以陶土尾矿、陶瓷碎片、河道淤泥、陶瓷固体废料为主要原料，并添加特殊发泡剂，经布料成型、窑炉高温焙烧而制成。尾矿中的化学组分类似于发泡陶瓷原料中使用的黏土，因此将尾矿替代黏土用于制备发泡陶瓷，可实现尾矿的高附加值利用。

刘娥等以铅锌尾矿为主要原料，配加黏土、长石、石英、玻璃粉、陶瓷废料和发泡剂，在1 200℃左右焙烧制备了性能良好的发泡陶瓷保温板，铅锌尾矿的利用率超过50%。区雪莲等以铅锌尾矿、废玻璃、废陶瓷浆为主要原料，以SiC为发泡剂，经多段焙烧工艺后制备了平均显微硬度为10.05 GPa、密度达到445 kg/m^3、导热系数为0.078 W/（m・K）、吸水率为1.25%、试样抗折强度为0.49 MPa、抗压强度为1.24 MPa、耐酸碱腐蚀性良好的发泡陶瓷产品；LIU等以25%铅锌尾矿、25%赤泥和40%硅砂为主要原料，以10%的$Na_2B_4O_7$为助熔剂，采用粉末工艺制备了发泡陶瓷。在970℃的烧结温度下，泡沫陶瓷材料的体积密度为0.56 g/cm^3，孔隙率为76.2%，抗弯强度为5.3 MPa，导热系数为0.21 W/（m・K），具有较高的孔隙率和较低的导热系数，适用于建筑行业的保温材料。

2.5.3.3 烧结普通砖

建筑砖是建筑领域应用最广泛的基础材料之一，传统的建筑砖生产需要消耗大量的黏土，对自然环境造成一定的影响。为此，国家出台了“无黏土”政策，在这一政策的推动下，利用尾矿、炉渣等工业固体废物生产建筑砖的研究受到广泛关注。根据制备工艺不同，利用铅锌尾矿制备的砖体材料主要分为烧结砖和免烧砖。

王志瑞以安顺市低硅铅锌尾矿为主要原料，按照铅锌尾矿：硅矿：煤矸石：页岩：粉煤灰为3：3：1.2：2：0.8的配比，在焙烧温度为1 050～1 080℃、保温时间为45 min的条件下制备了性能良好的烧结砖产品。周龙等采用铅锌尾矿：石膏：水泥：石粉为2.5：1.5：1：5的比例，在成型水分14%、成型压力20 MPa的条件下制备了抗压强度为26.2 MPa、吸水率为17.82%的免烧砖，复合MU20等级；李冲等按照铅锌尾矿：硅微粉：水泥为70：20：10的比例制备了免烧吸附砖，在满足MU20等级的同时，水化物与尾矿内重金属形成沉淀物，并对含铅废水中的铅离子吸附率达到96%，可应用于江河湖泊等工程场景；WANG等以铅锌尾矿、城市垃圾焚烧飞灰以及磨细高炉渣为原料制备免烧砖，结果表明，飞灰和高炉渣的加入增加了免烧砖中钙矾石、水滑石等水化产物的含量，提高了免烧砖的物理强度，降低了免烧砖的吸水率，并有利于铅锌尾矿中重金属的固化稳定。

2.5.3.4 制备微晶玻璃

微晶玻璃又称玻璃陶瓷、微晶玉石，是将特定组成的基础玻璃通过控制晶化制成的含有大量微晶相和玻璃相的固体材料，具有耐腐蚀性优良、强度高、环保等优点，广泛应用于建材、机械、电子工业和生物医学等领域。铅锌尾矿的化学组分及含量与微晶玻璃基础组分体系相符合，具备利用现有工艺体系将铅锌尾矿制备成微晶玻璃的可行性，但往往需要添加其他化工原料或协同其他固体废物对整体成分进行调控。

郭艳萍等采用烧结法协同铅锌尾矿和CRT玻璃废弃物制备微晶玻璃，其中铅锌尾矿添加量为20%、CRT玻璃废弃物掺量为30%，微晶玻璃晶相以透辉石为主，具有良好的机械性能和化学稳定性。钟高辉等以铅锌尾矿为主要原料，使用烧结法制备了 $CaO-Al_2O_3-SiO_2$ 系微晶玻璃，并发现硅钙比是影响微晶玻璃性质的重要参数，在 CaO/SiO_2 质量比小于 0.3 的情况下，随着 CaO/SiO_2 质量比的增加，基础玻璃的晶化温度逐渐降低，有利于晶化，主晶相为透辉石，微晶玻璃的密度增大，抗压强度增强。石戈研究了铅锌尾矿制备微晶玻璃过程中硅钙比对产品重金属浸出毒性的影响，结果表明，硅钙比的增加对 Zn、Mn 的浸出率基本没有影响，这是因为重金属离子可以通过取代价态相同、半径相近的离子形成置换固溶体，并被固化为微晶相存在于微晶玻璃中，不参与相变反应的重金属离子可嵌入晶体的晶格结构中，被固化到玻璃基质中。Pb 的浸出率逐渐增加，可能是铅的蒸气压大于 Zn、Mn 等重金属，在熔化过程中更容易挥发，使残余铅在熔体表面富集，削弱了固化效果。利用铅锌尾矿制备微晶玻璃是铅锌尾矿高值化消纳的主要途径之一，但微晶玻璃对于原料成分的要求较为严格，因此在微晶玻璃生产过程中铅锌尾矿的配入量较为有限。

3 铜矿尾矿污染特征

3.1 选矿工艺

我国铜矿尾矿排放量约为20亿t，重点分布在江西、安徽、湖北及云南等地。2021年我国铜矿尾矿产生量达3.92亿t，占尾矿总产生量的27.63%。铜矿主要矿床类型有斑岩型矿床、夕卡岩型矿床、层状型矿床、火山沉积型矿床和铜－镍硫化物型矿床五大类，分别占总资源储量的45.5%、30%、8%、8%和7.5%；矿石结构、构造复杂，嵌布粒度不均，多为不均匀浸染粒度矿石，甚至有不少矿物组合、结构嵌布细微，成分复杂，难选矿石较多；矿石化学成分多样，伴生、共生多种有益、有害组分，选冶工艺条件复杂。

铜矿石一般是铜的硫化物或氧化物与其他矿物组成集合体，与硫酸反应生成蓝绿色的硫酸铜。黄铜矿呈亮黄色，斑铜矿呈暗铜红色，氧化后变为蓝紫斑状；辉铜矿（硫化二铜）铅灰色；铜蓝（硫化铜）靛蓝色；黝铜矿是钢灰色；蓝铜矿呈鲜艳的蓝色。选矿能够使矿物中的有用组分富集，降低冶炼或其他加工过程中燃料、运输的消耗，使低品位的矿石能得到经济利用。通常选矿工艺流程中可能包括的工序有破碎、筛分、洗矿、预选、磨矿、重选、浮选、磁电选、化学选矿、细菌选矿等。选矿工艺流程见图3-1。选矿的方法有重选、浮选、磁电选、化学选矿等。

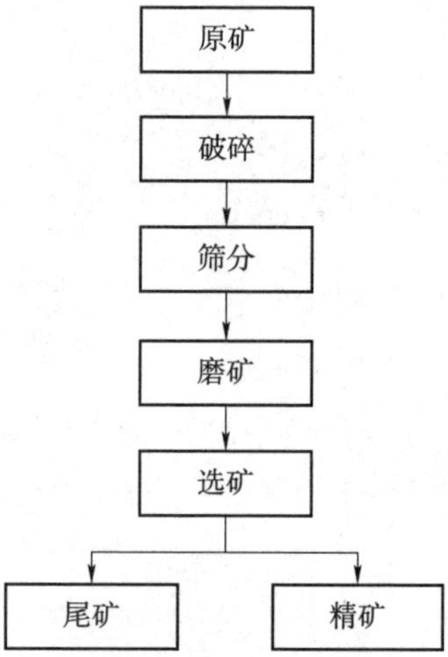

图3-1 选矿工艺流程

3.1.1 重选

重力选矿是按照矿物的密度差对矿物进行分选的选矿方法，简称“重选”。重选的实质就是借助多种力的作用，实现按物料的密度分离。重选过程必须在某种流体介质中进行。常用的介质有水、空气、重介质（重液或重悬浮液），其中应用最多的介质是水，称为“湿式分选”；以空气为介质时称为“风力分选”；在重介质中进行的分选过程称为“重介质分选”。有色金属铜矿山尾矿再选回收有价金属时，作为预选工段，起到富集矿物的作用。铜尾矿中含有密度与其他物质差异较大的矿物时，可采用重选技术进行预分选，回收尾矿中的有价金属，如钨、锡、铁、金等。例如，永平铜矿属含铜、硫为主，伴生有钨、银及其他元素的多金属矿床，日排尾矿量达 7 000 t，尾矿中 WO_3 和 S 品位分别为 0.064% 和 2.28%。为综合回收尾矿中的白钨，矿山采用重选结合磁选、浮选工艺进行尾矿再选，最终获得品位为 66.83% 的 WO_3 精矿，含硫为 18% 的硫精矿。

3.1.2 浮选

浮选是利用矿物表面物理化学性质差异，在固－液－气三相界面，有选择性地富集一种或几种目的矿物，从而达到与脉石矿物分离的一种选矿技术。在浮选过程中要加入浮选药剂，用以改变颗粒表面性质或浮选介质的特性来提高分选效率。浮选药剂的种类很多，根据其在浮选过程中的作用，可分为捕收剂、起泡剂、抑制剂、活化剂和介质调整五大类。有色金属铜矿山尾矿中含有少量未被分选的金属矿物，可采用浮选工艺再选回收。例如，安庆铜矿矿石主要金属矿物为黄铜矿、磁铁矿、磁黄铁矿、黄铁矿等，经浮选、磁选回收铜、铁、硫后，仍有少量单体未解离的黄铜矿进入总尾矿。为了从尾矿中综合回收铜，安庆铜矿通过“一粗二精三扫”的浮选工艺，从尾矿中回收品位为 16.94% 的铜精矿。

3.1.3 化学湿法浸出

湿法浸出是用适当的溶剂与废物作用，选择性地溶解固体废物中的有价金属组分，使该组分进入溶液中，达到从固体废物中分离有价金属的工艺过程。尾矿中含有各种金属氧化物、金属氢氧化物和金属硫化物，在有色金属工业固体废物综合利用回收应用中，铜、镍、钴金属及其氧化物适合采用氨浸法进行回收。当含硫化铜的废物经硫酸化焙烧后生成可溶性固体 $CuSO_4$，即可用水浸出。

某矿业公司提出了“低品位铜矿生物堆浸，高品位铜矿浮选”的铜矿综合利用工艺，含量为 0.1%～0.4% 的低品位铜矿石送铜矿湿法厂选冶，经破碎、堆浸、萃取、电积等工艺后，最终产品为高纯阴极铜，产生堆浸渣（非尾矿）。

3.2 尾矿产生量

由于我国铜矿中有用矿物的嵌布特性比较复杂，受经济、技术条件的限制，有色金属矿产资源在开采、加工过程中，有用矿物的回收率低，综合利用水平不高，铜尾矿多堆存于尾矿库。随着铜矿资源的开发，铜尾矿在逐年增加。不完全统计数据显示，截至 2019 年，铜矿尾矿库超过 545 座，堆存量近 18.09 亿 m^3，其中，云南省、安徽省、新疆维吾尔自治区、湖北省、湖南省、内蒙古自治区数量居多。

有色金属铜矿山尾矿产生系数，即每生产 1 t 铜精矿附带产生的尾矿量，受矿山生产规模、矿石品位、生产工艺等因素影响。国内典型铜矿尾矿产生系数一般为 20.53～56.87 t 尾矿 /t 铜精矿，详见表 3-1。我国有色金属铜矿山多为伴生矿山，伴生组分丰富，如广东大宝山多金属矿铜矿伴生有用元素多达 17 种。有色金属铜矿山有用矿物的回收率仅为 50%～60%，伴生有色金属回收率为 40% 左右，有色行业铜矿尾矿量占入选矿石量的 70%～98%，产生尾矿量巨大，平均每采出 1 t 矿石产出 0.78～0.98 t 尾矿，平均约产出 0.92 t 尾矿 /t 原矿石。

表 3-1　典型铜矿尾矿产生系数

企业	原矿消耗 /（万 t/a）	铜精矿产品产量 /（万 t/a）	尾矿产生量 /（万 t/a）	尾矿产生系数 /［t/t（产品）］
企业 1	2 310	38.71	2 270.93	58.67
企业 2	39.6	1.49	30.61	20.53
企业 3	66	2.37	51.36	21.67
企业 4	108.9	3.39	104.98	30.97
企业 5	33	0.72	31.80	44.17
企业 6	9.9	0.184 8	9.56	51.73
企业 7	33	0.82	31.87	38.87
企业 8	4.95	0.105 6	4.78	45.27

目前铜尾矿堆存方式有以下几种：

①低浓度排铜尾矿堆存：以选矿厂排出铜尾矿的浓度排入尾矿库堆存，其浓度一般在 30% 以下。选厂排出尾矿直接输送至尾矿库堆存，无需在厂区布置尾矿浓密机，低浓度输送，输送矿浆量大，尾矿库回水量大，输送与回水工程投资大，运行费用高。

②高浓度排铜尾矿堆存：将低浓度铜尾矿浆浓缩后排入尾矿库堆存，其浓度一般为 40%～55%。在选矿厂前设浓密机回水，尽量提高浓密机的底流浓度，在选矿厂区通过尾矿浓密机回收尾矿中的部分水量，减少尾矿浆带入尾矿库的水量，在尾矿库内设回水设施，尽量提高回水率。与低浓度相比，高浓度堆存需要增加尾矿浓密机，但

是矿浆浓度提高，尾矿输送与回水工程投资、运行费用都明显减少。

③膏体（超高浓度）排铜尾矿堆存：将铜尾矿浆加强浓缩成为膏体（超高浓度）排入尾矿库堆存。目前这种尾矿堆存方式在干旱地区使用，占比小。在选矿厂附近设高效浓密机，将尾矿浓缩至 50% 的重量浓度，输送至尾矿库旁，在尾矿库旁设深锥浓密机，将尾矿进行二次浓缩至膏体或超高浓度，如膏体浓密机的底流重量浓度可达 68% 左右，膏体浓密机的底流再通过高扬程泵泵送至尾矿库有序排放、堆存。该堆存方式由于通过二段浓密提高了尾矿的排放浓度，尾矿回水率也相应地提高，使尾矿回水率与尾矿高浓度堆存方案相比能有一定程度的提高。但由于尾矿需要二次浓缩且增加了膏体排放设施，尾矿浓缩与输送的投资、运行费与高浓度堆存相比将大幅增加。

④干堆：将尾矿进行压滤或过滤到含水量极低后再堆存于尾矿库。在选矿厂附近设高效浓密机，将铜尾矿浓缩至 50% 的重量浓度，输送至尾矿库旁，在尾矿库旁设压滤车间，将尾矿压滤成滤饼，将压滤后的尾矿通过卡车运至尾矿库堆存。

3.3 铜矿尾矿主要污染特征

3.3.1 铜矿尾矿主要污染特征概述

铜选矿产生的尾矿通常呈泥浆状，尾矿一般存放在尾矿库，小部分尾矿作为充填材料又回填到井下，绝大部分长期堆存尾矿库。选矿废水以及尾矿沉淀后的废液经简单处理后循环使用或用于周边农田灌溉，部分废液经尾矿坝泄水孔直接外排至周边水体。尾矿库中的重金属通过外排的废液或者通过扬尘进入周边环境，从而污染周边环境。同时，选矿必须加入大量的选矿药剂（如捕收剂、抑制剂、萃取剂），这些药剂多为重金属的络合剂或整合剂，它们络合 Cu、Zn、Hg、Pb、Cd 等有害重金属，形成复合污染，改变重金属的迁移过程，加大重金属迁移距离。因此，在矿产资源开采过程中，尾矿库是从铜矿石中分选出目的矿物后，剩余的含目的矿物很少的废渣（尾砂）的承纳场所，包括尾矿坝，排洪设施，截洪、尾矿输送系统，回水系统及坝体观测设施等。

铜矿尾矿库中重金属是矿山环境污染的主要来源之一，铜矿尾矿库具有以下主要污染特征：

①铜矿尾矿库常因为物理化学不良特性而成为裸地，不可避免压占大量土地，且对地表植被造成破坏。作为持久而严重的重金属污染源，应对铜矿尾矿库企业占用和破坏土地加以严格控制。

②铜矿尾矿污染水质和土壤、危害生态系统。由于铜矿尾矿中含有多种有毒有害物质，如重金属元素，铜矿尾矿在尾矿库长期堆放，会与空气发生氧化、分解以及溶滤等作用，使其中的有毒有害物质随着雨水流失，另外残留浮选药剂中含硫矿物造成的酸性废水，具有污染水体和土壤的风险，被植物的根部所吸收，可以影响植物生长。铜矿尾矿的长期堆积，如未按照相应规范实施污染防治措施，还会导致固体废物的大量流失，造成水系、河流堵塞，使水体受到严重污染，危害农业生产。

③尾矿废水即选矿厂浮选、重选等产生的工艺排水，一般与尾矿一并排入尾矿库，经尾矿库沉淀澄清、自然降解后部分返回选矿工艺回用，多余部分排放；也有部分矿山采用浓密池沉淀澄清后进行厂前回水，浓密池底流进尾矿库。硫化铜矿山酸性废水具有 pH 低、重金属种类多且含量高等特点，对水体和土壤环境都会造成潜在危害，已成为亟待解决的环境问题之一，相应尾矿废水中应重点关注 pH 及重金属等主要污染物。

④因尾矿中铜含量很高，由于尾砂颗粒细小，易于随风飘散，对周围环境产生影响的范围更大，因此对其治理已成为一个热点和难点问题。植物在尾矿上的自然定居极其困难，而且铜等重金属的流失对周边水环境、生态环境、居民的生活环境都会造成危害。

⑤铜矿尾矿排放造成资源浪费。铜矿尾矿中常含有多种金属元素，如果长期堆放和流失，不及时进行回收和综合利用，不仅污染环境，也是对国家矿产资源的极大浪费。我国矿产资源利用率很低，其总回收率比发达国家低 20%，国有有色金属矿山采选综合回收率为 60%～70%。因此大量有价金属元素及可利用的非金属矿物遗留在尾矿中，造成每年矿产资源开发损失。特别是老尾矿，由于受当时条件的限制，损失在尾矿中的有价组分会更大。

3.3.2 铜矿尾矿主要污染特征分析

铜矿尾矿主要污染成分与铜矿石成分、选矿药剂、选矿方法等息息相关。铜矿尾矿矿物组分复杂，含有较多的金属矿物，一般属惰性材料。我国铜矿尾矿具有数量大、粒度细、类型繁多、成分复杂等特点，粒度＜0.074 mm 的占 40%～80%。尾矿样粒度分布统计结果见表 3-2。铜矿尾矿中含有大量的硅、钙、铝、铁等成分的氧化物，其中 SiO_2、Al_2O_3、Fe_2O_3、CaO 含量较高，多数属钙铝硅酸盐型尾矿。多数铜矿尾矿中含有较多的 SiO_2 和 $CaCO_3$，一定量的 FeS_2 和其他的硫化物。以广东某铜矿尾矿为例，尾矿中铜物相分析结果见表 3-3。对铜矿尾矿开展主要成分分析结果显示，其含有 Cu、S、Zn、As、Pb、Cr、Mn、Ti 等，详见表 3-4。

表 3-2 铜矿尾矿样粒度分布统计结果

粒级 / 目	加入	240	-240～280	-280～325	-325
百分比 /%	100	10.03	15.9	13.38	60.66

注：230 目指粒径为 0.068 mm；325 目指粒径为 0.044 mm。

表 3-3 铜矿尾矿中铜物相分析结果 单位：%

样品	总铜	Cu		CuO		结合 CuO		Cu_2S	
		品位	分布率	品位	分布率	品位	分布率	品位	分布率
1	0.97	0.13	13.5	0.29	29.7	0.34	35.1	0.08	8.1
2	0.71	0.03	4.9	0.16	22.0	0.40	56.1	0.12	17.1
3	0.66	0.04	6.1	0.19	28.8	0.33	50.0	0.07	10.6

表 3-4 铜矿尾矿中 XRF 主要成分分析结果

分析物	结果 /%	Proc-Calc	Line	Net Int.	B G Int.
O	39.178 2	Quant.-FP	O Ka	54.453	2.615
Si	20.028 4	Quant.-FP	Si Ka	730.304	3.023
Fe	17.101 0	Quant.-FP	Fe Ka	1 491.390	2.524
Ca	10.275 0	Quant.-FP	Ca Ka	772.859	3.178
S	5.408 4	Quant.-FP	S Ka	310.696	2.325
Al	3.124 5	Quant.-FP	Al Ka	117.902	7.092
Mg	1.696 2	Quant.-FP	Mg Ka	17.364	0.703
K	0.716 8	Quant.-FP	K Ka	60.364	1.498
Mn	0.279 1	Quant.-FP	Mn Ka	18.038	1.027
Na	0.277 2	Quant.-FP	Na Ka	1.206	0.119
Ti	0.267 4	Quant.-FP	Ti Ka	5.178	0.269
Cu	0.260 1	Quant.-FP	Cu Ka	24.333	1.049
Zn	0.119 1	Quant.-FP	Zn Ka	13.257	1.362
As	0.085 6	Quant.-FP	As Kb	2.942	2.700
P	0.063 3	Quant.-FP	P Ka	3.910	1.101
Bi	0.028 4	Quant.-FP	Bi Ka	2.035	2.334
Cr	0.027 9	Quant.-FP	Cr Ka	1.419	0.595
Pb	0.025 0	Quant.-FP	PbLbl	1.896	3.272
W	0.022 8	Quant.-FP	WLa	0.892	1.224

续表

分析物	结果 /%	Proc-Calc	Line	Net Int.	B G Int.
Sr	0.008 0	Quant.-FP	Sr Ka	2.130	4.208
Zr	0.007 8	Quant.-FP	Zr Ka	2.431	4.915

表 3-5　选矿尾矿主要成分

成分	Cu	Mo	Pb	Zn	Cr	Cd	Ni	Co	TFe	As	S
%	0.052	0.016	0.004	0.001 2	＜0.000 4	＜0.000 2	0.002	0.001	1.98	0.000 2	0.868
成分	SiO_2	Al_2O_3	K_2O	Na_2O	CaO	MgO	MnO	TiO_2	P_2O_5	H_2O	n.n.n
%	67.52	17.28	4.65	1.09	3.15	1.73	0.076	0.01	0.16	0.488	0.901

铜矿尾矿主要为第Ⅰ类一般工业固体废物，部分为第Ⅱ类一般工业固体废物，尾矿中含铜（Cu）、砷（As）、锌（Zn）、铅（Pb）、镉（Cd）、汞（Hg）等污染物，重点关注 pH、铜、锌等，尾矿废水中含 COD、悬浮物、氟化物、铜（Cu）、砷（As）、锌（Zn）、铅（Pb）、镉（Cd）、汞（Hg）等特征重金属。

尾矿废水为选矿厂浮选、重选等产生的工艺排水，一般与尾矿一并排入尾矿库，经尾矿库沉淀澄清、自然降解后部分返回选矿工艺回用，多余部分排放；也有部分矿山采用浓密池沉淀澄清后进行厂前回水，浓密池底流进尾矿库。尾矿浆和精矿溢流水输送至尾矿库，废水在尾矿库采用自然沉降法处理，即充分利用废水在尾矿库等水域的自然曝气、自净、吸收、吸附以及沉降等作用，降低尾矿库溢流水，溢流水量与大气降雨、蒸发量、尾矿库回水及尾矿浆自身截留量有关。铜矿尾矿库渗滤液也应重点关注。部分铜矿尾矿库采用废水处理站处理，通常采用氧化（或生化）+ 絮凝沉淀的方法处理 COD 和少量的重金属，处理后达标外排。

3.4　铜矿尾矿环境影响分析

铜矿尾矿库主要包括对环境空气、水环境和土壤环境影响等，另外会对土地利用、植被、水土流失产生影响，途径如下。

3.4.1　大气环境影响分析

根据工程实践经验，铜矿尾矿库通过大气途径污染环境的来源主要为尾矿库扬尘。大气沉降是铜矿尾矿库重金属污染影响传播的主要途径之一，重金属可依附大气沉降，以气溶胶的形态进入大气，经过自然沉降和降水进入周围环境。大气中的重金属污染物在迁移过程中受各种因素的影响，主要因素是风和湍流、天气形势和地理形势。污染物可随排放源的下风向迁移，也可通过空气中的垂直对流运动升至高空扩散。此外，大气干湿沉降可以去除其中的部分颗粒物。尾矿库干滩、坝坡扬尘影响范围大小与多种因素有关，包括尾矿库堆场的工艺（湿法堆存：中线法、上游法、下游法，干堆，膏体堆存）、砂粒度、尾矿库堆存高度、采取的防尘措施（控制干滩湿度、防尘胶结剂、防尘铺网、固定边坡复垦等）、所在区域气象条件（空气湿度、降水量、蒸发量、风速等）、地形条件等。但在生产运行期，由于湿排铜矿尾矿库湿度较高，澄清库面不易引起粉尘污染。干滩尾砂产生扬尘后，会对周边环境造成潜在影响。

3.4.2 地表水环境影响分析

铜矿尾矿库尾矿水和渗滤液如不收集或收集后未经处理直接排放进入地表水体，会对地表水体造成污染，如增加水体的重金属组分、氟化物等。主要是水体中重金属的释放、迁移与累积，以及使用纳污河流灌溉等引起的。由于河水流动，河流的沉淀自净作用使沿河重金属含量自排放口沿地表径流方向总体呈现下降趋势，地表水体沿岸土壤重金属含量从污染源到下游呈递减的趋势。

当重金属污染物进入河流中，将会发生一系列物理变化、化学和生物反应，其反应动力学过程和反应机理很复杂，如物理过程有扩散、推移、再悬浮、对流、沉降吸附、解吸等，化学过程有络合、絮凝沉淀、氧化、还原等，生物过程有生物摄取、微生物转化、生物富集等。河流中重金属的浓度影响沿岸土壤中重金属的含量，而重金属在河流中的迁移转化过程是多种过程及反应综合作用的结果，因此地表径流对环境影响范围的影响因素较多。

黄岁梁等研究水流紊动条件对重金属吸附影响实验结果表明：水流紊动强度较小时，吸附速率小，产生吸附的主要载体为悬浮泥沙；紊动强度大时，由于底泥发生悬浮，底泥与悬浮泥沙不断交换，共同对重金属进行吸附，因此水相重金属污染物浓度下降的速率、幅度、达到稳定的时间均会显著增加或延长。影响水流紊动的因素比较多，用地表水流量来反映这一因素。于量等的研究结果表明，颗粒物对重金属的吸附量随 pH 升高而增大，pH 较低时，重金属以溶解态随河流迁移的距离较远。

3.4.3 地下水环境影响分析

随着降雨或尾矿水进入铜矿尾矿库，尾矿中的重金属可以通过尾矿的空隙淋溶下渗进入地下水；含重金属的废水可以通过地表径流进下游水文系统，从而造成潜在

As、Cd 等重金属元素污染水体，造成周边地下水环境污染。相对于地表水，地下水具有隐蔽性和不可恢复性，如尾矿库下遇断层等不良地质条件，污染物质更容易渗入地下水，因此在建库之前必须查明水文地质条件。

3.4.4 土壤环境影响分析

若硫化铜矿尾矿曝露于大气中，会使其中的硫化物矿物氧化并形成酸性废水，水体具有较低的 pH 并且可富集可溶性的重金属元素，对铜矿尾矿库下游河流及土壤造成污染影响。地表径流对土壤影响范围与面源污染的强度有直接的关系。面源污染的强度与铜矿尾矿库规模、降水量相关。尾矿库类型、降水量等因素会影响地表径流中重金属的浓度以及下游地表水体沿岸沉积在土壤中的重金属含量和影响范围。铜矿尾矿库服务年限与其污染治理水平也有密切的关系，从而影响面源污染的强度。地表径流对沿岸土壤的影响，地表径流中的重金属在河水的浸润作用下发生侧向迁移，进入沿岸土壤中。污染物在包气带中以垂向运移为主，因此垂直河流流向上，通过河水浸润作用对沿岸土壤污染的影响范围很小，远小于由于洪水淹没造成污染影响的区域。因此对垂直河流流向的土壤污染影响范围，与区域历史洪水位淹没区域密切相关。当重金属污染物进入河流，将会发生一系列物理变化、化学和生物反应，其反应动力学过程和反应机理很复杂，重金属在河流中的迁移转化过程是多种过程及反应综合作用的结果。潜在影响包括会扰乱植物根系正常的生理活动，影响植物对养分的吸收。

例如，广东某露天铜矿在开采初期，每年排放的 100 多万 t 尾矿和 3 000 多万 m^3 的泥浆水影响下游的农用地与河道，致使耕地严重沙化，河水泥沙含量急剧增高，最后导致河流淤塞，河床升高，水体严重污染。尾矿中的重金属元素渗入土壤后，会严重破坏土质，使土壤中的微生物大量死亡，土壤逐渐失去腐解能力，最终土壤越发贫瘠，最后沙化变成“死土”。

表 3-6 铜矿尾矿库潜在环境影响主要途径和污染因子

分类	主要途径	主要影响污染因子
环境空气	风力侵蚀造成扬尘	TSP、尾砂扬尘中 Pb、As、Cd 等
地表水环境	地面漫流	Cu、Pb、As、Cd、硫化物（硫化矿）
地下水环境	废水泄漏及渗漏	Cu、Pb、As、Cd、硫化物等
土壤	地面漫流、入渗、大气沉降	Cu、Pb、As、Cd 等

3.4.5 铜尾矿案例

某铜矿浮选厂采用“分步优先浮铜再选硫”的浮选工艺处理高品位铜矿石，生产出优质的铜精矿和硫精矿，其设计处理量为 8 000 t/d。精尾矿系统主要为 8 000 t 磨浮系统处理生产精矿和尾矿，生产精矿经过 18 m 高效浓密机处理后采用陶瓷过滤机进行过滤，精矿产品堆放于精矿仓库待售。生产尾矿经 53 m 高效浓密机处理后采用 LSGB 960-4 水隔离泵进行输送到大崇背尾矿库堆存。目前磨浮系统处理量接近 8 000 t/d，达到设计能力，在原矿品位为 0.4% 的条件下，生产铜精矿含铜 18%～22%，铜回收率在 85% 以上。选矿废水排入该尾矿库，经库内曝气、自然澄清后，回用于选矿系统。雨季尾矿库溢流水排入截渗库，经加药处理后引至井子里库区沉淀，最后进入新屋下调节水库，进入全矿水循环系统利用或通过新屋下外排口外排。

（1）尾矿库主要污染分析

铜矿一选厂主要废水为浮选尾矿浆中所含废水。选矿废水的排放量为 8 580 m^3/d，排入 D 尾矿库。在库内经自然沉降、曝气、自然氧化后，大部分通过库区船泵回用于浮选厂。少部分尾矿库溢流水排入截渗库经加药后排入井子里库区，溢流水量与大气降雨、蒸发量、尾矿库回水及尾矿浆自身截留量有关。进入尾矿库的尾矿浆经沉淀后，废水通过尾矿库库区船泵回用于浮选车间，目前回用量尚不能满足浮选用水需求，故正常情况下无废水排放。在极端天气下，如有连续暴雨，部分废水进入截渗库。

（2）尾矿库环境影响分析

依据已取得备案的环境影响后评价等资料，对比分析尾矿库建设前后周边环境质量监测数据变化趋势和环境影响，显示尾矿库各项环保措施得到了较有效的实施。

1）地下水环境质量变化

选取具有对比性的监测点位和监测因子进行对比分析，了解尾矿库周边地下水质量变化趋势。对比分析结果如表 3-7 所示，矿区及其周边地下水中主要污染物浓度基本维持不变或呈下降趋势。

表 3-7　地下水质量历次监测数据统计　　单位：mg/L

监测因子	监测时间	监测点 1	监测点 2	监测点 3	监测点 4	监测点 5	监测点 6
pH（量纲一）	2006 年 7 月	4.30	4.73	7.55	6.70	5.08	3.92
	2009 年 2 月	—	—	—	6.88	6.37	—
	2011 年 12 月	6.42	6.16	6.08	7.35	5.46	4.61
高锰酸钾指数	2006 年 7 月	1.12	—	1.17	—	—	—
	2011 年 12 月	0.4	—	0.27	—	—	—
Cu	2006 年 7 月	<0.01	<0.05	<0.01	<0.05	0.46	0.38
	2009 年 2 月	—	—	—	<0.05	<0.05	—
	2011 年 12 月	<0.005	<0.005	<0.005	<0.005	0.029	0.096

续表

监测因子	监测时间	监测点 1	监测点 2	监测点 3	监测点 4	监测点 5	监测点 6
氰化物	2006 年 7 月	<0.004	<0.004	<0.004	<0.004	0.017	0.005
	2009 年 2 月	—	—	—	<0.004	<0.004	—
	2011 年 12 月	<0.004	<0.004	<0.004	<0.004	0.024	<0.004

2）地表水环境质量变化趋势分析

将历次附近水域水质监测结果进行汇总分析，选取典型水质指标进行对比，了解流域水质变化趋势。对比分析结果如表 3-8 所示，历次监测水质均能满足《地表水环境质量标准》（GB 3838—2002）中Ⅲ类标准要求，且 2002—2011 年其水质无明显恶化趋势。

表 3-8　水质历史监测数据统计　　单位：mg/L

监测因子	监测时间	监测点 1	监测点 2	监测点 3	监测点 4	监测点 5
pH（量纲一）	2002 年 11 月	—	—	7.65	7.69	7.61
	2006 年 7 月	—	7.2	7.22	7.19	7.27
	2009 年 2 月	7.43	7.33	7.06	7.15	7.36
	2011 年 12 月	7.16	7.09	7.11	7.19	7.16
COD_{Cr}	2002 年 11 月	—	—	10.7	12.4	12.8
	2006 年 7 月	—	13.44	13.18	10.96	25.6
	2011 年 12 月	11	11	10	10	10
Cu	2002 年 11 月	—	—	<0.01	<0.01	<0.01
	2006 年 7 月	—	<0.01	<0.01	<0.01	<0.01
	2009 年 2 月	0.02	0.02	0.02	<0.01	<0.01
	2011 年 12 月	<0.05	<0.05	<0.05	<0.05	<0.05
氰化物	2002 年 11 月	0.004 L	0.004 L	0.004 L	0.004 L	0.004 L
	2006 年 7 月	—	0.004 L	0.004 L	0.004 L	0.004 L
	2009 年 2 月	0.004 L	0.004 L	0.004 L	0.004 L	0.004 L
	2011 年 12 月	0.004 L	0.004 L	0.004 L	0.004 L	0.004 L

注：L 表示低于检出限，下同。

3）底泥中重金属含量变化趋势分析

将历次底泥监测结果进行汇总分析，通过底泥中重金属的含量变化趋势分析铜矿生产开发活动对附近流域的影响，对比分析结果如表 3-9 所示。与 2009 年相比，矿山外排口附近的地表水底泥中 Cu、As 的含量呈上升趋势。重金属在底泥中会逐渐累积，由于重金属为持久性污染物，不易转化或降解，随着铜矿开发活动的进行，底泥中的重金属含量仍会逐渐升高。

表 3-9 底泥历史监测数据统计 单位：mg/L

监测因子	监测时间	监测点 1	监测点 2	监测点 3	监测点 4	监测点 5
As	2009 年 2 月	2.67	29.6	18.9	16.1	24.4
	2011 年 12 月	23.61	73.27	69.23	19.92	19.03
Cd	2009 年 2 月	0.05	16	8.1	10	32
	2011 年 12 月	0.72	1.28	1.36	1.15	1.42
Cu	2009 年 2 月	6.8	58.1	162.3	52.1	112.2
	2011 年 12 月	80	670	730	220	170
Pb	2009 年 2 月	10	72.1	375.4	100.7	130.7
	2011 年 12 月	90	90	160	80	110

4）环境空气质量变化趋势分析

将历次环境空气监测结果进行汇总分析，了解区域环境空气质量变化趋势，对比分析结果如表 3-10 所示。铜矿生产开发活动产生的主要大气污染物为 TSP 和 PM_{10}，2003 年、2006 年和 2009 年 3 次的 TSP 监测浓度逐次降低，而铜矿的开采规模和产量却在逐年扩大，主要原因是铜矿改进了开采方式，加强了防尘抑尘措施。而在 2011 年的监测结果中，TSP 和 PM_{10} 浓度有所升高，可能与铜矿正在进行环保整改活动有关。

表 3-10 环境空气历史监测数据统计 单位：mg/m³

监测因子（日均浓度）	监测时间	监测点 1	监测点 2	监测点 3
TSP	2003 年 2 月	0.125～0.211	—	0.043～0.089
	2006 年 7 月	0.073～0.117	0.047～0.101	0.028～0.043
	2009 年 2 月	0.013～0.019	0.020～0.027	0.008～0.014
	2011 年 12 月	0.035～0.096	0.023～0.083	0.039～0.243
PM_{10}	2006 年 7 月	0.061～0.097	0.039～0.084	0.025～0.037
	2009 年 2 月	0.009～0.012	0.013～0.018	0.005～0.009
	2011 年 12 月	0.022～0.081	0.016～0.079	0.023～0.079

5）土壤质量变化趋势分析

将铜矿历次土壤环境质量监测结果进行对比分析，土壤环境质量变化趋势见表 3-11。与 2009 年相比，2011 年矿区周边农用地中重金属含量无明显变化趋势。其中，监测点 3 重金属含量相对较高，根据该地区早期探矿资料和历史监测资料，与其背景值有关。

表 3-11 土壤环境质量变化趋势 单位：mg/kg

监测因子	监测时间	Cu	Zn	As	Cd
监测点 1	2009 年 2 月	38	196	3.3	0.20
	2011 年 12 月	37.8	69.8	4.95	0.199
监测点 2	2009 年 2 月	8.2	136	22.3	0.16
	2011 年 12 月	29.8	138.8	12.27	0.185
监测点 3	2009 年 2 月	106	211	9.7	0.66
	2011 年 12 月	180.6	61.5	14.22	0.21

3.5 铜矿尾矿综合利用

随着矿山技术及装备水平的提高，我国铜矿尾矿综合利用的水平也得到了很大的提升。铜矿山尾矿的综合利用主要集中在 4 个方面：一是二次再选和有用组分回收，随着选冶技术水平的不断提高，将铜矿尾矿中残存的稀有元素、有价金属及其他有用组分逐步回收利用，国内已有利用铜矿尾矿回收 Fe、S、Ni、Au、Co、W、重晶石、钾长石、磷灰石等各类矿物的案例。二是生产建筑材料，由于铜尾矿主要由石英、长石、伊利石、云母等非金属矿物组成，化学成分以 SiO_2、Al_2O_3、Fe_2O_3、CaO 为主，与建筑材料密切相关，因此可以经过预处理后用作建材原料组分或者用于生产新型建筑材料。国内在此方向的研究包括利用铜尾矿作矿化剂和铁质校正剂生产水泥熟料、利用铜矿尾矿作混凝土细骨料、将铜矿尾矿磨细后作水泥混合材和混凝土掺合料、利用铜矿尾矿制备免烧砖和蒸压加气混凝土砌块、利用铜矿尾矿制备微晶玻璃及陶瓷材料等。三是用于矿山充填，将铜矿尾矿与一定比例胶凝材料搅拌混合后制备膏体状料浆，输送到地下充填采空区进行回填。国内金山铜矿、冬瓜山铜矿、甲玛铜矿等矿山利用铜矿尾矿充填已经取得了非常好的实践效果。四是其他领域，铜矿尾矿综合利用的其他研究还包括铜矿尾矿土地复垦、铜矿尾矿作土壤改良剂及微量元素肥料等。

将铜矿尾矿用于建筑材料生产，尤其是水泥和混凝土生产无疑是目前铜矿尾矿大宗量、规模化应用的重要方向之一。但由于铜矿尾矿用作水泥混合材和混凝土矿物掺合料需要经过烘干、磨细等处理工艺，生产成本高，且铜矿尾矿粉为惰性材料，活性低，导致铜矿尾矿的应用受到较大制约。如何提高铜矿尾矿粉的应用性能及附加值，是推动铜矿尾矿粉建材资源化利用的关键。研究表明，超细粉磨是改善工业固体废物应用性能、提高工业固体废物在水泥混凝土中掺加量的重要手段。将 70% 粉煤灰和

30% 矿粉共同超细粉磨至平均粒径＜10 μm，复合超细粉活性指数和流动度比达到 S95 级矿粉技术要求；将 60% 钢渣粉和 40% 矿渣粉共同超细粉磨至中位粒径＜10 μm，复合超细粉的活性指数、流动度比均达到 S95 级矿粉技术要求。

国内铜矿山部分采用采矿废石作为尾矿库的坝基材料，选矿尾矿作为尾矿库的堆积坝材料。例如，德兴铜矿四号尾矿库利用基建废石作为尾矿库坝基，中线法筑坝工艺以选矿产生的粗尾矿作为筑坝材料，大幅降低了尾矿库的建设成本，提高了废石、尾矿综合利用效率。

尾矿充填技术具有代表性的是全尾砂胶结充填技术和高水固结充填采矿法。前者以水泥（或冶炼炉渣代替部分水泥）为固化剂，选厂全尾砂为骨料，与水按比例配制成一定浓度的料浆，用泵压或自重输送至井下采空区充填。后者使用“高水速凝固化材料”作胶凝材料，尾砂作充填骨料，按配比与水混合后形成高水固结充填料浆，料浆浓度变化为 30%～70%，充填采场后不用脱水便可以凝结为固态充填体。目前，我国凤凰山铜矿、大姚铜矿、麻阳铜矿及玲珑等矿山均采用充填采矿方法，每年需要大量的充填材料，从而使大量粗粒尾矿得到利用。大冶有色金属公司铜绿山铜矿利用尾矿作井下胶结充填的原料。自胶结充填系统建成投产以来运转一直正常，每天可处理尾矿 320 t 左右（全年约 10 万 t）。铜陵凤凰山铜尾矿，利用全水速凝胶结充填工艺进行井下充填，降低了充填成本，取得了良好的效果。某公司尾砂膏体充填系统，设计年利用尾砂 80 万 t，节约充填费用 3 000 万元以上，并且减少了尾砂堆存等相关费用。我国的充填技术经历了从干式充填到水力充填，从分级尾砂、全尾砂、高水固化胶结充填到膏体泵送胶结充填的发展过程。目前矿山井下充填技术已经比较成熟，利用尾矿充填，既可以解决矿山充填骨料来源，又能解决部分尾矿的排放问题，具有较好的应用前景。

4 钼矿尾矿污染特征

钼（Mo）在地球化学分类中，属于一种过渡性亲铁金属元素。钼金属具有高熔点、高强度、耐腐蚀、低膨胀系数、稳定性良好等优点。在钼的消费中，钢铁工业占钼总消耗量的 80% 左右，其次是化工领域，占比约为 10%。此外，钼也被广泛应用于航空航天、电子信息、农业等领域。根据美国地质调查局的数据，2021 年全球钼储量为 1 600 万 t，我国钼储量为 830 万 t，占比超过 51%，是全球钼资源最丰富的国家。目前，我国钼产量来源主要有 3 个，一是原钼矿山的原生钼；二是铜矿的共生和副产钼；三是从废弃的含钼催化剂等中回收的钼，其中第一类和第二类钼来源占绝大多数。

4.1 选矿工艺

对于原生钼来说，共生钼的生产成本较低。钼矿的选矿工艺首先要对矿石进行破碎磨矿，使矿石颗粒变得更细；再次使用浮选法进行矿石的分离，通过调整药剂的配比和气泡的引入，可以使钼矿石浮于上层，达到与杂质分离的目的；最后从浮渣中获得含钼的浓缩物，完成矿石选矿的过程。下文主要介绍单一钼矿及铜钼矿的选矿工艺。

4.1.1 单一钼矿选矿工艺

单一钼矿主要是以辉钼矿形式存在，具有良好的疏水性，是可浮性好的非极性矿物。就大多数单一钼矿而言，即使粗达 0.6 mm 的贫连生体，只要表面裸露 1%，也能顺利上浮。浮选常作为选别辉钼矿的方法，并且有时辉钼矿只需要添加起泡剂即可上浮。辉钼矿虽然易浮，但钼矿石中钼含量很低，一般为 0.01%～0.4%，0.2% 以上即为富矿。钼精矿质量要求又很高，要求含钼为 45% 以上。浮选过程中辉钼矿的富集比（精矿品位与原矿品位的比值）要求在 400 以上，需多次精选，一般为 4～10 次。因此，适宜对以辉钼矿形式存在的单一钼矿采用粗磨－粗选的粗选段，对粗磨－粗选所产生的含有大量连生体的粗精矿进行再磨，使之充分解离，并进行多次精选，即采用多段再磨－多次精选工艺。但辉钼矿较软，细磨易泥化，影响精矿质量，因此糊精一般作为抑制剂，水玻璃作为辉钼矿浮选的介质调整剂使用，抑制矿泥对精矿质量的影响。典型钼矿选矿工艺见图 4-1。

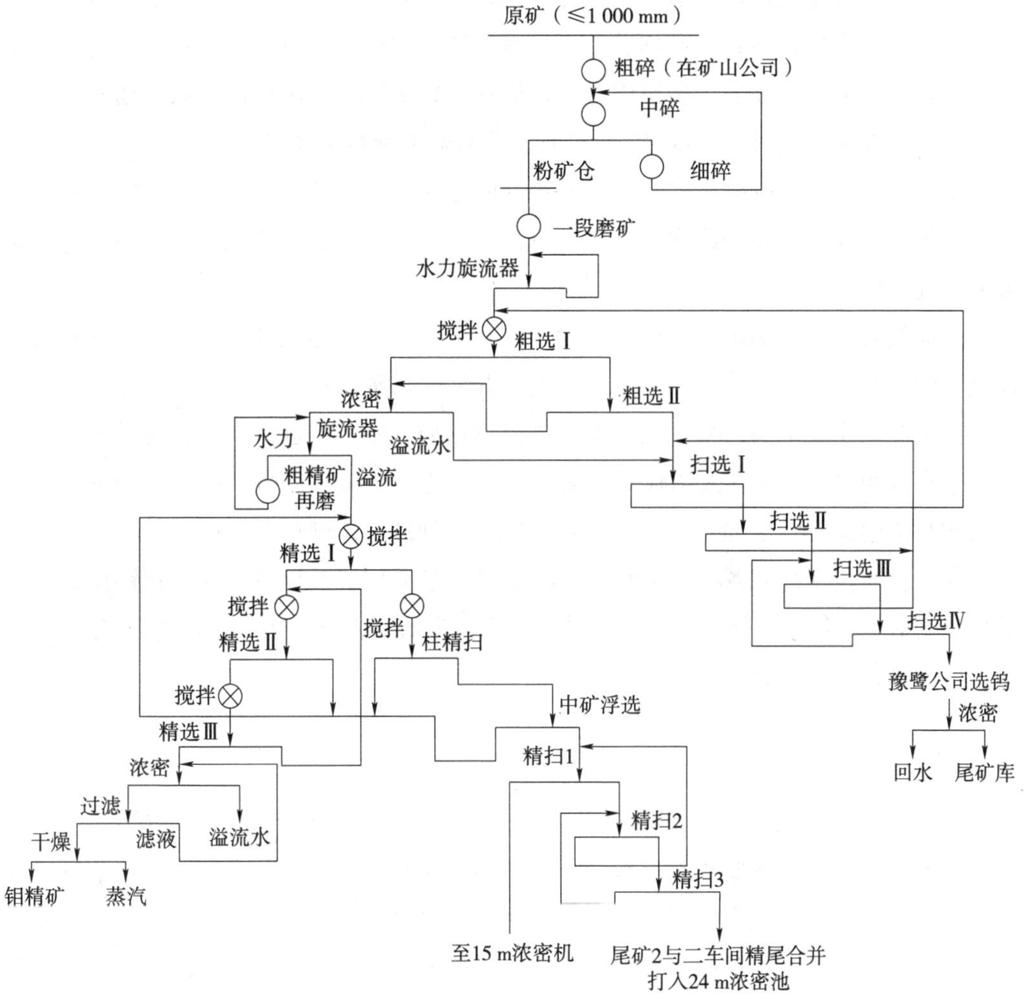

图 4-1　典型钼矿选矿工艺

4.1.2　铜钼矿选矿工艺

铜钼矿石是钼的主要来源之一，铜钼矿石中回收的钼量占世界钼总产量的 48%。以铜为主伴生有钼的铜钼矿床，常以斑岩铜矿型存在，而钼则以辉钼矿的形式存在，常与黄铜矿、黄铁矿密切共生，因其储量大，是当前提取铜的重要资源，同时也是钼的重要来源。由于此类矿床具有原矿品位低、嵌布粒度细的特点，并且辉钼矿具有层状结构，有良好的天然可浮性，从铜钼矿石中回收辉钼矿，比从以辉钼矿为主的矿石中回收钼更难，流程更复杂，回收钼往往还要受到回收铜的制约。

（1）铜钼分离前预处理

在铜钼矿石中进行铜钼分离，原则上有优先浮选和混合浮选两种方法。其中，采用较多的是混合浮选，即先通过粗选得到铜钼粗精矿，然后从铜钼粗精矿中分离铜或钼。由于硫化铜矿物和辉钼矿均易浮，且铜矿物与钼矿物的可浮性较近，获得铜钼精矿是容易实现的。但在铜钼精矿中进行铜矿物与钼矿物的分离难度较大，通常要通过物理或化学方法进行铜钼分离前的预处理。曾被研究或被工业采用的方法有：

①浓缩脱药。通过铜钼混合浮选所得到的泡沫产品，其中含有大量的黄原酸类捕收剂，为了减少这些残余药剂对黄铜矿可浮性的影响，降低抑制剂用量，通常在铜钼分离前进行浓缩脱药。

②加热处理。在铜钼分离前，对铜钼混合精矿进行加热处理，其目的是使矿物表面吸附的捕收剂疏水膜分解、氧化或蒸发，并使非钼硫化矿物表面自身氧化，从而使其受到抑制。实践证明，采用热水加温进行铜钼混合精矿浮选分离，钼精矿的质量和回收率都有明显提高，并大幅降低了硫化钠的用量（可减少 85%～90%）。因此，全世界约 40% 的主要铜－钼选厂均采用不同方式的热处理工艺进行铜－钼分选。

③氧化。包括加入各种强氧化剂，如氯气、过氧化氢及臭氧，使硫化铜矿物表面的捕收剂氧化分解，或能使铜矿物在碱性矿浆中表面氧化形成亲水氧化物吸附层。

（2）铜钼分离作业

铜钼精矿经过预处理之后，进入铜钼分离作业，常用的铜钼分离方法主要有以下几种。

①常规浮选方法。一般采用抑铜浮钼的工艺，其关键就是实现对铜矿物的抑制。已有研究表明，对硫化铜矿具有抑制作用的药剂有几十种，但具有工业应用前景或已在工业上采用的药剂不多。可分为两类：一是无机物，如硫化钠类、诺克斯类和氰化物类。这三类药剂或单独使用或混合使用，已构成了铜钼混合精矿分离中抑铜浮钼的常规药剂；二是有机物，如巯基醋酸盐和乙基硫醇等。在对铜矿物实现有效抑制后，浮钼时一般加入少量非极性油，以强化辉钼矿浮选。此外，为提高钼精矿品位，还需加入一些调整剂，如水玻璃、六偏磷酸钠等抑制脉石矿物、分散矿浆，经过多次精选（6～14 次），才能获得高质量的钼精矿。

②脉动高梯度磁选。脉动高梯度磁选是 20 世纪 80 年代初发展起来的一种分离细粒弱磁性矿物的有效方法，已广泛用于弱磁性铁矿、锰矿和黑钨矿等有用矿物的选别。由于黄铜矿是弱磁性矿物，辉钼矿为非磁性矿物，中南大学杨鹏等将这一新技术引入铜钼分离。

4.2 尾矿产生量

4.2.1 我国钼资源情况

我国钼矿床类型主要有内生成矿作用形成的斑岩型钼矿床、矽卡岩型钼矿床、热液脉型钼矿床及由外生成矿作用形成的沉积型钼矿床（表 4-1）。我国钼矿床矿石多以硫化物矿为主，多伴生 Cu、W、Sn 等金属矿种，矿床品位多在 0.1% 以下，大中型矿床较多，适合露天开采。我国单一型钼矿床储量仅占全国钼资源储量的 14%，作为主矿产，伴生其他有价金属的矿床占总储量的 64%，与铜和钨等金属共生或伴生钼矿床占总储量的 22%。

表 4-1 我国钼矿产类型及特征

类型	地质背景	含矿围岩	共伴生矿种	矿产实例
斑岩型	板块构造伸展分离	花岗斑岩小侵入体	Cu	陕西金堆成、河南东沟、内蒙古曹四天
矽卡岩型	花岗岩与碳酸盐岩接触带	花岗岩株侵入体	Cu、W、Sn、Bi	湖南柿竹园、河南南泥湖、河北小寺沟
热液脉型	地质体裂隙中	石英脉、伟晶岩脉	Cu	浙江石坪川、广东白云岗、甘肃小柳树沟
沉积型	海相、陆相沉积作用	砂岩、黑色页岩	Cu、U、V、Ni	湖南大浒

4.2.2 钼矿尾矿产生情况

近年来，随着国民经济的高速发展，钼的需求量逐渐增加，我国钼矿石的开采量及处理量也快速增加，但由于钼矿石钼品位低，在采用浮选技术提取钼资源的过程中，占矿石开采量 95% 以上的钼矿石会以尾矿排出。钼矿尾矿堆积不仅占用大量土地资源，使大量的有价金属没有得到充分回收造成资源浪费，同时尾矿库修筑及维护需要投入大量资金，且对周围环境产生污染的风险较高。目前我国钼矿山的生产能力达到约 7.8 万 t 钼精矿（含钼量为 3.5 万 t，居世界第三），而实际生产量为 7.2 万 t 钼精矿（含钼量为 3.2 万 t）。因总产量较大，产生了大量尾矿，全国钼矿山排出尾矿量约 3 200 万 t/a，随着钼矿的快速开发利用，钼矿尾矿累计堆存量越来越多。截至 2019 年年底，我国钼矿尾矿库经粗略统计有 208 座，堆存尾矿约 10.56 亿 m^3，主要分布在河南（56 座）、辽宁（34 座）、陕西（32 座）、内蒙古（13 座）、浙江（11 座）、河北（10 座）

等地，钼矿尾矿中主要含有石英、长石、方解石、石榴石及一些有机选矿药剂等。

国内典型钼矿尾矿产生系数一般为 1.00～1.03 t/t（原矿），详见表 4-2。

表 4-2 典型钼矿尾矿产生系数

企业	原矿消耗 /（万 t/a）	钼精矿产量 /（万 t/a）	尾矿产生量 /（万 t/a）	尾矿产生系数 /［t/t（原矿）］	尾矿产生系数 /［t/t（产品）］
河南某钼矿选矿厂 1	320	0.5	329.6	1.03	659.2
河南某钼矿选矿厂 2	478.5	1.3	478.5	1.00	368.1
黑龙江某钼矿选矿厂	1 500	2.25	1 497.75	1.00	665.7

钼矿尾矿主要贮存在尾矿库中，以山谷型尾矿库为主。根据实地调查，钼矿尾矿库使用现状包括正在使用的正常库、已停用的尾矿库、已废弃的尾矿库及已闭库的尾矿库。以前钼企业的粗放型生产，多数小型尾矿库管理不善，导致环保设施缺乏、环境污染严重，甚至在极端天气情况下容易发生安全事故，因此要对这类尾矿库进行重点整治。

4.3 钼矿尾矿污染特征分析

钼矿尾矿库的污染源主要为尾矿浆，包括尾矿及尾矿水。尾矿主要贮存在尾矿库中，尾矿水主要贮存于尾矿库尾部，且通过回水、渗流等方式，部分积存于尾矿库坝下的回水池及渗滤液收集池。因此钼矿尾矿库的主要污染物是尾矿及尾矿水中的重金属元素，包括 Mo、Pb、As、Cd、Hg 等。

4.3.1 钼矿尾矿主要成分

钼矿床中钼品位普遍较低，并且伴生矿物种类多，造成了钼矿尾矿的化学组成及矿物组成也较为复杂，钼矿床的成因和特性不同使不同地区钼矿尾矿差异较大。目前，钼矿尾矿的矿物组成主要有辉钼矿、白钨矿、辉铋矿、磁铁矿、黄铁矿、黄铜矿、萤石、方解石、滑石、石英、云母等。

根据相关文献，以陕西某钼矿尾矿为例，钼矿尾矿矿物组成及相对含量见表 4-3。由表 4-3 可知，钼矿尾矿中矿物组成主要为石英、云母和长石，其他矿物含量低；钼矿尾矿的化学多元素分析见表 4-4。由表 4-4 可知，钼矿尾矿中主要化学成分为 SiO_2、Al_2O_3、TFe、K_2O、MgO、CaO 等，而对环境有潜在影响的有害重金属（类金属）元素为 Mo、Pb、As 等，以及非金属 S。

表 4-3 钼矿尾矿矿物组成 单位：%

矿物名称	石英	云母	长石	碳酸盐	绿泥石	绿帘石	角闪石	金属矿物
相对含量	60	22	14	1.5	1	0.5	0.5	0.5

表 4-4 钼矿尾矿的化学多元素分析 单位：g/t

元素	SiO_2	Al_2O_3	TiO_2	MnO	CaO	MgO	K_2O	Na_2O	Mo	S
含量	71.06	9.44	0.657	0.185	1.82	2.09	4.42	0.385	0.031	1.65
元素	Zn	Ni	As	Cr	Cd[1)]	Hg[1)]	B[1)]	Au[1)]	Ag[1)]	Cu
含量	0.035	0.003	＜1.00	0.008	1.7	＜1.00	7.2	＜0.10	1.01	0.017
元素	Pb	TFe	P_2O_5	Ba	Ga[1)]	Co	W	Se[1)]	—	—
含量	0.015	3.59	0.218	0.832	0.002	＜0.001	0.006	0.29	—	—

4.3.2 钼矿尾矿水主要成分

以河南某钼矿尾矿库为例，2017 年 5 月对其尾矿库内水、尾矿坝下回水池内水进行了取样监测，监测结果如表 4-5 所示。

表 4-5 尾矿库废水监测结果 单位：mg/L（pH 除外）

监测地点		监测项目								
		pH	Mo	Cu	Pb	Zn	As	Cd	Hg	六价铬
尾矿库内水	监测值	7.71	2.06	0.005	0.006	＜0.02	＜0.000 3	＜0.001	＜0.000 04	＜0.004
	GB 3838—2002 中Ⅱ类限值	6～9	0.07	1.0	0.01	1.0	0.05	0.005	0.000 05	0.05
	标准指数	0.355	29.43	0.005	0.6	0.01	0.003	0.1	0.4	0.04
尾矿坝下回水池水	监测值	8.23	0.504	0.008	0.003	＜0.02	＜0.000 3	＜0.001	＜0.000 04	＜0.004
	GB 3838—2002 中Ⅱ类限值	6～9	0.07	1.0	0.01	1.0	0.05	0.005	0.000 05	0.05
	标准指数	0.615	7.2	0.008	0.3	0.01	0.003	0.1	0.4	0.04

注：钼的标准采用集中式生活饮用水地表水水源地特定项目标准限值。

由表 4-5 可知，对比《地表水环境质量标准》（GB 3838—2002）Ⅱ类水质标准限值（钼的标准采用集中式生活饮用水地表水水源地特定项目标准限值），尾矿库内水、尾矿坝下回水池内水各重金属监测因子中除钼超标外，其余重金属因子均满足标准要求。尾矿库内水、尾矿坝下回水池内水钼浓度分别超标 28.43 倍和 6.2 倍。尾矿库回水池内的澄清水全部闭路循环利用，一旦发生事故，导致废水外排，将会对地表水等外环境造成影响。

因此，钼矿尾矿水中的主要污染因子为重金属钼，其他重金属如铜、铅、锌、砷、镉、汞、六价铬等含量较少，一般不会对外部水环境造成明显不利影响。

4.3.3 钼矿尾矿库环境影响分析

钼矿尾矿库潜在环境影响主要途径和污染因子见表 4-6。

表 4-6 钼矿尾矿库潜在环境影响主要途径和污染因子

分类	主要途径	主要影响污染因子
环境空气	风力侵蚀造成扬尘	TSP 等
地表水环境	地面漫流	pH、Mo、Fe、Mn 等
地下水环境	废水泄漏及渗漏	pH、Mo、Fe、Mn 等
土壤	地面漫流、入渗、大气沉降	Mo 等

（1）大气环境影响分析

因生产工艺有很大的差异，当钼矿尾矿脱水风化后，表层的黏结性变差，容易引起粉尘污染。晒干的钼矿尾矿形成的粉尘易飞扬，破坏生态环境，且尾矿库中的尾矿由于风蚀扬尘影响能见度，造成严重污染，对于干排的钼矿尾矿库尤其如此。对于湿排的钼矿尾矿库，在生产运行期，由于尾矿库表层一直在排放钼矿尾矿浆液，湿度较大，不会引起粉尘污染。此外，进入空气的尾矿粉尘中大于 2 μm 的尘粒会沉积在人体鼻咽区，小于 2 μm 的尘粒沉积在支气管、肺泡区，有害元素被血液吸收后，送至人体的各个器官，对人体健康危害极大。

（2）地表水环境影响分析

钼矿尾矿库渗滤液或尾矿水如不收集或收集后未经处理直接排放进入地表水体，将对地表水体造成污染，如影响水体的 pH、增加水体的钼浓度等。

（3）地下水环境影响分析

钼矿尾矿淋滤液下渗，会引起地下水钼浓度增加。钼矿尾矿库尾矿水及渗滤液的含钼量较地下水中的钼浓度要高，钼矿尾矿库下游的地下水是受影响的主要对象。在未采取防渗措施的钼矿尾矿库附近，有可能出现由于含钼废水下渗造成的地下水钼超标现象。由于相对于地表水，地下水具有隐蔽性和不可恢复性，一旦地下水被污染，发现污染现象较困难，治理更加困难。如果钼矿尾矿库下遇断层、溶洞等不良地质条件，污染物更容易渗入地下水，因此在建库之前必须查明水文地质条件。

（4）土壤环境影响分析

由于钼矿石（主要为硫化矿）的选矿过程在碱性条件下选别的效果较好，因此在尾矿浓密池中加入石灰以调节 pH，使得钼矿尾矿及尾矿水呈碱性。钼矿尾矿降落地面的悬浮微粒则会造成土壤表面污染，主要为重金属钼污染。受到钼污染的土壤，在降雨时，容易随雨水淋溶至地表水，成为地表水的面源污染源。

4.3.4 典型钼矿尾矿库案例

典型钼矿尾矿库研究拟选择河南栾川县境内的涉钼企业。栾川县是我国 16 个重要多金属成矿带核心区域和重要的钼、铅、锌多金属矿产基地和国家首批 47 片找矿突破战略行动整装勘查区之一。栾川钼矿主要分布在该县的冷水镇、赤土店镇、石庙镇、陶湾镇，主体矿区由马圈矿区、南泥湖矿区、上房沟矿区三大骨干矿区构成，矿区钼矿体金属总储量达 206 万 t，位居亚洲第一、世界第三。因此，以下内容选择河南栾川县某钼矿尾矿库为典型代表开展涉钼矿尾矿库的环境污染分析。

4.3.4.1 尾矿库主要污染特征

（1）钼矿尾矿主要成分

原矿类型及矿石性质：该矿床属斑岩－矽卡岩钨钼矿床。矽卡岩矿样与混合矿样原矿多元素分析结果见表 4-7。

表 4-7 原矿石主要化学成分分析 单位：%

项目	Mo	WO_3	S	Cu	Pb	Zn	Mn	Ni
矽卡岩矿量	0.23	0.137	1.09	0.014	0.003	0.012	0.90	0.004
混合矿样	0.128	0.114	0.70	—	0.010	0.011	1.09	0.002
项目	Co	Sn	F	SiO_2	MgO	Al_2O_3	CaO	V_2O_3
矽卡岩矿量	0.045	0.01	1.27	40.22	1.45	3.82	50.16	0.012
混合矿样	0.001	0.003	1.28	47.52	1.19	4.83	44.70	0.015
项目	TiO_2	BeO	Ga	Ge	Au/（g/t）	Ag/（g/t）	—	—
矽卡岩矿量	0.19	0.002	0.002	0.002	0.16	7.0	—	—
混合矿样	0.25	0.003	0.002	0.002	<0.5	5.6	—	—

该尾矿库的尾矿成分见表 4-8。由表 4-8 可知，尾矿中的元素，除 Al、Ca、Fe、Mg、Ti 外，其余元素的含量均小于 0.05%，其中 Mo 含量为 0.02%。

表 4-8 钼矿尾矿的成分分析 单位：%

元素	Al	As	Ba	Be	Bi	Ca	Cd	Co
含量	4.74	<0.05	<0.05	<0.05	<0.05	1.13	<0.05	<0.05
元素	Li	Mg	Mn	Ni	Pb	Sb	Sn	Sr
含量	<0.05	0.98	<0.05	<0.05	<0.05	<0.05	<0.05	<0.05
元素	Cr	Cu	Fe	Mo	Ti	V	Zn	
含量	<0.05	<0.05	2.41	0.02	0.25	<0.05	<0.05	

（2）钼矿尾矿水主要成分

根据 2013 年该尾矿废水验收监测结果，由表 4-9 可知，尾矿库回水池内 pH、化学需氧量、Cu、Zn、Pb、Cd、As、Hg 等水质监测因子均满足《污水综合排放标准》（GB 8978—1996）中的一级标准。另外，根据 2017 年该钼矿尾矿库回水池取水样重金属钼的监测浓度，监测结果为 9.74 mg/L。

表 4-9 尾矿库废水监测结果 单位：mg/L（pH 除外）

监测点位		监测项目							
		pH	化学需氧量	Cu	Zn	Pb	Cd	As	Hg
回水池	监测值	7.91～8.24	34.4	0.049	0.307	0.016	0.018	0.011	未检出
	GB 8978—1996 一级标准	6～9	100	0.5	2.0	1.0	0.1	0.5	0.05
	达标情况	达标	达标	达标	达标	达标	达标	达标	达标

4.3.4.2 尾矿库环境影响分析

（1）大气环境影响分析

1）环境空气质量现状评价

引用该尾矿库环境影响报告书中的环境空气质量的监测结果［评价标准为《环境空气质量标准》（GB 3095—2012）二级标准］，具体见表 4-10。

表 4-10 环境空气质量监测结果

监测点位	监测因子	监测时段	测值范围 /（mg/Nm^3）	标准限值 /（mg/Nm^3）	超标率 / %	最大超标倍数
村庄 1	TSP	日平均	0.132～0.198	0.30	0	—
	SO_2	小时平均	未检出～0.059	0.50	0	—

续表

监测点位	监测因子	监测时段	测值范围 / （mg/Nm^3）	标准限值 / （mg/Nm^3）	超标率 / %	最大超标倍数
村庄 1	SO_2	日平均	0.026～0.036	0.15	0	—
	NO_2	小时平均	未检出～0.038	0.20	0	—
		日平均	0.018～0.028	0.08	0	—
村庄 2	TSP	日平均	0.127～0.139	0.30	0	—
	SO_2	小时平均	未检出～0.032	0.50	0	—
		日平均	0.017～0.024	0.15	0	—
	NO_2	小时平均	未检出～0.026	0.20	0	—
		日平均	0.012～0.021	0.08	0	—

由表 4-10 可知，该尾矿库附近村庄的 SO_2 和 NO_2 小时平均浓度、日平均浓度以及 TSP 日平均浓度均满足《环境空气质量标准》（GB 3095—2012）中的二级标准限值要求。

2）大气环境影响分析

根据该尾矿库环境影响报告书，尾矿采用管道密闭湿式输送，在输送过程中无气态污染物产生，尾矿采用湿法堆存，尾矿首先从坝前排浆，逐步向上游堆积。使用中的库面因水覆盖，无风蚀扬尘产生。

尾矿坝堆积过程中，子坝坡面受太阳暴晒及风力作用而失去水分，受风力作用易扬尘影响环境。在采取对子坝坝面覆土并恢复植被后，坝坡面扬尘可以得到有效抑制，子坝坝面扬尘对环境影响不大。

（2）地表水环境影响分析

1）地表水环境质量现状评价

引用该尾矿库环境影响报告书中的地表水环境质量的监测结果，具体见表 4-11。由表 4-11 可知，在尾矿库沟口与下游河流交汇处河段上游 200 m、下游 500 m 布设 2 个监测断面，监测结果表明，pH、化学需氧量、五日生化需氧量、氨氮、硫化物、石油类、Cu、Zn、Pb、As、Cd、Hg、六价铬等因子均满足《地表水环境质量标准》（GB 3838—2002）Ⅲ类标准的要求。

2）地表水环境影响分析

对河流流域干流及汇入支流（包括排水沟）地表水环境现状进行了全面调研采样，共采集河道断面水样 16 个。河流各监测断面测定所得钼浓度见图 4-2。

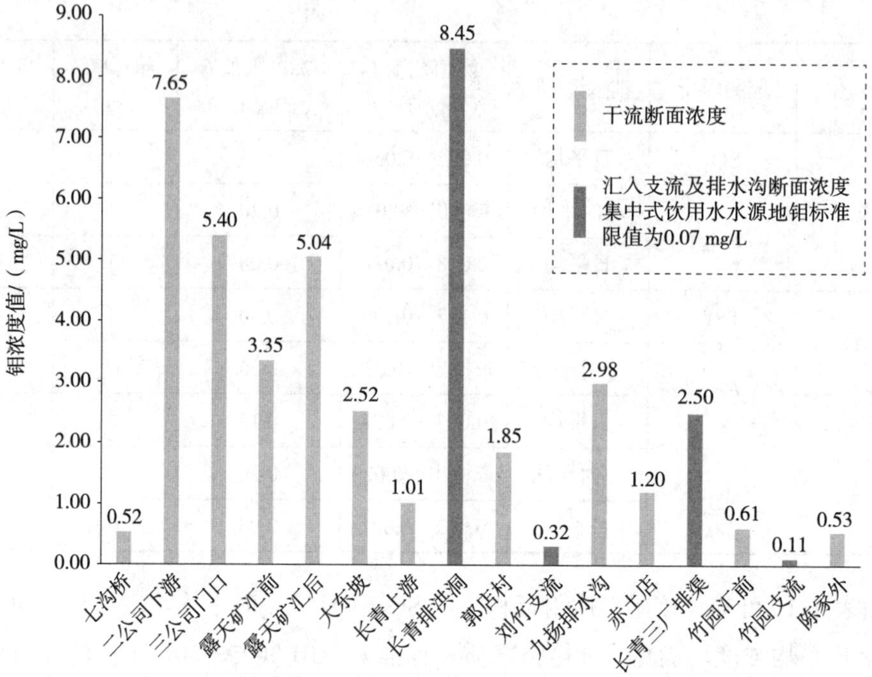

图 4-2　河流水体钼浓度（从左至右为由上游至下游的监测断面）

由图 4-2 可知，河流 16 个监测断面水体钼浓度均超标。干流上游至下游断面，钼浓度总体呈逐步下降趋势。源头七沟桥断面钼浓度为 0.52 mg/L，上游断面钼浓度为 2.52～7.65 mg/L，中游断面钼浓度为 1.01～1.85 mg/L，下游至汇入口断面钼浓度为 0.53～1.85 mg/L。

其中尾矿库下游（二公司下游）断面钼浓度较上游（七沟桥）钼浓度升高，且超标 108.3 倍，说明尾矿库特征污染物钼已对下游地表水产生了钼污染。尾矿库坝下虽建有渗滤水收集池，但其存在裂缝或渗漏点，导致渗滤水外渗，加之排洪隧洞废水外排汇入下游河水，造成水体钼浓度增高，详见图 4-3。

图 4-3　尾矿库排洪隧洞废水外排

表 4-11 地表水质量监测结果 单位：mg/L（pH 除外）

断面	监测结果												
	pH	COD	BOD_5	Cu	Zn	As	氨氮	硫化物	石油类	Pb	Cd	Hg	Cr^{6+}
评价标准	6～9	20	4	1	1	0.05	1	0.2	0.05	0.05	0.005	0.000 1	0.05
1# 尾矿库沟口与下游河流交汇处河段上游 200 m	8.18～8.22	＜10	2～2.2	0.002～0.004	未检出	0.000 8～0.001 4	0.196～0.224	0.01～0.014	0.01～0.02	未检出	未检出	未检出	0.005～0.006
超标率 / %	0	0	0	0	0	0	0	0	0	0	0	0	0
2# 尾矿库沟口与下游河流交汇处河段下游 500 m	8.24～8.26	11～13	2.2～2.6	0.003～0.005	未检出～0.08	0.001 0～0.001 5	0.214～0.266	0.014～0.017	0.02～0.03	未检出	未检出	未检出	0.005～0.008
超标率 / %	0	0	0	0	0	0	0	0	0	0	0	0	0

表 4-12 地下水质量监测结果 单位：mg/L（pH 除外）

监测点位	pH	Cu	Pb	Zn	Cd	As	Mo	总硬度	硝酸盐	Hg	溶解性总固体	六价铬
标准值	6.5～8.5	1.0	0.01	1.0	0.005	0.01	0.07	450	20	0.001	1 000	0.05
1# 村庄水井	7.20～7.22	0.004～0.005	未检出	0.060～0.066	未检出	0.000 6～0.000 7	0.006～0.008	294～298	0.19～0.20	未检出	339～342	未检出
超标率 / %	0	0	0	0	0	0	0	0	0	0	0	0
2# 尾矿库下游 650 m 处居民水井	7.32～7.36	0.006～0.008	未检出	0.096～0.160	未检出	0.004 0～0.004 2	0.009～0.010	335～341	0.32	未检出	392～398	0.006～0.008
超标率 / %	0	0	0	0	0	0	0	0	0	0	0	0
3# 尾矿库下游 1 200 m 处居民水井	7.54～7.56	0.005～0.006	未检出	0.088～0.089	未检出	0.002 4～0.002 5	0.009～0.010	344～345	0.21～0.22	未检出	367～368	未检出

续表

监测点位	pH	Cu	Pb	Zn	Cd	As	Mo	总硬度	硝酸盐	Hg	溶解性总固体	六价铬
超标率 / %	0	0	0	0	0	0	0	0	0	0	0	0
4# 居民水井	7.20～7.21	0.006～0.007	未检出	0.096～0.097	未检出	0.000 7～0.007	0.007～0.008	297～298	0.24～0.25	未检出	387～388	未检出
超标率 / %	0	0	0	0	0	0	0	0	0	0	0	0

（3）地下水环境影响分析

引用该尾矿库环境影响报告书中的地下水环境质量的监测结果，具体见表 4-12。由表 4-12 可知，尾矿库附近的 1# 村庄水井、尾矿库下游 650 m 处居民水井、尾矿库下游 1 200 m 处居民水井、4# 居民水井 4 个监测点位的 pH、Cu、Pb、Zn、Cd、As、Mo、总硬度、硝酸盐、溶解性固体、Hg、六价铬均能满足《地下水质量标准》（GB/T 14848—2017）Ⅲ类标准要求。

（4）土壤环境影响分析

引用该尾矿库环境影响报告书中的土壤环境质量的监测结果，具体见表 4-13。由表 4-13 可知，2 个监测点位，各监测因子均满足《土壤环境质量标准》（GB 15618—1995）（旱地）二级标准限值要求。可见，钼矿尾矿库对周边土壤环境的影响不明显。

表 4-13　土壤环境质量监测及评价结果　　单位：mg/kg

监测点位	取样地点	项目名称	pH	Cd	Hg	As	Pb	Cr	Cu	Zn
1#	库尾	监测值	8.1	未检出	未检出	20.6	146	39.8	41.6	138
		标准值	>7.5	0.30	0.50	30	300	200	100	250
		标准指数	—	—	—	0.7	0.5	0.2	0.4	0.5
		是否达标	—	达标	达标	达标	达标	达标	达标	达标
		超标倍数	—	0	0	0	0	0	0	0
2#	初期坝下游 50 m	监测值	8.0	未检出	未检出	26.8	155	52.3	30.1	150
		标准值	>7.5	0.30	0.50	30	300	200	100	250
		标准指数	—	—	—	0.9	0.5	0.3	0.3	0.6
		是否达标	—	达标	达标	达标	达标	达标	达标	达标
		超标倍数	—	0	0	0	0	0	0	0

4.4 尾矿利用处置案例

钼矿尾矿的综合利用方式主要分为从尾矿中回收有价金属和利用钼尾矿制造建筑材料两类。

4.4.1 有价金属回收

（1）钼和钨回收

钼和钨具有相似的物理化学性质，在钼矿床中，往往伴生钨金属，钼主要以硫化物形式存在，在浮选过程中优先被烃油捕收剂捕收，剩余的MoO_3、WO_3和少量辉钼矿残留在尾矿中。

邵伟华等对河南某钼矿尾矿回收钨钼进行了实验研究，尾矿中钼品位为0.086%、钨品位为0.13%，且钼氧化率高达51.76%，经过弱磁选除铁－非磁脱泥浓缩后，以W-189为捕收剂进行钨钼混合浮选，混合粗精矿经浓缩加温浮选，获得了钼品位为12.78%、钼回收率为54.94%和氧化钨品位为21.96%、回收率为72.45%的钨钼混合精矿。

山东某企业采用浮钼尾矿浮选柱选别技术，浮钼尾矿经过浮选柱一次粗选一次扫选获得钨品位为1.5%左右的粗精矿，经浓缩机浓缩后送入搅拌筒，进行加温脱药作业，然后将矿浆稀释至25%～28%的浓度进入精选作业，经过1次精粗选、5次精选、3次精扫选获得合格的钨精矿，然后经过压滤、干燥最终获得品位为25%～35%、水分为4%以下的钨精矿产品，回收率为95%左右。该技术适用于浮钼尾矿低品位、难选白钨的浮选，对低品位白钨回收各项生产指标较好，已在部分地区低品位白钨矿综合利用方面推广应用。

（2）Cu、Fe和S综合回收

Cu、Fe和S等在以硫化钼为主的矿床中大量存在，利用辉钼矿与其他金属矿的可浮性差异，对钼浮选尾矿再次选别，可以实现钼矿尾矿中Cu、Fe等金属的有效回收。钼矿尾矿中的黄铜矿、黄铁矿等硫化矿具有较好的可浮性，部分铁矿物具有较强的磁性，因此，可以分别通过浮选、磁选的方式对钼矿尾矿进行综合回收，提高企业经济效益。

吴玉洁等对栾川某钼矿尾矿中低品位铜回收进行了实验研究，铜矿物在钼粗选阶段被抑制从而进入尾矿，通过对铜矿物进行活化，浮选过程中使用丁基黄药作为捕收剂，最终获得Cu品位为24.78%、回收率为50.46%的铜精矿，工业化投产后，实现了巨大的经济效益。

王夺等对河南某钼矿尾矿回收硫铁进行研究，尾矿中黄铁矿采用浮选回收后，对尾矿进行磁选－再磨－再磁选工艺回收磁性铁，获得硫精矿品位为41.21%、回收率为87.68%，铁精矿品位为62.72%、回收率为41.86%的回收效果。辉钼矿具有较好的天然可浮性，浮选过程中通常被优先浮选，Cu、Fe和S等大多进入钼矿尾矿中。

（3）非金属矿物回收

钼矿尾矿中除少量金属矿物外，其余大多数为非金属矿物，如石英、长石和云母等，用常规选矿方法对有价非金属矿物进行分离提纯回收，不仅可有效降低尾矿的堆存量，还能进一步增加企业的经济效益，提高尾矿资源综合利用水平。

金红石的化学成分为TiO_2，因其有耐高温耐低温、耐腐蚀、高强度、小比重等优异性能，被广泛用于航天、航空、航海、军工、化工、海水淡化等领域，也是生产高档钛白粉、电焊条和金属钛及钛合金的重要原料。王允火发现某钼矿尾矿中金红石含量为0.31%，粒度细且脉石成分复杂，部分金红石被云母等脉石连生或包裹。通过直接在钼矿尾矿浮选过程中分点加入H_2SO_4、Na_2SiF_6、$Pb(NO_3)_2$、$C_7H_7NO_3$、CMC以及水玻璃等药剂，并采用两次粗选、1次扫选和4次精矿闭路流程，得到TiO_2品位为64.59%，回收率为77.25%的金红石精矿。

云母是云母族矿物的统称，是含有Li、K、Mg、Al、Fe等金属的铝硅酸盐。张乾伟等对辽宁某钼矿选矿厂金云母含量为19.5%的钼矿尾矿进行了回收实验研究。通过将该尾矿脱泥、磁选后的产品进行黄铁矿除杂，得到黄铁矿。再将黄铁矿除杂的尾矿在以碱代酸的环境进行1次精选、1次扫选的金云母浮选，分别得到K_2O品位分别为9.5%、7.1%，回收率分别为43.28%、20.67%的金云母精矿。

4.4.2 建筑材料方面的应用

（1）免烧砖

传统的黏土砖主要以黏土为原料，经烧结而成，能耗较高。免烧砖以铝硅酸盐矿物、尾矿渣和粉煤灰为原料，免除了高温烧结的过程，因此是一种相对节能环保、经济的生产方式。钼矿尾矿中含大量脉石矿物，以硅铝酸盐及其他围岩为主，与制备免烧砖原料的化学成分十分相似，因此可以将其作为制备免烧砖的重要原料。

以钼矿尾矿为掺杂原料，与胶凝材料混合、搅拌，可制成具有一定强度的免烧砖。李春等以商洛某钼矿尾矿为试验矿样、以水泥为胶凝材料进行了制作尾矿砖的研究，通过研究钼矿尾矿添加量对免烧砖性能的影响，分析尾矿对免烧砖性能影响的机理。结果表明，随着钼矿尾矿添加量的增大，免烧砖的力学性能下降，当钼矿尾矿添加量在80%以下时，所制得的免烧砖抗折和抗压强度均在3.86 MPa、11.65 MPa以上。不同尾矿添加量所制备免烧砖的密度均在2.3 g/cm^{3}左右。随着养护时间的延长，免烧砖的力学性能提高，养护 7 d 时，其强度达到了 28 d 强度的 80% 以上。

不同产地钼矿尾矿颗粒力学性能、粒度组成和成分含量等存在差异，制备免烧砖工艺不能一概而论。尾矿添加量、适宜的成型条件、一定程度的机械力活化等因素，是提高免烧砖性能的关键。对免烧砖制备过程进行优化，制备出更高品质的新型墙体材料，不仅可以降低烧结砖用量，并且对大量钼矿尾矿实现了再利用，是践行节约环保的重要举措。

（2）泡沫陶瓷

泡沫陶瓷是一种新型的无机非金属建筑材料，耐高温、耐腐蚀且机械强度良好，其性能优于聚氨酯泡沫。我国在泡沫陶瓷方面的研究起步晚，与国外相比有一定差距，但经过这几年的飞速发展，我国部分陶瓷产品已达到出口技术水平。

泡沫陶瓷主要原料为氧化铝、石英和长石等非金属材料，这与尾矿所含成分相似，用尾矿制备泡沫陶瓷，可以缓解大量尾矿堆存问题，实现资源综合利用。赵威等以商洛某钼矿尾矿为主要原料，SiC 为发泡剂制备高钼矿尾矿含量的轻质保温隔热泡沫陶瓷。结果表明：随着钼矿尾矿的减少、发泡温度的升高、发泡剂含量的增加及保温时间的延长，均导致泡沫陶瓷的平均孔径增加，体积密度减小，抗压强度降低。最终制得体积密度为 0.33 g/cm^3、抗压强度为 2.6 MPa、平均孔径为 1.2 mm、气孔分布均匀的高性能轻质保温隔热泡沫陶瓷材料。

以钼矿尾矿为发泡基体，辅之以其他发泡剂，严格控制升温速率、原料配比等因素，是制备高性能泡沫陶瓷的关键。作为一种新型的建筑材料，可用于隔墙板、保温材料和装饰等，具有巨大的应用前景。

（3）胶凝材料

胶凝材料是一种可以胶结其他物料制成有一定机械强度的物质，其中水泥属于一类重要的无机胶凝材料，当前应用最广泛的是硅酸盐水泥，其主要原料为石灰石和黏土，主要化学成分为 SiO_2、Al_2O_3、Fe_2O_3 和 CaO 等。据统计，仅 2021 年全国水泥产量即达 236 281 万 t，原材料消耗巨大。由原料化学成分可以看出，钼矿尾矿与水泥原料基本相似，若能利用钼矿尾矿资源作为水泥制备原料，每年将消纳大量钼矿尾矿，并且减少天然水泥原料的开采。

王长龙等以钼矿尾矿制备复合凝胶材料进行实验研究，结果表明，当钼矿尾矿粉磨时间为 80 min，比表面积为 500 m^2/kg，其 28 d 活性指数接近 1.2；钼矿尾矿掺量为 40%、胶砂比为 1∶3、水胶比为 0.5 时，所制备的复合胶凝材料胶砂块 28 d 抗压强度为 52 MPa，制得的材料性能优良。张金良等公开了一种用钼矿尾矿代替黏土制备普通硅酸盐水泥熟料的方法，通过将原料石灰石、钼矿尾矿和调整剂以质量百分比分别为 70%～85%、5%～20%、0～10% 进行混合，经过搅拌—磨制—煅烧—冷却，最后形成普通硅酸盐水泥。尾矿具有潜在的火山灰活性，采用合理的方法进行激活，可使其成为一种类似于天然火山灰的高活性材料，进而为制备凝胶材料提供原材料。通过机械活化、化学活化和热活化等手段改变尾矿表面性质，提高尾矿活性，作为掺合料用于水泥熟料生产，不仅提高了尾矿综合利用效率，也缓解了水泥行业环境污染，降低了能耗。

（4）混凝土和砂浆

砂石骨料作为建筑主要材料，2020 年我国砂石需求量为 178.27 亿 t，在未来，砂石骨料等原材料消耗还将继续保持较高水平，如此庞大的骨料用量，若全部采自河沙、采石场等，将对生态环境造成巨大的影响。而每年大量产生的钼矿尾矿，其粒度、化学成分等与天然骨料相似，若作为替代品用于建筑行业，不仅可以大量消纳钼矿尾矿，还能减少天然砂石的开采，提高尾矿综合利用水平。

崔孝炜等以商洛某钼矿尾矿为原料，运用极差分析和功效系数分析优化各条件参数，制备的钼矿尾矿混凝土 28 d 抗折强度为 11.25 MPa，抗压强度为 45.5 MPa，达到国家标准 MU30 抗压强度要求。曹晓润等研究不同钼矿尾矿掺量对混凝土性能的影响，结果表明，钼矿尾矿作为细集料，在掺量为 50% 以下时，随着钼矿尾矿掺量的增加，混凝土拌合物的坍落度逐渐降低，和易性良好，无泌水现象；混凝土硬化后的 7 d 和 28 d 抗压强度逐渐降低，当钼矿尾矿掺量达到 50% 时，降低幅度较大；相同冻融循环次数下相对动弹性模量略有降低，300 次冻融循环的相对动弹性模量达到 62%；钼矿尾矿掺量为 40% 时较为适宜，既能满足强度及耐久性能要求，又能较大程度地利用钼矿尾矿资源。

钼矿尾矿制备混凝土的过程中，尾矿成分、粒径和颗粒形态对混凝土性能有显著影响。硅铝酸盐等氧化脉石矿物，可促进水泥的水化反应，但游离的 CaO 和 MgO 等又会阻碍水化反应，导致混凝土强度降低；尾矿粒径分布及颗粒形态影响混凝土孔隙率及黏结性能，与混凝土强度相关。因此不同产地的钼矿尾矿在制备混凝土时，要对尾矿进行全面考察和评价，以确保制备的混凝土达到强度要求。

5 镍矿尾矿污染特征

镍（Ni）具有良好的可塑性、耐腐蚀性、抗氧化性，广泛应用于不锈钢、合金、军工材料、电池、新能源等领域。镍在地壳中含量非常丰富，在自然界中以硅酸镍矿或硫、砷、镍化合物等形式存在，截至2018年年底，全球陆地已探明品位高于1%的镍矿资源储量约为1.3亿t，主要分为硫化矿和氧化矿两类，其中氧化矿占比约60%，硫化矿占比约40%。

5.1 选矿工艺

镍矿石原矿品位为3%以上的可以直接冶炼，3%以下的则需选矿富集。目前，硫化镍矿目前仍是我国镍最主要的来源，从硫化镍矿石中提取的镍，占目前镍总产量的70%。

硫化矿中提取镍可以采用经济的机械选矿方法，最主要的是浮选，而磁选和重选通常为辅助选矿方法。由于硫化铜镍矿石中含镁脉石矿物含量较高，普遍具有易泥化、可浮性好的特点，导致其选矿存在镍回收率低、铜镍分离困难等问题，通过加入捕收剂和起泡剂，能有效提高回收率。具体工艺流程见图5-1。

浮选法主要包括混合浮选、优先浮选、脱泥—浮选、阶段磨浮及闪速浮选等。其中混合浮选工艺是实用性和泛用性最广的镍矿选矿工艺，通常是在抑制易浮脉石矿物的条件下将铜、镍硫化矿物一并浮出作为混合精矿，然后进行铜镍分离或冶炼成高冰镍后再进行浮选分离。优先浮选工艺常用于矿物组成简单且铜品位较镍品位高的硫化铜镍矿石，特点在于能直接获得符合冶炼要求的合格铜、镍精矿，但其相较于混合浮选适应性差，且矿物被抑制后活化受阻碍，导致回收率指标相对较低，故目前很少有矿山单独应用此工艺，而是与其他选矿工艺串联应用。脱泥—浮选工艺主要适用于含泥量较高的原矿，通过加入起泡剂预先脱除一部分可浮性好的泥质进入尾矿后，再对砂矿部分采用其他工艺进行选别，该工艺可有效改善后续浮选的环境、减少药剂用量并降低杂质含量。阶段磨浮工艺主要应用于各矿物嵌布复杂的松散硫化铜镍矿石选镍，通过避免矿石过磨以避免降低镍矿回收率。闪速浮选工艺主要是对磨矿分级过程中分级机的返砂中已单体解离的粗粒级目的矿物与脉石矿物进行快速分离，以获得较高品位精矿。

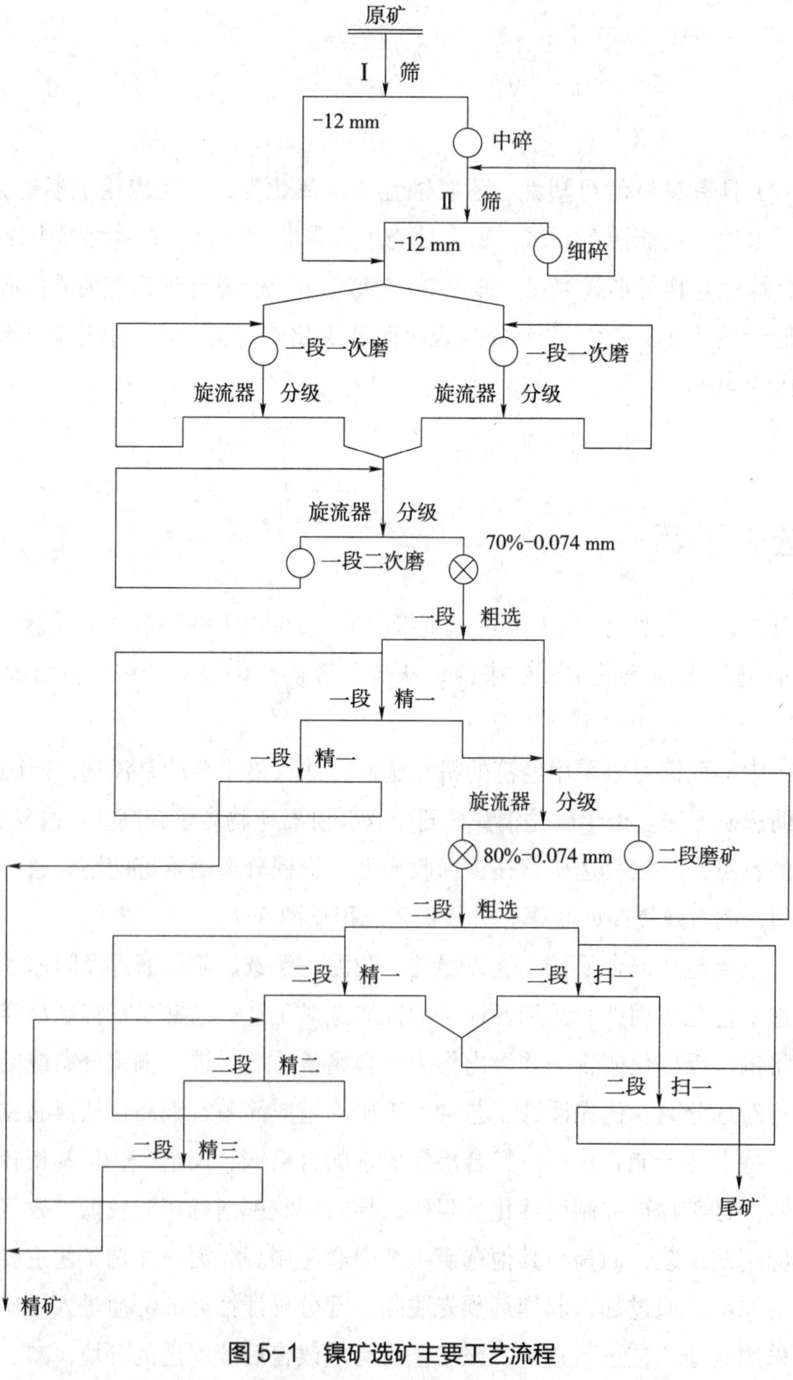

图 5-1 镍矿选矿主要工艺流程

红土镍矿通常包括褐铁矿型（低品位红土镍矿）和残积型两种，以西南某红土铁钴镍矿为例，其选矿工艺为“重选＋磁选”，原矿加水经球磨机磨矿制浆后，通过重力分离器，将较重物料与较轻物料分离，重物料通过管道排入尾矿库，轻物料进入磁选机进行磁选，将含铁高的物料截留后排入尾矿库；剩余物料进入重力摇床，含镍钴的精矿和杂质分离，摇床上物料水冲通过压滤得到低含水率的镍钴精矿，尾砂排入尾矿库。

浮选法和重选法是最为经济和常用的方法，具有分选效率高、易操作、适用性良好等优点，被广泛应用于国内各大镍矿山。除了常规浮选，镍矿选矿方法还有化学提取法和生物法等方法。由于我国的氧化镍矿通常品位较低，如在红土镍矿中镍呈化学浸染状态，很难通过常规选矿方法富集时，会采用化学提取法，如火法工艺将红土镍矿与煤炭混合，经过回转窑去除水分，将镍和铁等金属氧化物氧化成金属合金单质，再进一步吹炼除杂，制备出高冰镍，但由于损耗率高且耗能巨大已逐步淘汰。湿法酸浸工艺则是以红土镍矿为主要原料，用硫酸选择性浸出镍和铬等金属，通过调节浸出液 pH，最终制备纯度较高的氢氧化镍钴产品，可直接作为原料用于电解镍厂。生物法则是一种利用微生物将矿石中的有价金属以离子形式溶解到浸出液中的工艺，细菌浸出工艺，适用于处理常规冶金工艺难以处理的贫细杂矿、废矿、表外矿、难采矿等。

5.2 尾矿产生量

我国镍资源储量相对贫乏，仅占全球镍资源的 3.15%。镍矿类型主要分为硫化铜镍矿和氧化镍矿两大类，但与全球镍资源以红土镍矿为主不同，我国以硫化铜镍矿为主，约占全国总量的 90%，并且共伴生矿产多、综合利用价值高；氧化镍矿约占总量的 10%，以红土矿为主。我国的镍矿主要分布在西北、西南和东北，其保有储量分别占总储量的 76.8%、12.1% 和 4.9%。就各省（区、市）来看，甘肃储量最多，占全国镍矿总储量的 62%，接着是新疆（11.6%）、云南（8.0%）、吉林（4.4%）、湖北（3.4%）和四川（3.3%），其中硫化镍矿主要分布在甘肃、新疆和吉林等地区，氧化镍矿资源主要分布于四川、云南等地区。

镍矿选矿产出的尾矿量较多，每年为 420 万～450 万 t，尾矿粒度较细，一般排入尾矿库或作为井下胶结充填料之用。镍矿原矿产生尾矿大约为 1 t 原矿产生尾矿 560 t，系数为 0.56。不完全统计数据显示，截至 2019 年，全国镍矿尾矿库有 43 座，主要集中在云南、贵州、吉林、新疆等地区。

5.3 尾矿污染特征分析

5.3.1 镍矿尾矿主要污染物质

5.3.1.1 尾矿成分

镍矿尾矿中含有 Ni、Cu、Fe、Mg 等有价元素，也含有 Ni、Cu、Co 等重金属离子。镍矿尾矿中的镍及其伴生重金属元素在堆放过程中由于淋滤作用会释放到环境中，污染矿区地表水的同时也能通过水力联系发生污染转移，其环境影响不容忽视。镍矿尾矿矿物学特征与矿床类型、矿石品位、硫化物含量、区域气候特征密切相关，不同区域的镍矿区因镍及其伴生金属元素赋存状态的差异，其重金属污染特性也会有所不同（表 5-1）。

表 5-1 不同区域镍矿尾矿元素分析

单位：%

元素成分	Ni	Co	Cu	Fe	S	As	Cr	Mo	Pb	Zn
东北某硫化镍矿尾矿	0.14	＜0.02	0.04	6.5	0.53	未检测	未检测	未检测	未检测	未检测
吉林某硫化铜镍矿尾矿	0.378	0.005	0.051	7.19	0.49	未检测	0.22	未检测	0.083	0.2
甘肃某硫化镍矿尾矿	0.2	0.01	0.2	未检测	0.91	未检测	未检测	未检测	未检测	未检测
青海某铜镍尾矿	0.18	0.007 7	0.058	8.19	0.86	未检出	0.18	未检出	0.005 5	0.013
贵州某钼镍矿尾矿	0.04	未检测	0.01	5.43	未检测	0.01	0.01	0.02	0.003	0.02
云南某红土镍矿尾矿	0.077	0.007	0.003	11.09	未检测	未检测	未检测	未检测	未检测	未检测
某镍钼矿尾矿	0.42	0.007	0.024	7.45	8.33	0.082	未检测	0.62	0.25	0.065
某镍矿尾矿	0.13	0.01	0.03	5.3	0.5	未检测	未检测	未检测	未检测	未检测
某镍矿尾矿 2	0.35	未检测	0.23	3.9	0.06	0.000 1	未检测	未检测	0.018	0.02

5.3.1.2 尾矿水中的主要污染物质

镍矿选矿废水主要来自精矿和尾矿浓密机的溢流水、压滤机过滤水、尾矿澄清水等。镍矿选矿废水呈碱性，含有剩余选矿药剂等，必须经过适当处理后进行利用或排放，主要污染物质包括悬浮物、COD、硫化物、Cu、Zn、Pb、Cd、As、Ni、Co 等。

表 5-2 某镍矿尾矿水中主要污染物及浓度 单位：mg/L，pH 为量纲一

pH	SS	COD	硫化物	Cu	Fe
6～12	80～200	60～200	1～20	0.5～2	5～100
Zn	Pb	Cd	As	Ni	Co
0.5～5	0.1～0.5	0.01～0.1	0.1～0.5	0.1～0.5	0.005～0.03

5.3.2 镍矿尾矿库环境影响分析

镍矿尾矿在选矿过程中经受了破磨，密度减小，表面积较大，堆存时易流动和塌漏，易破坏植被，威胁人身安全，尤其在雨季极易引起塌陷和滑坡。而随着尾矿量的不断增加，尾矿库坝体高度也随之增加，安全隐患及其导致的次生环境风险隐患日益增大。而在气候干旱、风大的季节和地区，尾矿粉尘在大风推动下飞扬至尾矿坝周围地区，会造成土壤污染、土地退化，甚至使周围居民患病。其中硫化物矿物暴露于地表与水圈、大气圈及微生物相互作用发生氧化性溶解而产生的酸性废水，是重金属污染物淋滤、扩散迁移的重要介质。

表 5-3 镍矿尾矿库潜在环境影响主要途径和污染因子

分类	主要途径	主要影响污染因子
环境空气	风力侵蚀造成扬尘	TSP、尾砂扬尘中 Ni、Cu、As、Cd 等
地表水环境	地面漫流	Ni、Cu、As、Cd 等
地下水环境	废水泄漏及渗漏	Ni、Cu、As、Cd 等
土壤	地面漫流、入渗、大气沉降	Ni、Cu、As、Cd 等

5.3.2.1 大气环境影响分析

尾矿库对环境空气产生的影响主要是风蚀扬尘，来自尾矿沉积滩面。尾矿库运行期间尾矿浆由坝上均匀分散放矿，在重力作用下尾矿浆会在库尾形成积水区，在坝前形成干滩面。由于沉积滩面的尾矿颗粒较细，在排放溢流时堆积的尾矿砂会产生毛细上升现象，使表面尾矿砂的含水量有所增加，从而可部分抑制风蚀扬尘的产生。当尾矿泥浆沉积，水分蒸发后，沉积干滩表面细小粉尘凝聚而结壳，只要干滩表面不被破坏，无论尾矿粉尘的含水量多少，也不会使其起尘。经过长期的风吹日晒，干滩表面会被破坏，底部粉尘逐渐变干，在风力的作用下可能发生起尘。此外，有研究表明，在干旱的气候条件下，蒸发量大于降水量，尾矿库中水流方向变为向上移动，随着尾矿库下部水分向上迁移，尾矿库较深部位的活性较强的元素、离子等会被运移至尾矿库上部。扬尘将造成较大范围影响，因此需要采取对尾矿库滩面定时洒水，滩面复绿

或覆盖一定厚度的碎石块等措施，以减轻尾矿库颗粒污染物及其他有害物质对周边区域环境的污染。

5.3.2.2　地表水环境影响分析

尾矿库中含有重金属物质的尾矿废水，在回流过程及储存中泄漏到外环境，会污染地表水体；尾矿废水中的有毒物质在尾矿沉积过程中与尾矿发生物理化学作用，形成新的化合物，渗入基础土层，经复杂的地球化学作用生成新的产物随地下水运动而迁移，可能流向水源地或天然排泄区，造成水环境污染。例如，硫化矿在强烈氧化作用下形成酸性废水或酸雨，将极大地促进弱酸态的重金属释放并随着地表径流或孔隙进入周边环境，环境风险加剧。此外，重金属累积于底泥及悬浮物中，以河流沉积物为载体向下游迁移，扩大影响范围。

5.3.2.3　地下水环境影响分析

地下水污染途径主要为尾水及渗滤液下渗和随意堆存尾砂淋滤下渗等。尾矿库渗透包括库体渗漏、坝体和坝基渗漏。①库体渗透。库底地层渗透性较差，主要为顺层入渗方向，与水流入渗方向不一致，尾矿废水运移途径为垂直渗透，水平径流。②坝体渗漏。除了由于设计缺陷，坝体可能存在断面单薄、边坡太陡，渗水从滤水体以上溢出等问题，施工时由于坝体填筑质量控制不严，特别是黏土防渗体质量控制不严，致使碾压达不到设计要求的密实度；分段填筑时，土层过厚或分层碾压时层面处理不好；土质不纯，含砂过多，透水性大，土中含有草皮、树根等杂物造成坝体渗漏。③坝基渗漏。在坝体上下游水位差作用下，污染物质通过坝基岩土中的孔隙、裂隙或溶洞等通道向下游渗漏。沿坝体两侧岸坡岩土中的渗漏称为绕坝渗漏。当坝基渗漏或绕坝渗漏的水量很大时，不仅会造成库中水的流失，而且对坝基产生渗透压力，或对岩土中的微细颗粒产生冲刷，或对岩土中的可溶部分产生化学溶解等不良作用。

5.3.2.4　土壤环境影响分析

尾矿库对周边土壤的影响主要通过扬尘、污灌、尾矿遗撒等，土壤污染类型主要为水体污染型。风力和风向是影响土壤重金属累积的因素，在抑尘措施不足的情况下，含重金属尾砂的扬尘随风扩散至下风向区域并沉积于表层土壤；库内尾矿水及渗滤液通过尾矿库、尾水及渗滤液收集池、管线沟区的泄漏、漫流等经地下、地表水系进入土壤，挟带的重金属将逐步富集于土壤及河流底泥中；尾矿运输过程中若发生遗撒或在土壤表面随意堆存矿石时，重金属等有害物质将通过雨水冲刷等方式进入土壤。

5.3.3　镍矿尾矿库案例

青海镍矿区某公司采选规模约为 560 万 t/a，产品为镍铜混合精矿约 30 万 t/a，一起露采尾矿产率 94.6%，尾矿量约 1.6 万 t/d。项目主要选矿工艺为“半自磨 + 球磨 +

顽石破碎”碎磨工艺及“强化铜镍等可浮—精选抛尾流程”的浮选工艺，镍铜精矿采用“浓缩—过滤”二段脱水。

配套建设山谷型三等尾矿库1座，其中，一期有效库容约6 000万m^3，服务年限18年。尾矿库包括尾矿坝、尾矿输送管线、尾矿排洪系统、上坝道路等。

坝体为堆石坝，一期最大坝高70 m，其筑坝方式为废石一次性建坝，垭口副坝为浆砌石不透水坝。尾矿处置工艺选用底流低剪切力膏体尾矿输送，选厂排出尾矿由设在选厂内的1#尾矿输送泵站，加压（低浓度、渣浆泵）送至设于选厂内的尾矿浓缩及2#尾矿输送厂房内浓密，将浓度由23%提升至66%后，底流低剪切力膏体尾矿经加压送至尾矿库周边放矿，堆存于尾矿库内。尾矿库管线道路跨越河流，桥梁采用单跨桥梁，尾矿管路设在路桥南侧管沟内，路桥桥面留有坡度，靠近尾矿库一侧稍低，管沟末端通至应急事故池，如果爆管或管道发生泄漏，尾矿浆顺管沟流至应急事故池内，同时管线最低处另设事故池1座，可存储管道一次放空的矿浆量。此外，泵站设事故应急池1座，浓密机进出口管及渣浆泵进出口管事故排出矿浆均排入事故池。尾矿回水主要以浓密机溢流水的形式回用，浓密机溢流水量约4万t/d，尾水复用率为80%以上。

尾矿库日常基本不考虑回水，尾矿带入库内的水量全部蒸发损失，但考虑尾矿库有存水时（如降雨后或泌水时），在库内设泵站1座，当库内有存水时，将库内存水返至选厂使用。

防渗方案采用全库水平防渗，库内铺设人工材料防渗层，①坝坡防渗层结构自上而下依次为6.3 mm厚复合排水土工网格+1.5 mm双毛面HDPE土工膜+6 000 g/m^2钠基膨润土垫（GCL）+2 m厚压实细粒土料+0.3 m厚砂砾料；②库底防渗层结构依次为600 g/m^2黑色长丝土工布+1.5 mm HDPE土工膜+6 000 g/m^2钠基膨润土垫（GCL）；③边坡防渗层结构依次为600 g/m^2黑色长丝土工布+1.5 mm DPE土工膜+6 000 g/m^2钠基膨润土垫（GCL）+6.3 mm厚复合排水土工网格。

该尾矿库汇水面积为5.06 km^2，防洪标准按500年一遇设计，采用库尾溢洪道排洪，各期溢洪道分别建设，溢洪道也分阶段建设。根据工程分析，正常条件下库内积水不泄洪，一次洪水总量远小于库容，尾矿库有足够大的容积来存放一次洪水以及汇水面积内的一次降雨的洪水总量，不需要设周边截洪沟等截水设施，也不会有漫顶溃坝的风险。

该尾矿库主要的环境风险有尾矿扬尘、尾矿水、渗滤液等。尾矿扬尘源于尾矿库干滩滩面，扬尘一般颗粒细小，对干燥尾矿砂而言，当风速达到或超过某值时，在风力作用下，原来静止于尾矿干滩表面的颗粒物才开始运动，扩散入下风向区域，为防止风蚀扬尘，采取均匀放矿，对尾矿库干滩洒水润湿，在大风干燥季节抽取库内澄清水对干滩洒水，对于不再放矿的干滩，按照土地复垦要求及时复垦以减少扬尘的产生。尾矿水主要为尾矿浓密废水等，主要污染物为pH、SS及铜等重金属及残留的浮选药剂黄药、石油类，根据废水监测数据，各项污染因子均可达到《铜、镍、钴工业污染物排放标准》（GB 25467—2010）中规定的水污染物间接排放限值，废水经回水高位水池后全部回用于选矿流程，不外排。采用《固体废物　浸出毒性浸出方法　硫酸硝酸法》（HJ/T 299—2007）对浮选尾矿进行了毒性浸出试验，依据《危险废物鉴别标准　浸出毒性鉴别》（GB 5085.3—2007）、《危险废物鉴别标准　腐蚀性鉴别》（GB 5085.1—2007）对镍矿尾矿样品进行浸出毒性及腐蚀性鉴别试验分析，根据测试结果判断尾矿为不具有浸出毒性及腐蚀性的固体废物，为一般工业固体废物；方法采用《固体废物　浸出毒性浸出方法　水平振荡法》（HJ 557—2010）浸出，尾矿浸出液中各污染物检测浓度均达到《污水综合排放标准》（GB 8978—1996）中最高允许排放浓度限值要求，满足《一般工业固体废物贮存、处置场污染控制标准》（GB 18599—2001）第Ⅰ类一般工业固体废物判定标准，该镍矿尾矿为第Ⅰ类一般工业固体废物。为确保尾矿库更安全、环保运行，该尾矿库在设计时，结合当地实际水文地质情况，按照一般工业固体废物Ⅱ类库要求设计，采用全库水平防渗，坝坡、库底、边坡均铺设人工材料防渗层。该尾矿库地下水以基岩裂隙水为主，水量贫乏，第四系局部有地下水位，库周设有地下水监测井6口，正常状况下作为水质监测井，可以有效地跟踪监控尾矿库对下游地下水环境的影响，一旦发现地下水污染，及时对受污染地下水进行抽出处理，并形成水力截获，防止地下水污染持续扩大。

5.4 尾矿利用处置案例

尾矿的大量堆存，不仅存在污染隐患，而且占用大量土地，造成土地资源的浪费。因此，加强尾矿利用处置，逐步削减存量，是未来矿山采选行业的必然选择。

5.4.1 镍矿尾矿回收有价组分

目前，我国有色金属矿山的采选综合回收率只有33%，可见有色金属在尾矿中流失的严重性。镍矿尾矿中含有一定量Ni、Co、Cu、Fe、Mg等有用矿物成分，甚至含有稀有金属成分。这些尾矿资源如不能综合回收利用，也是资源的一种浪费。

5.4.1.1 重选—浮选—磁选联合流程回收铜镍硫化矿有用矿物

吉林某镍业公司日处理铜镍硫化矿矿石1 500 t，日排放尾矿1 300 t，由于矿石性质影响及工艺条件限制，部分镍金属损失到尾矿当中，其尾矿库库存尾矿平均镍品位约为0.3%。研究发现，该尾砂中极细粒径尾砂（−0.038 mm）部分含有大量原生矿泥和次生矿泥，主要镍金属已单体解离，因其粒度较小，比表面积大，质量轻，又被矿泥包裹，无论用浮选法还是重选法均较难回收；相对大粒径的尾砂（−0.074+0.038 mm）含相当数量基本单体解离的镍矿物，但在浮选过程中受矿泥污染（形成矿泥包裹）的影响，无法与捕收剂作用形成疏水性表面，这部分矿物的粒度适于用重选法回收，获得重选精矿，经再磨后，可用浮选法选出合格精矿产品；大粒径尾砂（0.074 mm）部分为大部分未单体解离的镍矿物，未能得到较好的回收，而随矿浆成为尾矿，可用重选法回收，经磨矿使其充分单体解离后用浮选法回收。采用重选—浮选—磁选联合流程对尾矿库内堆存的铜镍尾矿进行了工业试验，先通过中选工艺使尾矿按照密度进行分级，同时脱除大量细泥，起到预选及减少矿石处理量的作用，在尾矿砂镍品位为0.38%情况下，可取得产率为8.06%、镍品位为1.26%、镍金属回收率为26.24%的重选精矿，对该工段重选精矿再磨后经浮选工艺得到浮选精矿和浮选尾矿，由于尾矿当中残留部分选矿药剂，重选精矿补加少量药剂后即可进行浮选，可取得浮选精矿产率为1.46%、镍品位为4.52%、镍金属回收率为64.84%；此外，将重选尾矿和浮选尾矿再次进入磁选作业，充分回收磁性矿物，可产出镍品位为4.52%、回收率为64.84%的浮选精矿和镍品位为1.10%、回收率为7.46%的磁选精矿，该磁选精矿成分复杂，但其含铁率为37.33%，含硫率为19.60%，可作为企业内部冶金硫化焙烧工艺中的添加料，其所含的Fe、Ni、S均可得到充分利用。

利用季节性生产的方式处理该企业镍矿尾矿库堆存资源，估算每年可多回收镍金属25 t，铁精矿4 000 t。此外，由于该项工业试验所选设备是超期服役的高能耗且工作状况不佳的磨选设备，导致浮选技术指标不稳定，在采用新型节能选矿设备后，该选矿技术指标还将得到进一步提高。

5.4.1.2　尾矿浮选回收镍

某研究对镍钼矿浮选尾矿进行浮选再选闭路实验，尾矿为泥质状粉末，矿物组成复杂，嵌布粒度极细，主要金属矿物是胶硫钼矿、镍黄铁矿、针镍矿、辉砷镍矿、黄铁矿。其中，钼主要赋存于胶硫钼矿中，嵌布粒度不均匀，其中细小包裹物较多；镍矿物主要以辉砷镍矿、镍黄铁矿和针镍矿形式存在，嵌布情况较复杂。通过对该浮选尾矿的工艺矿物学研究及调整剂条件实验，镍、钼的品位分别为0.42%、0.62%的镍钼矿浮选尾矿可得到品位分别为1.44%、1.89%的再选精矿，回收率分别为46.39%、41.24%。

5.4.1.3　尾矿堆浸法回收镍

某氧化镍矿选矿尾矿主要元素有Ni、Cu、Fe、S、Zn等，其中镍含量为0.35%，铜含量为0.23%，铁含量为7.90%，均有回收价值。其中77%的镍赋存状态是氧化矿，金属矿物主要有镍磁黄铁矿、黄铁矿、黄铜矿等，镍矿物嵌布粒度较细，同时结合物相组成分析，镍元素主要以弱吸附形式存在于晶体矿物表面，吸附作用表现为化学吸附，物理再选存在一定难度，重选和浮选回收率分别为 34.37% 和 35.16%。采用碎磨—堆浸—沉淀工艺，在硫酸用量 160 g/L、浸出时间 56 h、浸出温度 60℃、固液体积质量比为 3∶1 的条件下，实现了镍浸出率为 61.11%，浸出液通过硫化钠沉淀后可获得品位为 9.80% 镍精矿产品。

5.4.1.4　还原焙烧—磁选法回收镍

新疆哈密某地镍铜尾矿主要矿物相为绿泥石、滑石、蛇纹石和阳起石，镍主要以类质同象形式赋存于绿泥石和滑石当中。其中镍品位约为 0.52%，铁品位约为 14.39%，其余主要化学成分为 SiO_2、MgO、Al_2O_3、CaO，含量分别为 40.62%、24.28%、5.61%、6.86%。以该尾矿为原料进行焙烧实验，在 1 100℃的还原温度下，加入 10% 的焦炭作为还原剂，并以 23.723% 的 NaCl、14.552% 的 Na_2CO_3、10% 的 NaClO 为添加剂，通过 60 min 焙烧，焙烧反应后立即水淬冷却，冷却后的焙烧矿经研磨后磁选镍精矿，最终将尾矿中镍品位由 0.52% 提升至 3.51%，回收率达到 74.423%。

5.4.1.5　生物冶金技术处理低品位镍尾矿

生物冶金技术，又称生物浸出技术，是指利用细菌对含有目的元素的矿物进行氧化，被氧化后的目的元素以离子状态进入溶液中，然后对浸出的溶液进一步进行处理，从中提取有用元素，浸出渣被丢弃的过程。有学者对镍矿尾矿进行生物冶金试验，研究利用细菌冶金技术从尾矿中浸出镍的可行性。实验选取当地矿坑菌种，使用有 $(NH_4)_2SO_4$、KCl、K_2HPO_4、$MgSO_4 \cdot 7H_2O$、$Ca(NO_3)_2$、$FeSO_4$ 和浓硫酸等药剂，在不同温度和酸性环境下，对不同固液比尾矿进行生物浸出。得出该菌种在 30℃、pH 为 2 的最佳生长环境下，可达 4.6×10^8 个 /mL 的细菌浓度，对镍品位为 0.13% 的镍矿尾矿进行浸出，镍的浸出率可达 80.0%。另有实验采用氧化亚铁硫杆菌对甘肃某多金属钼镍尾矿进行生物浸出回收有价金属的实验，在适宜条件下，镍、铜、钴含量分别为 0.23%、0.25% 和 0.01 的尾矿中，铜、镍总浸出率可达 90% 以上，钴总浸出率可达 70% 以上。虽然生物冶金技术能够有效回收低品位矿中的有价金属，减轻尾矿、废石等环境污染，但由于技术局限性，如生物浸出产生的沉淀附着导致表面钝化等，该技术尚无法在实际工业中广泛应用。

5.4.2　矿山充填

随着我国对矿产资源的开发利用，浅部矿产资源逐渐减少，国内大部分地下矿山开始向深部发展，为保障矿山安全开采，通常采用充填采矿法，以有效控制深部地压，提高采场稳定性。充填采矿法采矿工艺复杂、采矿成本高，其充填骨料和胶凝材料是整个充填采矿成本的重要组成部分。开发和利用全尾砂作为充填材料的补充，不仅可以缓解矿山充填料的不足，而且可以降低充填采矿成本，减少尾砂堆放，从而保护矿山环境，实现绿色开采。

5.4.2.1 新疆某镍矿尾砂胶结充填技术研究

新疆某铜镍矿矿山主要采用下向进路充填采矿法进行开采，原充填骨料为戈壁集料，采用井下多级泵接力输送充填工艺，基本可满足矿山生产要求，但近几年国家环保要求不断提高，矿充填成本偏高、尾矿与冶炼渣等固体废物处置等安全、环保、经营问题日益突出，为实现矿山固体废物资源化综合利用，公司开展矿山固体废物生态化充填利用技术研究，以冶炼废渣和尾砂作为充填材料降低充填成本。该企业 2 号矿床矿石类型以浸染状矿石为主，划分为铜镍矿混合体、铜矿体和低品位铜矿体，采用下行式小分段空场嗣后充填采矿法，采场采用“隔三采一”回采方式，阶段内回采顺序为从上至下，上分段回采完毕之后转为下分段，第一步采空区采用尾砂胶结充填；第二步采空区采用尾砂微胶充填，采场为交错布置，高度为 12 m，跨度为 8 m。研究人员分析确定该铜镍矿下向空场嗣后充填采场胶结充填体强度要求，并通过后续实验获得满足矿山需求的胶结充填配比，并采用“坍落筒法”进行充填料浆流动性能测试，采用浇注试块的方法进行单轴抗压强度测试。实验得出在砂灰比为 4、尾砂和冶炼渣配比≤5∶5 时，充填料浆浓度为 67%～78%，其扩散度均大于 16 cm，充填胶结料浆的扩散效果、浆体流动性较好，适合管道输送；考虑安全性和成本，当尾砂和冶炼渣配合比为 1∶1、砂灰比为 6、浓度为 80%～84% 时，充填试块 28 d 强度为 4.20～7.03 MPa；当砂灰比为 10、浓度为 80%～84% 时，充填试块 28 d 强度为 2.50～4.20 MPa，可分别作为充填假底和充填接顶配比，使充填体强度和整体性满足充填生产技术标准的要求。

5.4.2.2 甘肃某镍矿废石尾砂复合胶结充填

甘肃某镍矿是我国较大的硫化铜镍矿床，采用下向分层进路胶结充填采矿法。该企业二矿区废石产生量约为 60 万 t/a，堆存的尾砂量已超过 1 亿 t，并且每年新增尾砂超过 700 万 t。早期以棒磨砂骨料和水泥胶凝材料进行高强度胶结充填，因现用的河沙、棒磨砂由于政策原因，已经不能像往常一样大量地获取，造成现有的充填骨料难以满足井下充填开采需求，需要寻找新的充填骨料替代此前的骨料进行充填作业。因此，针对二矿区堆存的大量废石、全尾砂，提出将废石、全尾砂替换河沙、棒磨砂作为充填骨料制备废石尾砂复合胶结充填体，废石粗骨料颗粒大，易造成料浆分层离析堵管、爆管，选用尾砂作细骨料，使骨料中含有一定的细骨料和料浆达到临界浓度，形成高浓度料浆，是解决料浆离析的重要途径之一。研究表明，当废石∶全尾砂为 6∶4 或 7∶3 时，混合骨料配比接近最优。通过使用废石尾砂作为材料复合胶结充填，当进行深井矿体回采时，其成本为94.68元/m^3，相较于河沙高浓度自流充填节约成本1 836万元/a；当进行浅部贫矿回采时，其成本为95.38元/m^3，相对于河沙高浓度自流充填节约成本661万元/a。经计算，该矿区尾矿年处理量约54万t，采用废石尾砂充填可最大限度地利用选厂尾砂，进行采空区充填，符合国家节能减排政策，最大限度地将尾矿输送至地下，减少尾矿地表排放，减少尾矿库占地，减轻环境污染，减少矿区周边扬尘。优化后的废石尾砂充填系统，充填体质量高，地下采场高应力环境得到改善，矿石损失率和贫化率降低。充填井下排水少，巷道环境清洁，有利于提高工人作业效率，提高劳动生产率，并且充填过程中需要的絮凝剂、泵送剂、水泥、纤维等材料充分调动社会资源，带动周边企业发展，产生了较大的社会效益。

6 金矿尾矿污染特征

我国是黄金生产和消费大国。据中国黄金协会最新统计数据显示，截至2022年年底，我国金矿资源量15 798.01 t，位居世界第二，约占全球黄金资源量的16%。2023年，我国国内原料黄金产量为375.155 t，同比增长0.84%。其中，黄金矿产金产量为297.258 t，有色副产金产量为77.897 t。同年，进口原料产金144.134 t，同比增长14.59%。全国总计共生产黄金519.289 t，同比增长4.31%。2007年以来，我国一直是世界上最大的黄金生产国，已经连续16年位居世界第一。我国金矿矿产地主要分布在山东、河南、江西、甘肃、内蒙古等地，储量相对集中，而伴生金储量也占有重要地位，约占全国金矿总储量的27.9%，大部分来自铜矿石，少量来自铅锌矿石。我国金矿床类型多，但缺少超大型矿床，且富矿少，中等品位多，品位变化大，贫富悬殊。随着我国对金矿资源的大量开发，富矿和易处理金矿资源日益减少，品位低、细粒浸染、杂质含量高的难处理金矿石已成为我国黄金生产的主要矿石来源。

6.1 选矿工艺

黄金生产工艺主要包括破碎/细磨、选矿、预处理、浸出、提取与回收、精炼等过程。由于金矿石性质的不同，生产工艺会有所差别。图6-1为黄金生产工艺的简单流程。

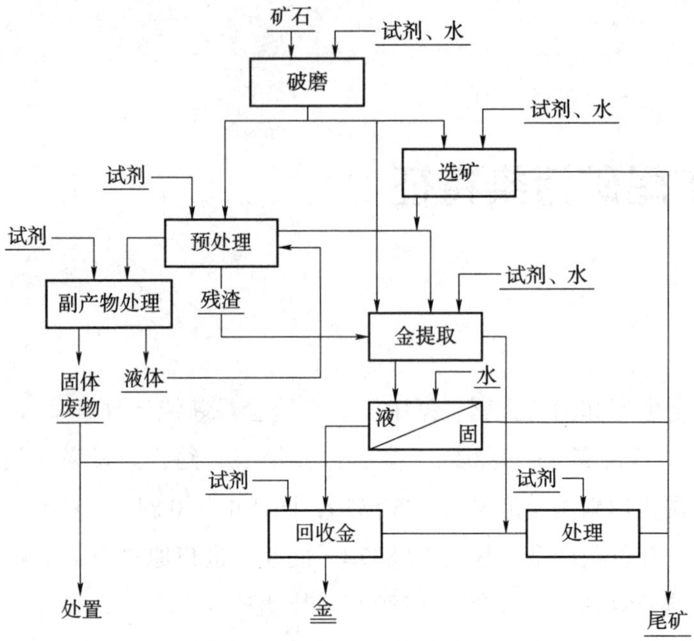

图 6-1　黄金生产工艺的简单流程

6.2　尾矿产生量

金矿尾矿是金矿石经过选矿、提金工艺回收金及其他有价组分后，废弃的固体废物。随着选矿和提金技术革新，金矿选矿和提金工艺不断提升。20 世纪 50 年代多采用重选法，60 年代主要采用混汞、浮选法，70 年代兴起全泥氰化法，80 年代出现了氰化炭浆法和炭浸法。目前，常用的金矿选矿工艺有重选法、浮选法、氰化法和堆浸法，混汞提金工艺已经完全淘汰。重选法是一种古老、普遍的选金工艺，其主要是应用金元素的密度与矿石密度相差较大的原理来进行选矿，适用于选别砂金，现多用于前序预选工段回收粗粒单体金。浮选法是目前在金矿石选别中应用最广的选矿方法，尤其是泡沫浮选法较为常见。泡沫浮选法需要提前对矿石进行磨细处理，使矿物充分单体解离，然后在矿石中加入选矿药剂，并在强烈搅拌下产生大量泡沫，从而保证金颗粒与矿石相互分离，主要适用于 Pb、Zn、Ag 等金属硫化矿的伴生金。氰化法是从矿石、精矿或尾矿中提取金的主流工艺。目前，世界黄金产量的 80% 以上是采用氰化提金技术获得的。氰化物中金溶解由两个阶段完成：第一阶段，金被溶解的同时产生 H_2O_2；第二阶段，由产生的 H_2O_2 与氰化物反应再次溶解金。氰化法中常用的全泥氰化法是将金矿石的泥化矿浆进行搅拌氰化浸出，使金属组分络合溶解，再经解吸电解，分离提纯金，适用于贫硫化矿物含金石英脉氧化矿石。堆浸法是将低品位的金矿石破碎至一定粒度（或造粒），堆积在由沥青、混凝土或塑料等材料铺筑的防漏底垫上，用低浓度 NaCN 在矿堆上喷淋或浇灌，使金溶解，含金的溶液从矿堆上渗滤出来，然后用活性炭吸附、金属锌置换等方法回收金。氰化法和堆浸法因操作简单、效率高、投资少等优点，适用于低品位矿石。

金矿尾矿根据选矿工艺可分为浮选尾矿和氰化尾渣，而氰化尾渣又可分为金矿石氰化尾渣、金精矿氰化尾渣和堆浸氰化尾渣。3 种氰化尾渣产生的工艺流程及尾渣产生节点见图 6-2。

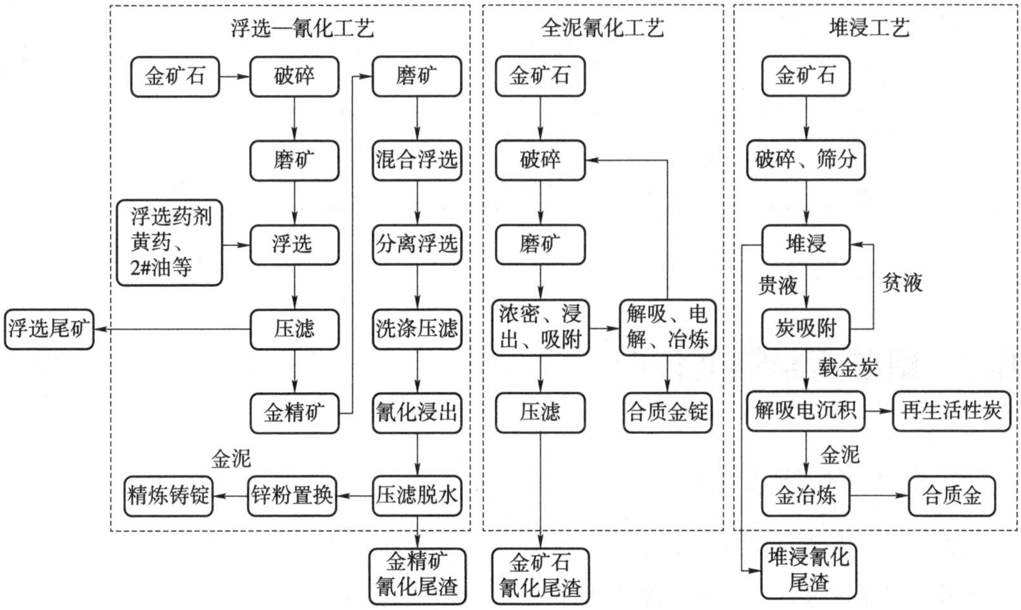

图 6-2 氰化尾渣产生的工艺流程及尾渣产生节点

不同地域的金矿尾矿组成和性质有所差异，总体而言，金矿尾矿通常显碱性，主要化学成分是铝硅比（Al/Si）小、性质稳定的硅铝氧化物（SiO_2），另有少量的 Fe_2O_3、Al_2O_3、MgO 等，以及少量的贵金属（如 Au、Pt、Ag）和重金属（如 Cu、Pb、Zn）；从矿物组成上看，主要以石英、长石、云母类、黏土类及残留金属矿物为主，物相稳定，在自然条件下难与其他物质进行化学反应。

金矿尾矿产生系数与原矿品位、金精矿品位、选矿工艺等相关，尾矿产生系数一般为 14.81～18.27 t/t（金精矿）。随着金矿开采规模和深度的不断增加，大量低品位、难处理金矿石成为主要开采资源，金矿尾矿产量逐年增加，2016 年达到高峰，之后受安全环保和矿业政策的影响，尾矿产量有所减少，但历年尾矿产生累计量不断增加。2011—2021 年黄金产量及尾矿产量对比见表 6-1。

表 6-1 2011—2021 年黄金产量及尾矿产生量对比

年份	黄金产量 /t	金矿尾矿产生量 / 亿 t
2011	360.957	2.01
2012	403.047	2.12
2013	428.163	2.14
2014	451.799	2.28
2015	450.053	2.35
2016	453.486	2.45
2017	426.142	2.29
2018	401.119	2.16
2019	380.226	1.98
2020	365.345	1.88
2021	328.983	1.95

6.3 尾矿污染特征分析

6.3.1 金矿尾矿主要成分

金矿尾矿主要有浮选尾矿和氰化尾渣，主要成分见表 6-2。采用浮选法对金矿进行选别，在浮选过程中采用的浮选药剂会对环境造成影响。氰化尾渣是金精矿经过氰化浸出作业压滤后得到的尾渣，氰化法工艺过程中使用的氰化物具有剧毒性，其排出的尾矿中还含有 Cu、Pb、Zn、Sb、As 等重金属，含氰废水、含氰尾渣容易对环境造成污染。

表 6-2 典型金矿尾矿主要化学成分　　单位：%（Au 为 g/t）

名称	SiO_2	Al_2O_3	Fe	MgO	As	CaO	S	Zn	Pb	Cu	Au
氰化尾渣 1	33.48	7.22	17.10	0.99	0.02	0.88	23.23	0.36	0.32	0.33	1.53
氰化尾渣 2	26.47	5.62	15.28	0.21	2.02	—	18.58	1.05	1.27	0.15	0.68
浮选尾矿 1	54.01	14.11	1.42	7.85	0.17	—	0.54	0.10	0.032	0.003	0.75
浮选尾矿 2	73.83	11.22	1.94	1.70	0.07	3.23	0.08	0.001	0.004	0.001	0.81

有调查显示，我国生产黄金每年排放含氰废水在 $1.2\times10^8\ m^3$ 以上，氰化尾渣年产生

量 8×10^7 t～10×10^7 t。尾矿浆通过浓密机浓密或压滤脱水后，送至尾矿库堆存，金矿尾矿水成分见表 6-3。尾矿废水中 pH 为 7.78～10.26，Cu 浓度为 0.05～2.26 mg/L，Pb 浓度为 0.017～1.33 mg/L，Zn 浓度为 0.01～1.91 mg/L，Cd 浓度为 0.000 1～0.007 mg/L，Hg 浓度＜0.000 04 mg/L，As 浓度为 0.000 2～0.016 mg/L，氰化物浓度为 2.7～14.9 mg/L，氟化物浓度为 0.388～2.52 mg/L。由此可见，金矿尾矿废水主要污染物为氰化物、Cu、Pb、As 等。

表 6-3 金矿尾矿废水主要污染物 单位：mg/L

名称	pH	Cu	Zn	Pb	Cd	Hg	As	氰化物	氟化物
废水 1	10.26	2.263	1.191	1.33	—	＜0.05	＜0.000 2	7.2	—
废水 2	9.78	1.384	0.972	1.03	0.007	＜0.05	＜0.000 2	5.1	2.52
废水 3	7.88	0.05	0.05	0.017	0.004 6	＜0.005	＜0.000 2	2.7	1.55
废水 4	7.78	—	0.01	0.02	0.000 1	＜0.000 04	0.016	14.9	0.388

6.3.2 金矿尾矿环境影响分析

6.3.2.1 大气环境影响分析

黄金矿山多采用浮选、氰化或浮选与氰化联用工艺提金，为了提高金的回收率，磨矿细度不断提高，金矿尾矿粒径 -200 目比例可达 70%～95%。超细尾砂，在风力作用下进入大气中，可能会对周边环境造成潜在影响。

6.3.2.2 地表水环境影响分析

金矿尾矿，特别是全泥氰化尾渣多采用干堆，即尾矿通过压滤后再送入尾矿库，尾矿含水率较低。压滤的尾矿废水中含有氰化物、选矿药剂、重金属等，禁止外排。金矿尾矿废水水质接近于选矿废水，通常采用碱性氯化法、中和法、离子交换法、活性炭催化氧化法处理达标后部分回用，部分排入尾矿库。但金矿尾矿废水长期全部回用，可能会影响选矿指标，从而降低金回收率。金矿尾矿废水通常情况不外排，仅在暴雨极端情况下，为确保尾矿坝安全，将部分雨水外泄至外环境，但这部分雨水水质较好，对外环境影响有限。

6.3.2.3 地下水环境影响分析

浮选金矿尾矿属于第 I 类一般工业固体废物，根据《一般工业固体废物贮存和填埋污染控制标准》（GB 18599—2020），I 类场当天然基础层饱和渗透系数不大于 1.0×10^{-5} cm/s，且厚度不小于 0.75 m 时，可以采用天然基础层作为防渗衬层，或可采用改性压实黏土类衬层或具有同等以上隔水效力的其他材料防渗衬层，浮选金矿尾矿库建设时，库底防渗等级低，含重金属等污染物的尾矿废水有可能会下渗污染地下水，再通过地下水迁移至外环境。

根据《国家危险废物名录（2021年版）》，氰化尾渣为危险废物，可按《黄金行业氰渣污染控制技术规范》（HJ 943）进行堆存，其尾矿库必须采用防渗设计，采用黏土防渗时，防渗层渗透系数不低于 1.0×10^{-7} cm/s，且厚度不小于 1.5 m，或采用高密度聚乙烯膜复合衬层进行防渗时，高密度聚乙烯膜厚度不小于 1.0 mm，并满足《垃圾填埋场用高密度聚乙烯土工膜》（CJ/T 234）规定的技术指标要求，因此，氰渣尾矿库一般情况下不会对地下水造成不利影响。

6.3.2.4 土壤环境影响分析

金矿尾矿对周边土壤潜在的污染途径包括：尾矿扬尘大气沉降至地表；渗滤液、尾矿废水外排至浇灌周边土壤；污染物通过地下水迁移至土壤层；降雨时，尾矿随雨水淋溶至地表水，成为地表水的面源污染源。对某金矿尾矿库流域内的土壤、植物等进行调查取样后发现，该金矿尾矿库的土壤砷元素含量超标严重，总氰化物、Sb、Sd、Hg、Zn元素含量也略有超标，尾矿库流域的污染区以尾矿库为中心，向周边由近及远污染程度递减；尾矿库的周边植物样品中各检测元素含量均未超标，可以推测尾矿库尚未对周边及下游植物造成严重污染。金矿尾矿潜在环境影响主要途径和污染因子见表6-4。

表6-4 金矿尾矿潜在环境影响主要途径和污染因子

分类	主要途径	主要影响污染因子
环境空气	风力侵蚀造成扬尘	尾矿扬尘中Pb、Cu等
地表水环境	地面漫流	pH、Pb、Cu、As、CN等
地下水环境	废水泄漏及渗漏	pH、Pb、Cu、As、CN等
土壤	地面漫流、入渗、大气沉降	pH、Pb、Cu、As、CN等

6.4 尾矿综合利用

黄金生产过程中产生的浮选尾矿和氰化尾渣中尚有大量可回收资源，包括Au、Ag、Cu、Pb、Zn、Sb、W和S等。然而，每年有上千万吨的尾渣没有经过进一步回收处理而直接堆放，不仅占用宝贵的土地，容易造成重金属环境污染，而且浪费了大量的资源。随着科技水平提高和固体废物综合利用政策重视引导，金矿尾矿综合利用方式呈现多样化、规模化、复合化。浮选黄金尾矿和氰化尾渣综合利用途径见图6-3和图6-4。

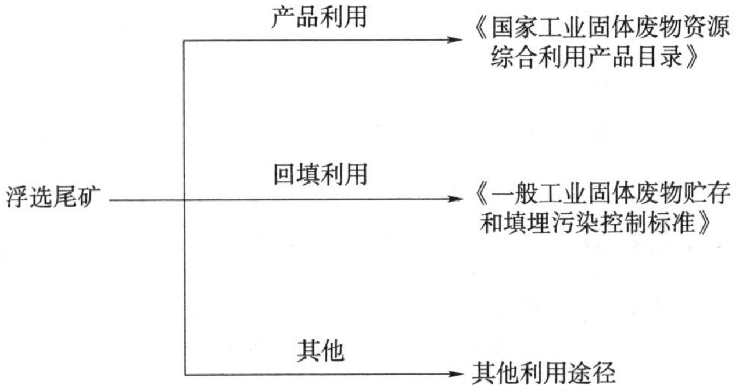

图 6-3　浮选黄金尾矿综合利用途径

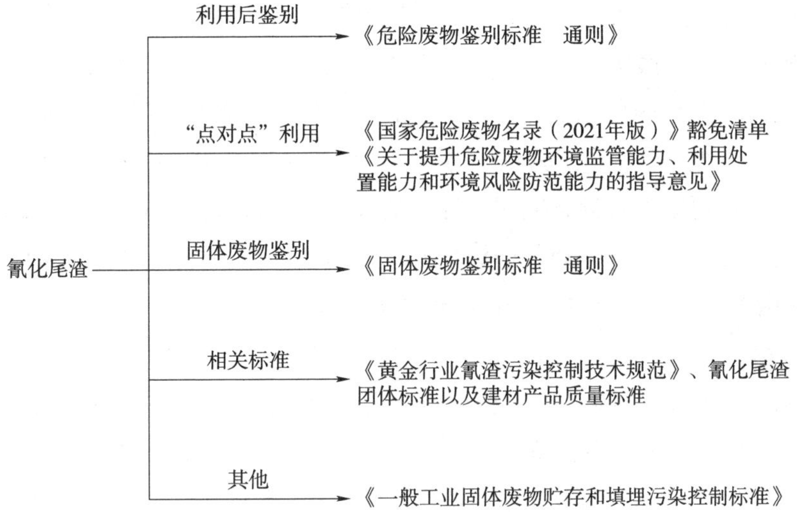

图 6-4　氰化黄金尾渣综合利用途径

6.4.1　有价组分回收

金矿尾矿中主要含有 Au、Ag、Cu、Zn 和 Fe 等金属元素和大量云母、长石及石英等非金属矿物。由于原先选冶技术和工业经济指标的局限性，残存在金矿尾矿中的有价金属回收潜力巨大，随着技术和设备的升级，原有的金矿尾矿成为可以直接二次开发的宝贵资源，许多学者和科研机构在这方面进行了研究，取得了一系列成果。

近年来，国内外学者在金矿尾矿选金工艺方面进行了大量研究，常用工艺主要包括重选法、浮选法、化学 - 水冶法和非氰浸出法等。李日升等采用重选、浮选、氰化浸出等方法对某金品位约为 0.7 g/t 的金矿尾矿进行处理，发现尼尔森重选工艺和浮选均能得到金品位超过 50 g/t 的金精矿。段明铭等对甘肃某金品位 1.53 g/t 的金矿尾矿采用新型环保浸金剂，得到浸液中金浸出率为 70.81%。对于易于选别金矿尾矿使用新型药剂或改良浮选工艺即可实现金矿尾矿中部分金的回收，但回收率往往较低，仍有部分金残留于尾矿中。针对复杂难选的金矿尾矿，虽然尾矿中金品位较高，但想要有效回收金往往需要进行针对性的预处理。杨玮等针对陕西省某金品位 1.5 g/t 高硫包裹金型金矿尾矿采用酸浸预处理—浮选预富集—浮选中矿再磨—氰化浸出工艺回收金，得到金的选冶联合总回收率为 80.45%，实现了高硫包裹型难处理金矿尾矿资源的高效回收。随着环保压力的增加，探索氰化浸出的替代工艺也尤为重要。常富强等针对河南某金品位 1.5 g/t 的金矿尾矿通过再磨—浮选—尾矿细磨—非氰浸出工艺，流程工艺成熟，药剂毒性小，得到金的选冶联合总回收率为 75.56%，有效地降低了金矿尾矿的再处理成本。

我国的铁矿以贫矿为主，部分金矿尾矿中铁的品位都已超出铁矿石的入选品位。金矿尾矿中铁通常以褐铁矿或黄铁矿形式存在，由于磁性较弱，通常先将尾矿中的铁先磁化焙烧再磁选或采用强磁选工艺。张胜广等针对某含铁 35.11% 的金矿尾矿，采用磁化焙烧—磁选—反浮选工艺获得的铁精矿中铁品位为 56.73%、回收率为 55.57%，实现了含铁金矿尾矿的资源化利用。陈延信等针对某含铁 27.26% 的金矿尾矿，采用分散态磁化焙烧—磁选工艺获得的铁精矿中铁品位为 57.15%、回收率为 81.43%，提高了资源利用率。由于金矿尾矿中矿物组成的差异，金矿尾矿回收的铁精矿品位较低、含有杂质较多。

近年来，针对金矿尾矿中其他伴生有价金属综合回收的研究工作日益广泛。杨振兴等采用混合浮选—铜铅混合精矿分离工艺对 Au 品位为 0.90 g/t、Ag 品位为 19.29 g/t、Cu 品位为 0.34%、铅品位为 0.26% 的氰化尾渣中铜、铅进行了综合回收，获得的铅精矿中铅、金、银品位分别为 68.40%、105.90 g/t、2 204.00 g/t，回收率分别为 72.05%、55.59%、26.42%；铜精矿中 Cu、Au、Ag 品位分别为 20.38%、9.60 g/t、696.60 g/t，回收率分别为 98.92%、44.41%、73.58%，试验指标理想，实现了氰化金尾矿中金属资源的综合回收。有学者根据河南灵宝某金矿尾矿特性，回收金尾矿中的伴生元素钨，最终获得了回收率为 71.06% 的白钨精矿，实现了对该尾矿中有价元素的回收。金矿尾矿中的有色金属通常采用单一浮选工艺即可回收，但回收的精矿品位往往较低，回收率仍有待提高。目前，国内利用金矿尾矿资源回收利用 Au、Ag、Cu、Fe 等有价金属的矿山企业主要有黑龙江乌拉嘎金矿、河南金源金矿、湖南湘西金矿、辽宁五龙金矿等，金矿企业根据本地金矿尾矿资源的特点，采用不同的选冶工艺回收尾矿中的有价金属，经济效益可达数百万元。

除此以外，黄金矿山生产初期，目标矿物以 Au、Ag、Cu 等有价金属为主，大量的硫、长石、石英以及云母等非金属矿物废弃在尾矿中，在选矿过程中，这些伴生矿物得到一定程度的富集，因此早期的金矿尾矿中伴生矿物的品位较高，结合工艺矿物学特性和市场需求，具有一定的回收价值。王江飞针对某含铁矿物 3%、石英 75% 的金矿尾矿采用磁选—脱泥—硫酸法浮选的工艺流程，获得的铁精矿铁品位为 63.06%、回收率为 43.40% 和石英精矿 SiO_2 品位为 97.53%、回收率为 70.54%。何辉等针对河南某氰化尾渣的特点进行了试验研究，采用三精两扫的浮选流程，获得了品位为 40.21%、回收率高达 91.44% 的硫精矿，并对硫精矿中金属元素进行除杂处理，从该氰化尾渣中浮选出的硫精矿，可以作为自制硫酸的原料，充分做到了资源的二次利用，不仅降低了生产成本，而且对环境无污染，实现了矿山效益最大化。金矿尾矿中非金属矿物的主要特点是含有 80% 以上的硅铝氧化物等矿物，借助浮选工艺可以有效回收石英、绢云母、长石等。山东七保山金矿、陕西双王金矿等企业从尾矿中回收硫精矿、钠长石、石英、绢云母、正长石及少量绿泥石等脉石矿物，成功获得了符合行业要求的产品，经济效益显著。

6.4.2 制备建筑材料

金矿尾矿中所含主要矿物有硅酸盐、铝硅酸盐、石英、长石等，有些金矿尾矿中 SiO_2、Al_2O_3 的占比可达 80% 以上，是生产硅酸盐产品的主要原料。根据其矿物组成和化学成分，金矿尾矿也可用作制备混凝土骨料、水泥、干粉砂浆、胶凝材料等建筑原材料，有效延长了矿业“产业链”，实现对金矿尾矿的最大化利用。

金矿尾矿在普通混凝土中的应用已较为成熟，尤其硅含量较高的粗颗粒尾砂可以直接筛选替代天然砂使用。徐宝华等开展了金矿尾矿分级复配替代天然砂研究，制得了不同强度等级的混凝土，质量稳定，工作性能甚至优于采用天然砂的混凝土。王晓东通过向金尾矿中添加质量分数为 2% 的钢纤维制备的活性粉末混凝土，其抗压强度为 182 MPa，抗折强度大于 30.5 MPa，不仅可以大量应用于工程建设，而且降低了活性粉末混凝土的成本。

金矿尾矿的主要成分与水泥原材料相似，利用尾矿中的某些微量元素影响水泥熟料的形成和矿物的组成，进而用金矿尾矿生产水泥，常用方法包括利用尾矿中含铁量高的特点，以尾矿替代常用水泥配方使用的铁粉，以及用尾矿替代水泥原料的主要成分。火山凝灰岩贫硫型黄金矿床尾矿富含 Si、Al，可直接压制建筑用砖或作为水泥原料；碳酸岩型黄金矿床尾矿也可作为水泥原料。郜志海等通过大量试验研究证实，掺入不同含量金矿尾矿的水泥熟料组成及水化产物与普通硅酸盐水泥类似，性能指标差别不大，并且用金矿尾矿、粉煤灰等固体废物为主要原材料制备的新型低碳生态型胶凝材料，可代替普通硅酸盐水泥。山东某公司利用金矿尾矿生产普通硅酸盐水泥，主要用于铺设道路和建筑地基，水泥原料中金矿尾矿利用量可达 40%，大幅降低了水泥成本。大部分金矿尾矿粒度偏小，虽然无法大量替代石英砂作为混凝土细集料，但通过活化替代部分水泥作为胶凝材料，制备不同强度的混凝土，从而实现金矿尾矿的二次资源化利用，潜在利用价值巨大。

20 世纪 90 年代，邵力等探索了金矿尾矿制备普通烧结砖的可能性，发现当金矿尾矿与泥炭质页岩质量比例为 75%：25% 时，可制得烧结普通砖，为我国金矿尾矿资源化生产提供了新思路。目前，我国在金矿尾矿制砖方面已经具备了较为成熟的技术，金矿尾矿可制备建筑用砖、路面、墙面装饰砖。焦家金矿于 1996 年就引进国家“双免”砖生产技术，每年消耗尾矿 6 万 t，年新增经济效益逾千万元；丁亚斌等利用金矿尾矿和其他工业固体废物为主要原料，在添加剂的作用下，经蒸压成型制造成加气混凝土砌块和蒸压砖，与传统建材产品相比，性能优良，是国内外广泛应用的新型节能墙体材料。有学者以白云石质金矿尾矿，在 1 000～1 050℃烧结温度下制备出抗压强度大于 30 MPa、吸水率约 20% 的烧结砖。金矿尾矿制备烧结砖以尾矿为主要原料掺加黏土或页岩制成砖坯，在 1 000℃左右高温下烧结使其内部生成一系列物理化学反应，形成致密的烧结砖，但该过程需要在烧结窑中完成，生产过程的能耗较高。与烧结砖不同，袁健博以金矿尾矿和围岩为主要原料，通过干法养护制备出 28 d 抗压强度为 25.63 MPa 的免烧砖，工艺中大量使用了金矿尾矿和围岩，减少了水泥用量，具有显著的经济效益。汪宗文等以金矿尾矿为主要原料来制备免烧砖，发现当胶结材料与金尾矿质量比例为 1：6 时，拌合料用水质量占 10%，在 10 MPa 下液压成型免烧砖 28 d 抗压强度最高。

以往对于金矿尾矿制备工业产品的研究多集中在低科技含量、低成本的原材料方面，近年来，科技和设备的进步推动了尾矿综合利用水平的提高，利用金矿尾矿制造附加值更高的“精致化”产品逐渐走进大众视野。湖北某公司利用金铜尾矿制备多孔烧结陶粒，这种陶粒可以作为人造轻集料来制备混凝土，可提高混凝土的性能。闫传霖在 1 155℃焙烧 2 h 制备得到符合轻集料国家标准的金矿尾矿烧结陶粒。有学者以高温氯化挥发法处理后的氰化尾渣为主要原料，制备出氰化尾渣利用率为 75% 的烧结陶粒。王亚婕以金矿尾矿、铝矾土、煤矸石、轻烧镁粉及炭为原料，在 1 990℃保温 1 h 烧制出综合性能优良的发泡陶瓷，为金矿尾矿的高附加值利用提供了新的方向。王志明等以金矿尾矿和碱渣为主要原料制备出满足《尾砂微晶发泡板材及砌块》（JGT 506）中 Md4 产品性能指标要求的保温发泡陶瓷。张先禹使用以硅质、硅铝质、碱铝硅尾矿为主要原料的金矿尾矿熔制高级饰面玻璃，使制备成本降低，产品附加值提高。王亚婕、张金龙等利用金矿尾矿为原料，加入少量添加剂，采用多种方法研制出了符合国家标准的陶瓷墙地砖制品，同时用尾矿渣辅助其他原料代替黏土、细沙、石子等不可再生资源加工一种轻型钢结构的板材，开创了尾矿利用的新途径。

金矿尾矿用于生产建筑材料分类情况见表 6-5。

表6-5 金矿尾矿用于生产建筑材料分类情况

材料名称	主要原料组成	尾矿可替代的原料名称	掺入的尾矿量/%	产品特点
建筑砖体	以黏土为主，加入石灰、石膏、水泥等添加剂	黏土、胶凝材料	20～100	抗压强度高、性能好
水泥	石灰石、河沙、黏土	河沙、黏土	30	抗压强度、透水深度、孔隙率、抗冻融循环能力和碳化深度均得到改善
混凝土	胶凝材料；粗细骨料和石膏、石灰等添加剂	粗细骨料、硅酸盐水泥	20～40	强度高、耐热耐久、保温隔热、易于加工、节能环保
陶瓷原料	长石、黏土、石英	长石、黏土	—	生成的矿物相对稳定、材料性能良好、满足工艺要求
陶粒	页岩、黏土、煤粉	黏土	50～90	质量轻、强度高、各项指标良好
泡沫陶粒	氧化铝、高岭土	硅铝氧化物	60～80	轻质、高强、防水、无毒、耐腐蚀
陶瓷釉料	石英、长石、黏土	长石、黏土	—	色泽度良好、经济环保
微晶玻璃	基础玻璃中添加一定的晶核剂	硅酸盐、铝硅酸盐、石英等矿物成分	60～75	分布均匀、结晶度高、致密性好

6.4.3 采空区充填

由于金矿尾矿产量大，性质稳定，是理想的井下充填惰性材料，并且具有就地处置的优势，所以井下充填是目前消纳金矿尾矿量最大的一种利用方式。将金尾矿制成充填材料，应用于采空区充填，能够有效降低采空区的地压，预防采空区塌陷沉降，不仅有利于井下作业的安全，降低采矿损失率和贫化率，而且实现了金矿尾矿资源化利用。从充填材料发展来看，充填先后经历了干式充填、水砂充填和胶结充填，胶结充填先后经历低浓度胶结充填、高浓度胶结充填和膏体胶结充填等发展阶段。赵英良等通过碱熔活化提高金矿尾矿聚合材料的活性，采用碱熔活化后的金矿尾矿为胶凝材料，未活化的金矿尾矿为骨料制备出全尾矿膏体胶结充填材料。在灰砂质量比为1∶6、料浆质量浓度为70%时，28 d抗压强度最高达4.14 MPa。该方案减少了一般胶凝材料的用量，降低了井下充填的成本。付万长采用添加质量分数1%的复掺化学激发剂活化山东招远某金矿尾矿，用活化后的金矿尾矿替代部分水泥，制备出满足井下充填需求的最优充填材料，大幅降低了充填成本。赵鑫等将辽宁某含氰金矿尾矿通过低温焙烧进行脱氰处理，除氰达标的金矿尾矿作为骨料被用来制备膏体胶。目前金矿尾矿充填技术以膏体充填为主，但对充填体力学性能及其他性能的影响因素较多，包括固化胶结材料（剂）的种类及掺加量、尾砂颗粒的细度、充填料浆的搅拌时间、充填料浆的浓度等，并且历史堆存尾矿应用于充填难度较大，氰化尾渣回填罕有实际应用案例。金矿尾矿用于地表塌陷或者洼地的回填并进行复垦，也是常规的减量化手段之一。

除了以上应用途径，金矿尾矿成分复杂，含有多种元素，在制备化肥、用作土壤改良剂、废水处理、金属钝化、生态修复、生产涂料、制作饲料添加剂以及用作矿物药材等方面都有研究和应用。鉴于我国金矿尾矿产率高、存量大，加之黄金矿床类型复杂，围岩种类多样，金矿尾矿综合利用时应结合矿山实际和物料性质，首选附加值高的利用方式，在兼顾减量化的同时，最大限度地节省成本或者创造经济效益，从根本上解决金矿尾矿破坏和影响环境的问题，是实现黄金矿山可持续发展的必然选择。

7 锡矿尾矿污染特征

7.1 选矿工艺

7.1.1 中国锡矿资源概况

中国锡矿资源丰富，资源储量位居全球第一。2022 年，我国锡矿储量 100.49 万 t。锡矿类型以原生锡矿为主，约占全国锡矿总量的 80%，砂锡矿次之，约占 16%。虽然我国锡矿资源储量丰富，但是我国锡矿资源过度开采严重，后备锡资源品位低。近十年来，在我国南岭、祁连和东昆仑等地区新发现了一批锡矿。根据我国资源潜力评价成果，15 个省（区、市）共圈定锡矿最小预测区 1 179 个，主要分布在湖南、云南、广西、内蒙古和广东 5 省（区）。

我国锡矿床成因类型主要包括花岗岩型（包括石英脉型、锡石－硫化物型、云英岩型、矽卡岩型、伟晶岩型、岩体型）、陆相火山岩型和砂锡矿型等 3 种类型。其中，锡石－硫化物型锡矿床储量占全国总储量的 50%，石英脉型锡矿占全国总储量的 8%。中国锡矿床类型及主要特征，具体见表 7–1。

表 7–1　中国锡矿床类型及主要特征

矿床类型	产出特征	典型矿床	主要分布地区
与花岗岩有关的层状似层状锡矿	又称锡石－硫化物型矿床。 该类矿床的形成与花岗质岩石有关，形成于岩浆期后热液阶段，锡石与硫化物、硫盐紧密共生，矿物赋存于花岗岩与碳酸盐岩、硅质岩、细碎屑岩的接触带附近，矿体主要呈似层状、透镜状等；矿化以致密块状、密集浸染状为主，围岩蚀变强烈，主要有矽卡岩化、硅化、绿泥石化等。 成矿时代以燕山中、晚期为主；该类型矿床是中国最重要的锡矿类型，经济价值巨大，中国的许多大、中型矿床均属此类	云南个旧、都龙广西大厂、龙头山	滇东南、桂北

续表

矿床类型	产出特征	典型矿床	主要分布地区
与花岗岩有关的脉状锡矿	又称石英脉型矿床；该类型矿床与花岗岩有关，是花岗岩浆期后热液的产物，矿体同在花岗岩体内或花岗岩与围岩的内、外接触带中，矿体为大脉状、细脉状、网脉状等，矿床多为 Sn 与 W、Pb、Zn 等共生；矿床主要产出于燕山期	江西漂塘、曾家垅 广西珊瑚、恭城栗木、老虎头、水溪庙	赣南、粤北、广西、福建
矽卡岩—云英岩型锡矿	该类矿床与花岗岩有关，是花岗岩期后，热液与碳酸盐、碎屑岩交代作用的产物，矿体呈脉状、透镜状；产于矽卡岩或云英岩中，矿床多为大中型，具较重的经济价值；值得一提的是，有些锡铁共生的矿，如内蒙古黄岗梁，Sn 较难以提取	湖南柿竹园 云南老平山、来利山、小龙河 内蒙古黄岗梁 广东大顶 广西钦甲	湘南、赣南、粤北、桂西南、内蒙古东部、滇西等
斑岩型锡矿	该类矿床与花岗斑岩有关，矿化常呈细脉状、浸染状产于花岗岩体、花岗斑岩体或围岩接触带内，矿体多为似层状或脉状，与之共生的还有 Mo、Ca、Nb、Ta 等，围岩蚀变较强，主要为钾长石化、硅化、绢英岩化等；成矿时代主要为燕山期	广东银岩、托盘垌 江西岩背 福建乌竹管	广东、福建、江西等
砂锡矿	为原生矿床化学风化、风化淋滤富集而成，以残积、坡积和洪积物分布于各原生矿附近，一般距离原生矿 1 m 至数千米； 砂锡矿埋深可达数十米，含矿层厚 2～10 m，相伴的重矿物主要有独居石、锆石、钛铁矿、金红石、黑钨矿等，可作为重砂矿物找矿的标志；砂锡矿易采、易选，因此具有投资少、见效快、经济效益高的特点	云南老厂、大龙洞 广西牛庙、珊瑚、水岩坝等	云南、广西、赣南
陆相火山岩型锡矿	该类矿床成矿与火山—次火山热液有关，锡矿化呈密集且不规则的细脉、网脉状产于英安质—流纹质火山岩中，矿体多呈椭球状矿囊；围岩蚀变较强烈，主要有绢云母化、叶蜡石化、硅化等；成矿时代主要为燕山早期；矿床多为小型，但因易采、易选，因此仍具一定的工业意义	广东西岭、风地山	东南沿海等

我国锡矿共生及伴生的矿产多种多样，有 Cu、Pb、Zn、W、Sb、Mo、Bi、Ag、Nb、Ta、Be、In、Ga、Ge、Cd，以及 Fe、S、As、萤石等。例如，云南个旧锡矿田，与锡共、伴生的矿种有 18 种之多，其中最主要的为 Cu、Pb、Zn、W、Ag、萤石、S、As 等；著名的广西大厂镇锡矿田，与锡共、伴生的矿种也有 Sb、Pb、Zn、W、In、Cd、Ag 等。

7.1.2 锡矿选矿方法

由于锡石其本身具有硬度高、性脆易碎、密度大的工艺性质，所以重选成为锡石选别的主要方法，同时可以配合磁选、浮选、电选等一系列物理选矿的方法，还可能需要用到焙烧、挥发、浸出等化学方法，形成一种多种选矿工艺相结合的工艺流程，以达到综合提高锡的回收率，降低精矿中杂质的含量和综合回收其有用矿物的目的。但由于锡矿床类型各异，矿石的组成成分、结晶形式及其嵌布特征的不同，所采用的选别锡矿的方法也不同。

在我国，砂锡矿占到锡矿总开采的 75%，是锡矿主要的开采对象，其中以残坡积砂锡矿为主，其次是老尾矿和冲积砂锡矿。云锡是我国重要的锡生产基地之一，拥有丰富资源和悠久的开发历史，就锡矿矿石类型而言，主要分为地表残坡积砂锡矿、氧化脉矿、锡石多金属硫化矿 3 种，从而形成 3 种锡选矿工艺流程。

7.1.2.1 地表砂锡矿选矿工艺

针对地表砂锡矿中泥矿锡金属占 30% 左右的特点，形成了离心机－皮带溜槽－矿泥摇床有机组合回收 10 μm 锡石的泥矿选矿工艺。其选矿回收率约为 60%，精矿品位为 45%。典型的砂锡矿选矿工艺流程见图 7-1。

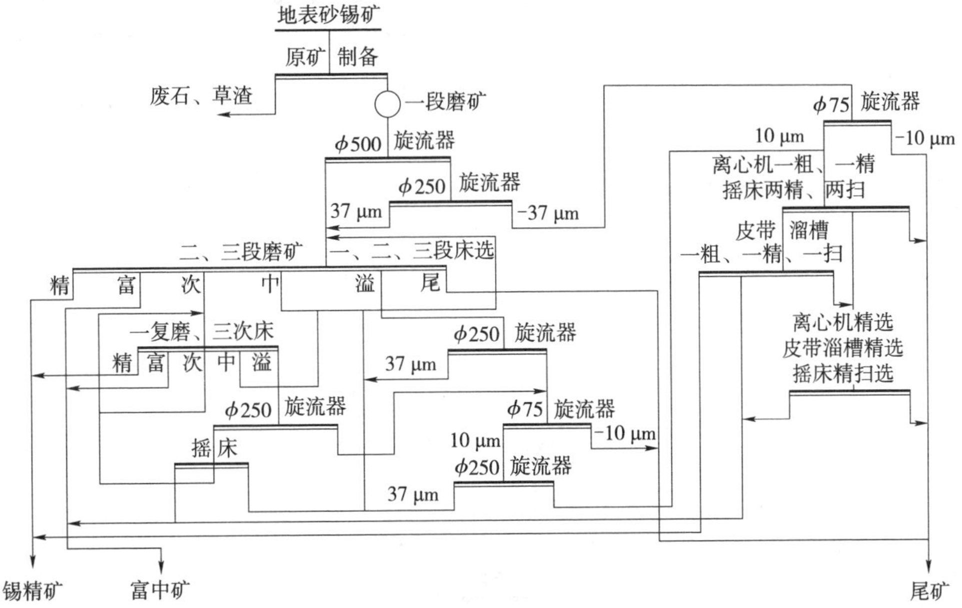

图 7-1　砂锡矿选矿工艺流程

7.1.2.2 氧化锡矿选矿工艺

氧化锡矿选矿工艺主要包括三段磨矿、三段选别、次精矿集中复洗、矿泥单独处理等流程，具体工艺流程见图 7-2。

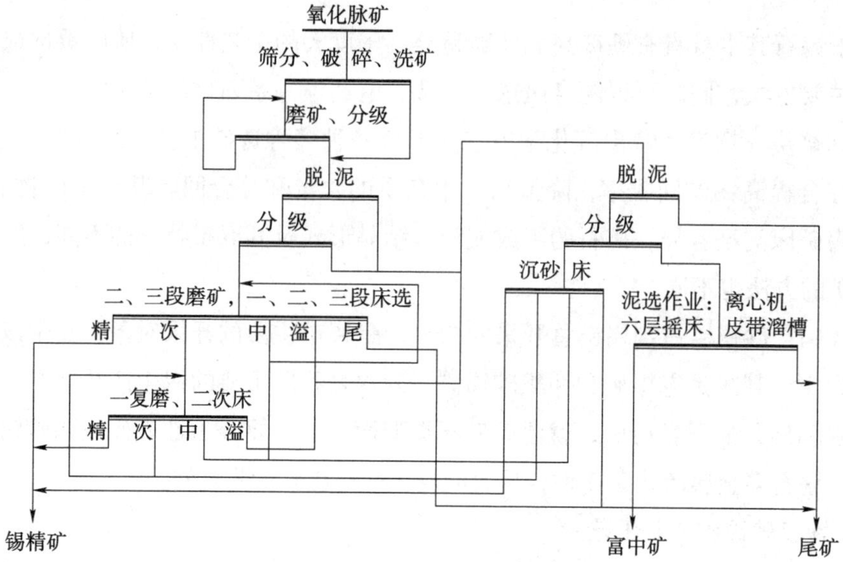

图 7-2 氧化锡矿选矿工艺流程

7.1.2.3 锡石多金属硫化矿选矿工艺

采用浮—重的工艺流程。矿石经过破碎、磨矿后采用混合浮选，浮出的铜硫混合精矿再磨再选，分别产出铜精矿、硫精矿。浮选尾矿进入重选。重选基本采用阶段磨矿、阶段选别、次精矿集中复洗、砂泥分选的原则流程。浮选首先回收有价元素 Cu、S，同时脱出硫化物，使进入重选的浮选尾矿的含硫量低于 2%，减少硫化物对重选的干扰，确保锡的回收。具体工艺流程见图 7-3。

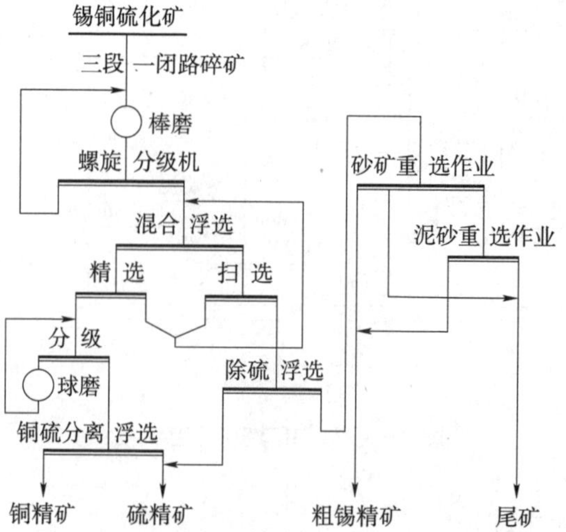

图 7-3 锡石多金属硫化矿选矿工艺流程

7.1.2.4 联合选矿工艺

近年来，随着开采的锡矿越来越表现出贫、细、杂以及多金属共生的工艺矿物学特性，单一的选矿方法已不再适用于这类难处理矿石。因此，多种选矿方法的联合使用表现出更大的优势。联合选矿工艺有以下几种：

（1）重选和磁选相结合

由于锡矿石往往与磁黄铁矿、铁矿等磁性矿物相伴生，虽可以重选丢出大部分废矿，但是由于黄铁矿、铁矿等的密度与锡石的相近，通过摇床难以实现完全分离。故结合磁选的方法，可以将磁黄铁矿、铁矿等与锡分离出来。曹烨等对四川某锡磁铁矿进行试验研究，通过磁选和重选相结合的工艺流程，采用阶段磨矿、阶段选别的工艺，从含 Sn 0.39%、Fe 23.2% 给矿中获得了铁品位为 64.47% 和回收率为 75.09% 的铁精矿、锡品位为 31.07% 和回收率为 62.49% 的锡精矿。

（2）重选和浮选相结合

由于摇床所处理矿石的粒级范围在 0.074 mm 以上，对于低于 0.074 mm 的细粒级矿石效果不佳，所以将重选与浮选相结合的工艺，即粗粒重选，细粒浮选。梁增永等对某锡石多金属硫化矿进行研究，试验采用阶段磨选工艺，优先浮选铜的硫化矿，摇床重选锡石，可以获得铜精矿品位为 28.65%，Cu 回收率为 75.59%，锡精矿品位为 50.08%，Sn 回收率为 52.23% 的指标。

7.2 尾矿产生量

7.2.1 每吨原矿的锡矿尾矿产生量

锡矿尾矿产生系数，即每吨锡矿石经过选矿后产生的尾矿量，受矿山生产规模、矿石品位、选矿工艺等因素影响。我国典型锡矿尾矿产生系数一般为 0.9～0.99 t/t 原矿，具体见表 7-2。

表 7-2 典型锡矿尾矿产生系数

企业	原矿消耗 /（万 t/a）	锡精矿产量 /（万 t/a）	尾矿产生量 /（万 t/a）	尾矿产生系数 /［t/t（原矿）］
企业 1	170	1.1	153.8	0.90
企业 2	6	—	5.6	0.93
企业 3	32.72	—	32.39	0.99

7.2.2 锡矿尾矿贮存现状

截至2019年年底，全国共有84座锡矿尾矿库，主要分布在云南、广西、湖南、江西、广东、内蒙古等省（区），其中云南省有49座锡矿尾矿库，占全国锡矿尾矿库的58.33%。具体见图7-4。

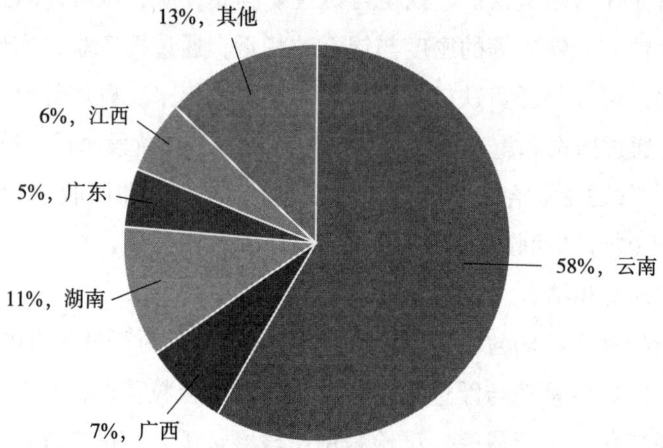

图7-4 全国锡矿尾矿库主要分布情况

截至2019年年底，全国锡矿尾矿库共贮存32 088.03万m^3锡矿尾矿。其中，云南省锡矿尾矿贮存量为23 049.03万m^3，占全国贮存量的71.83%；广西壮族自治区锡矿尾矿贮存量为3 096万m^3，占全国贮存量的9.65%；湖南省锡矿尾矿贮存量为943万m^3，占全国贮存量的2.94%。

7.3 尾矿污染特征分析

7.3.1 锡矿尾矿主要成分

我国锡矿尾矿主要分为三大类：氧化型、多金属硫化矿型和锡矿泥，锡尾矿中除锡外还含有许多有用矿物，如Fe、Cu、Pb、Zn、W、Bi、Mo、Au、Ag、Li等。具有品位低、粒度细、易选粒级单体颗粒少、含泥量大、矿物组分复杂、脉石含量高等特点。

氧化型锡矿尾矿主要有残坡积砂锡矿尾矿和氧化型脉锡矿尾矿。主要有以下特点：①锡品位低：锡平均品位为0.15%，其中砂锡矿尾矿为0.13%，脉锡矿尾矿为0.22%。

②粒度细：平均粒度为 30 μm；74 μm 的产率为 10%～14%，-10 μm 的产率为 45%～67%；37 μm、-37 μm～10 μm、-10 μm 粒级的锡金属分布率约为 40%、35% 和 25%。③易选粒级单体锡石少：74 μm、-74 μm～37 μm、-37 μm～19 μm、-10 μm 粒级锡石单体解离度分别小于 28%、23%～74%、60%～90% 和大于 80%。④含铁较高：铁品位一般为 12%～20%。

根据收集到的资料，锡矿尾矿中元素以 SiO_2、CaO、Fe 为主，虽然经过了选矿作用，尾矿中的成矿及共伴生元素含量仍普遍较高，具体见表 7-3。

表 7-3 锡矿尾矿元素含量统计

元素	SiO_2	Al_2O_3	TFe_2O_3	CaO	MgO	K_2O
含量 /%	17.2～24.4	2.6～14.9	20.1～32.5	8.8～21.2	3.33～7.21	0.99～1.99
元素	S	MnO	Na_2O	Sn	Cu	Pb
含量 /（mg/kg）	2.3～9.5	0.23～1.47	0.18～0.41	134～4 062	601～2 651	303～7 680
元素	In	Te	Ag	As	Cd	Zn
含量 /（mg/kg）	3.64～14.1	0.12～2.31	11.0～29.5	42.8～5 814	6.8～29.8	1 652～6 801
元素	Sb	Hg	Mo	W	Be	
含量 /（mg/kg）	6.1～104	42.5～444	2.68～33.4	18.4～584	24.3～117	

根据收集到的 6 个典型企业尾矿中重金属组分实测结果，得出锡矿尾矿主要成分包括 Sn、As、Pb、Zn、Cd、Cu 等，具体见表 7-4。

表 7-4 典型企业尾矿中重金属组分实测结果 单位：mg/kg

编号	污染源名称	Pb	As	Hg	Cd	Sn	Cu	Zn	Cr
1	A 尾矿	356	2 310	0.448	7.90	50.85	1 470	4 850	15.10
2	B 尾矿	597	2 170	0.58	10.30	13.40	601	2 170	9.60
3	C 尾矿	237	2 280	1.47	10.40	128.6	1 140	2 280	14.30
4	D 尾矿	425	9 990	<0.001	23.4	63.50	23.40	2 840	<1.9
5	E 尾矿	142.81	1 136.54	1.69	10.72	62.58	未检测	592.42	102.57
6	F 尾矿	21.2	1 260	2.40	4.64	12.5	未检测	706	65.1

7.3.2 锡矿尾矿库废水主要污染物

根据收集到的 6 个典型锡选矿企业的尾矿库废水实测结果，并与《锡、锑、汞工业污染物排放标准》（GB 30770—2014）对比分析。其中，企业 A 和企业 C 的尾矿库废水中 As 存在超标现象，企业 E 和企业 F 的尾矿库废水中 Zn 存在超标现象，其余监测因子均满足《锡、锑、汞工业污染物排放标准》（GB 30770—2014）表 2 排放限值要求。具体见表 7-5。

综上所述，锡矿尾矿库废水中的主要污染物有 Sn（作为特征污染物考虑）、As、Zn 等。

表 7-5　典型锡选矿企业尾矿库废水实测结果　　单位：mg/L

编号	污染源名称	pH	COD	氨氮	Pb	As	Hg
1	企业 A 尾矿库废水	7.49	24.0	3.08	0.006	0.12	0.000 05 L
2	企业 B 尾矿库废水	7.88	19.0	—	0.059	0.084	0.000 05 L
3	企业 C 尾矿库废水	8.0	28.40	—	0.085	0.142	0.000 05 L
4	企业 D 尾矿库废水	7.88	25.2	—	0.038	0.036	0.000 05 L
5	企业 E 尾矿库废水	7.41	5.3	0.23	<0.02	0.023	0.565×10^{-3}
6	企业 F 尾矿库废水	7.55	5.3	0.21	0.022	0.026	0.135×10^{-3}
标准限值		6～9	60	8	0.2	0.1	0.005
编号	污染源名称	Cd	Cu	Zn	Sn	Cr^{6+}	
1	企业 A 尾矿库废水	<0.004	—	0.21	<0.007	<0.019	
2	企业 B 尾矿库废水	0.014	0.102	0.139	—	0.012	
3	企业 C 尾矿库废水	0.014	0.158	0.034	—	0.002	
4	企业 D 尾矿库废水	0.016	0.088	0.046	—	0.016	
5	企业 E 尾矿库废水	<0.004	0.012	6.48	<0.007	<0.019	
6	企业 F 尾矿库废水	<0.004	0.014	5.99	<0.007	<0.019	
标准限值		0.02	0.2	1.0	2.0	0.2	

7.3.3　锡尾矿淋溶特性

通过静态淋溶试验，赵志龙等研究了多金属锡石硫化矿尾矿的淋溶特性，得到以下结论：

1）采用硝酸－氢氟酸－过氧化氢消解法对尾矿样品进行消解，分析重金属含量可知，该尾矿样中重金属元素 As、Zn、Pb 含量较多，且大小关系为 As>Zn>Pb。由尾矿 XRD 分析可知，该尾矿主要的矿物相组成为石英、方解石、白云石等，说明酸中和能力极强。

2）淋溶液初始 pH 对淋出液 pH 的变化有一定影响，淋溶液 pH 越低，淋出液 pH 越低。此外，淋溶液初始 pH，即酸雨酸度，对重金属（Pb、Zn、As）的溶出有影响，酸度越低，淋出液中重金属含量越高。矿石粒度对淋出液 pH 的变化影响相对较小，但中和速度越快，淋出液 pH 越高。另外，矿石粒度越小，淋溶反应越强烈，重金属（Pb、Zn、As）溶出越多。

3）尾矿淋溶过程中有黄药存在时，浓度高低和淋溶液初始 pH 对尾矿淋溶有影响。浓度越小，淋出液 pH 越低，重金属（Pb、Zn）溶出越多。而淋溶液初始 pH 越低，Pb 溶出越多，Zn 溶出越少。黑药浓度对尾矿淋溶液也有一定影响，添加量越少，淋出液 pH 越低，重金属（Pb、Zn）溶出越少。

4）无浮选药剂存在时，不同酸雨 pH 下，As、Zn、Pb 的淋溶强度按大小排序均为 Pb＞Zn＞As。尾矿中重金属的含量和重金属离子可交换态的分布对淋溶强度影响较大。

5）X 衍射光谱分析显示，尾矿样品的主要矿物组成为石英和方解石。经过淋溶后，谱线较为光滑，石英、方解石及磷铁铝矿衍射峰的强度都明显减弱，且酸雨 pH 越低，强度减弱越明显。SEM 研究表明，淋溶过程中，尾矿表面形貌变化明显，出现大量孔洞，并伴随颗粒物的大量生成。EDS 分析发现，在淋溶期间，尾矿表面生成大量硅酸钙沉淀，并随着淋溶时间延长，Fe、S、As、Zn、Pb 含量明显减少。

综上所述，锡尾矿中的重金属 Zn、As、Pb 的溶出浓度较高。

7.3.4 锡矿尾矿库环境影响分析

7.3.4.1 大气环境影响分析

锡矿尾矿平均粒度为 30 μm，粒度较细。研究表明，尾矿的启动摩阻风速与尾砂粒径的平方根成正比，粒径越小的尾砂启动摩阻风速越低；由于尾砂粒径小颗粒细，当风速超过启动摩阻风速后，其所受的迎面阻力和上升力大到足以克服重力作用，发生扬尘。云南个旧是我国的“锡都”，地处云贵高原的南端，雨热同季、干湿季节分明，阳光充足，相对湿度小，平均风速 2.9 m/s，最大风速 24.0 m/s。研究表明，当气象风速达到 3.5 m/s 时，尾砂就会在风的作用下开始扬尘。根据收集资料，我国锡矿尾矿库主要为山谷型尾矿库。研究表明，山谷型尾矿库的扬尘污染范围不会很广，但局部尾矿尘浓度较高。

综上所述，当达到一定条件时，锡矿尾矿库将会存在风力侵蚀造成扬尘，对周边局部环境空气造成污染。根据锡矿尾矿主要成分，存在重金属或类金属（As、Pb、Zn、Cd、Sn 等）污染，当人吸入后，重金属在生命体中会抑制酶的活性，破坏人体酶的正常活动，尤其 Pb 的危害最大。

7.3.4.2 地表水环境影响分析

锡矿尾矿库渗滤液如不收集或收集后未经处理直接排放进入地表水体，将对地表水环境造成污染，如增加水体的 Sn、As、Zn、Pb 等重金属污染物。

7.3.4.3 地下环境影响分析

个旧锡尾矿所在区域为第二段 T_2g^b 白云质灰岩及灰岩，且地质构造复杂，为岩溶发育提供了有利的地质条件，导致该地区岩溶发育强烈。沿背阴山断裂带，地表多有串珠状洼地和落水洞（漏斗）分布，地下有暗河管道存在，因此区内的地表水多从落水洞等负地形流入地下，沿背阴山断裂裂隙带形成地下暗河。区内地下水主要接受大气降雨补给，其中 80% 的降雨均是通过岩溶洼地、漏斗、落水洞、溶蚀裂隙等渗入地下，因而成为岩溶地下水，是该地区主要的地下水类型，但也存在极少量的孔隙水和裂隙水。因此，个旧锡矿尾矿库在建设时，若没有进行详细的地质勘查，对比方案选择库址，且没有进行防渗措施，将有可能会造成锡矿尾矿库渗滤液下渗进入地下水，造成地下水污染，如增加地下水中的 Sn、As、Zn、Pb 等重金属污染物。

7.3.4.4 土壤环境影响分析

土壤中的重金属和其他元素可以通过作物参加到食物链中从而进入人体。重金属元素大多是过渡元素，有其特有的电子层结构，在土壤环境中具有一些地球化学行为：具有可变价态，能在一定范围内发生氧化还原反应，不同价态的重金属元素活性和毒性是不同的；重金属元素在环境中既可发生水解反应生产氢氧化物，也可与一些无机酸反应生成硫化物、碳酸盐和磷酸盐等沉淀物，从而积累于土壤中。根据收集采样表明，锡矿尾矿库周边土壤的 pH 呈弱碱性，且存在重金属 As、Pb、Zn、Cd 等污染。

综上所述，在一定条件下，锡矿尾矿库对环境空气、地表水、地下水和土壤等存在重金属污染影响，具体见表 7-6。

表 7-6 锡矿尾矿库潜在环境影响主要途径和污染因子

分类	主要途径	主要影响污染因子
环境空气	风力侵蚀造成扬尘	TSP、尾砂扬尘中 Sn、As、Pb、Zn、Cd 等
地表水环境	地面漫流	Sn、As、Zn、Pb 等
地下水环境	废水泄漏及渗漏	Sn、As、Zn、Pb 等
土壤	地面漫流、入渗、大气沉降	As、Pb、Zn、Cd 等

7.4 尾矿利用处置

7.4.1 我国锡矿尾矿资源现状及特点

我国锡矿尾矿有品位低、粒度细、易选粒级单体颗粒少、含泥量大、矿物组成复杂、脉石含量高等特点，因此从锡矿尾矿中回收有用矿物十分困难。同时由于各地的锡矿尾矿性质不尽相同，这又使得在处理锡矿尾矿时，需综合考虑尾矿的性质及特点，采用合理的方法，才能实现锡矿尾矿的综合回收利用。

7.4.2 锡矿尾矿中有价成分的回收

锡矿尾矿中有大量的有用矿物，采用适宜的方法进行回收，可为企业带来相当可观的经济效益。同时随着锡矿资源的日益缺乏，对锡矿尾矿进行二次利用，回收其中的有价成分，还可避免资源浪费、保护环境，除去尾矿堆积带来的安全隐患。

锡矿尾矿中有价成分的回收问题近年来受到国内外专家的高度重视。专家对如何回收锡矿尾矿中的有价成分做了大量研究，也取得了许多成果。目前，锡矿尾矿中有用矿物的回收技术主要有重选、浮选、磁选、湿法及联合工艺等。采用有效的工艺回收锡矿尾矿中的有价成分，是尾矿最大化利用的途径之一，可带来巨大的经济效益。

但由于锡矿尾矿中组分较为复杂，伴生矿物较多，因此，在对锡矿尾矿中有价成分进行回收时，应针对不同锡矿尾矿的性质与特点，结合当地环保要求，选择合适的方法进行回收。

7.4.2.1 重选

Sn 的密度高达 7.28 g/cm^3，同与其共生的脉石矿物的密度差异很大，利用重选回收锡矿尾矿中的锡有着良好的效果。重选在回收有价成分时，具有工艺流程简单、成本低、投资较小、对环境友好等优点。目前，重选是从锡矿尾矿中回收有价成分的主要方法，被广泛应用于各选厂。董明传等采用重选工艺对某选矿厂锡矿尾矿中的微细粒锡石进行回收，单独采用摇床回收，精矿经一次磁选除铁工艺得到锡品位为 6.2%，锡回收率为 58.58% 的锡精矿。该流程的投入为选厂每年多回收了 60～100 t 的锡金属，在取得经济效益的同时保护了当地环境。

悬振锥面选矿机是依据拜格诺理论和流膜选矿原理设计而成，秦广林等利用该选矿机对华锡长坡选厂细泥锡尾矿进行了再选试验，在对不同原矿进行分级的前提下，通过调整选矿机的转动周期和振动频率等因素，最终获得品位为 1.34%，回收率为 46.97% 的锡中矿，为处理细泥难选锡尾矿提供了一条有效的途径。

离心分离技术是一种借助离心力，将比重不同的矿物分开的技术，对于锡尾矿中微细粒矿物的回收具有显著效果。

由于其成本低、处理量大、工艺流程简单、环保等优点，在综合回收利用锡尾矿的领域中得到了广泛应用。孙广州等针对某细粒嵌布难选锡矿尾矿，采用了“离心机粗选 + 摇床精选”的联合工艺进行锡石再选，试验首先利用 Falcon 新型离心选矿机进行预先富集，再将锡粗精矿分级，最后利用矿泥摇床进行精选作业，最终得到锡精矿品位为31.90%，回收率为73.98%，产率为0.92%，总尾矿损失率为19.29%的良好指标。杨波等对云南个旧某锡尾矿再回收锡石进行了可选性试验，根据尾矿性质，采用连续排矿型Knelson离心选矿机对该尾矿中的锡石进行再选。连续排矿型Knelson离心选矿机是一种强化离心设备，具有高强度的重力场，锡尾矿在该重力场内，大比重与小比重矿物颗粒之间的重力差被极大地放大，从而使分离更加容易。试验首先通过浮选脱硫，而后再利用连续排矿型Knelson离心选矿机对脱硫精矿进行富集，最终得到了品位为13.6%、回收率为58.3%的锡精矿，为类似锡尾矿使用离心选矿机提高回收率提供了借鉴。

一些多金属锡矿尾矿中可利用的有价元素较多，再选工艺流程相对复杂，利用重选对尾矿进行预选抛尾，可提高入选品位，减少后续作业的处理量，降低作业成本，提高选厂经济效益。王雅静等采用重选工艺对大厂锡石—多金属硫化矿尾矿进行预选抛尾试验，根据矿石性质，利用跳汰机和螺旋溜槽分别对粗粒级和细粒级颗粒进行抛尾，然后浮选回收Pb、Zn、Sb，最终使Sn、Pb、Zn、Sb的回收率分别达到82.17%、80.12%、81.09%和84.25%。通过预选抛尾作业，大幅提高了资源的二次利用率，为选厂带来了巨大的经济效益。

7.4.2.2　浮选

多金属硫化型锡矿尾矿中锡石与硫化矿共生关系紧密，且粒度普遍很细，利用重选回收锡石时会产生大量含硫矿物，降低产品质量。

而对于这类共生关系紧密、综合回收难度较大的锡矿尾矿，浮选是一条有效的途径。通过改良药剂和工艺，浮选能够显著提升锡尾矿的二次资源利用率，为企业创造巨大的经济效益。T-斯雷尼瓦斯通过对各种浮选药剂的分析，改良药剂制度，制定出一种烷基磷酸酯-硅氟化钠-工业级硫酸和柠檬酸的新型药剂制度，在经三段浮选后，从托沙穆锡矿石重选尾矿中获得锡品位为7%，锡回收率为55%的浮选精矿，分选指标较为良好。吕昊子等针对某含硫低品位锡矿尾矿进行综合回收锡、硫的工艺研究，根据锡矿尾矿中细粒级含量较高，锡和硫嵌布粒度特征相近且含有一定量的磁黄铁矿等特点，确定采用“三段浮选脱硫—五段浮锡”的新型工艺流程，利用$CuSO_4$作活化剂和丁黄药作捕收剂浮选药剂组合进行脱硫作业，然后通过硫粗精矿再磨使锡硫进一步分离，最后利用新型捕收剂BY-9，并添加适量促进剂P86捕收Sn，最终获得硫品位为42.71%、回收率为89.84%的硫精矿，以及锡品位为3.16%、回收率为60.37%的锡精矿，实现尾矿综合利用。

某些锡矿在进行选矿作业时，由于受当时技术与设备条件的限制，除锡外，还有大量有价金属损失在尾矿中，而其中绝大部分金属都具有很好的可浮性，如Pb、Zn、Sb、Ag等，利用浮选可较好地对这些有价金属进行综合回收利用。陈景全等针对广西大厂七号坝老尾矿再回收铅、锑、锌进行了可选性试验，根据试样中铅、锑、锌品位低、嵌布粒度细、氧化程度高且矿物组成复杂等特点，采用水玻璃作矿泥分散剂、硫化钠作活化剂，利用丁基黄药和PC-1组成组合捕收剂混合捕收硫化矿、新型有机抑制剂ZGT抑制脉石及炭质矿物，经混合浮选—全浮分离闭路流程，最终得到的铅、锑、锌精矿品位分别为21.36%、14.75%和45.63%，回收率分别为70.12%、67.63%和83.29%。

锡细泥中含有大量锡金属，但由于粒度不均，浮选难度很大，使用常规的浮选手段不仅选矿药剂成本高，而且回收率低下。而利用分支浮选工艺对锡细泥进行回收，采用常规药剂浮选处理沉砂，载体浮选处理溢流，可显著提高锡细泥中锡金属的回收率。广西某选厂贫锡多金属硫化矿由于锡品位低、嵌布粒度细等特点，使选矿过程中产生的细泥中的锡金属含量越来越高。秦华伟等根据该锡细泥性质，采用了分支浮选工艺进行回收。

在常规药剂浮选沉砂样的试验中，使用苯甲羟肟酸作锡石捕收剂，得到锡品位为39.73%、回收率为84.37%的锡精矿，保持了较高的品位和回收率，实现了对粗细泥锡石的有效回收。

载体浮选试验中，在加入50%的−38 μm的锡石作为载体、搅拌时间为30 min、搅拌速度为2 400 r/min的条件下，使最终通过摇床作业回收锡的回收率提高了15%左右。通过分支载体浮选工艺处理锡细泥，不仅减少了锡金属的损失，提高了锡金属的回收率，还为难处理锡细泥的综合开发利用提供了一条有效途径。

7.4.2.3 磁选

锡石本身没有磁性，但常与含铁矿物致密共生，因此锡尾矿中常常含有大量的含铁矿物。为充分开发与利用锡矿尾矿中的有价成分，可通过磁选对该部分含铁矿物进行回收。

叶雪均等对云南某含Sn 0.22%、Fe 13.45%的锡矿尾矿进行了再选试验研究。试验全磁、全重、中—磁联合3种流程进行比较，综合考虑后确定采用全磁流程处理该尾矿。最终通过一粗一扫一精的全磁流程，得到含Sn 0.63%，含Fe 55.03%的精矿产品，且精矿中Sn、Fe的回收率分别达到40.47%和62.78%。该流程对于锡铁矿尾矿的处理效果良好，且结构简单、操作容易，是完善锡铁矿选矿的一种必然趋势。

利用磁选对一些含Fe的锡矿尾矿进行预处理，可除去铁杂质对精矿产品质量的影响，减少后续作业处理量，从而回收降低成本。

某锡矿尾矿中除锡石外，还含有大量磁铁矿和赤铁矿，根据该尾矿性质，周锡林在重选回收锡石之前，利用磁选对磁铁矿及赤铁矿进行预选抛尾。采用CTB 900—1800对该锡矿尾矿进行磁粗选预选抛尾作业，再通过与重选的联合作业，最终得到品位为10.15%、回收率为25.83%的锡精矿，最大限度地回收了尾矿中的锡等有价金属。

仇云华对云南某锡矿尾矿资源再利用进行了试验研究，为确保产出合格的锡精矿产品，采用磁选对重选后的锡精矿进行除铁作业，最终得到合格锡精矿品位为41.19%、回收率为11.73%，同时精选摇床尾矿与磁选的磁性产品合并后，含Fe 46.37%、Sn 1.5%，可作为锡贫中矿产品。该试验采用的工艺流程简单、能耗低，对同类型锡尾矿综合回收利用具有一定指导作用。

7.4.2.4 湿法

随着科技的不断进步，选矿作业技术也得到了进一步发展，使目前大部分选矿作业抛尾的锡尾矿中锡及其他可综合回收利用的有价金属的含量变得非常少，这就导致了从锡尾矿中回收利用有价成分的难度进一步加大，采用传统的选矿工艺对锡矿尾矿进行处理也就变得愈加困难。而以湿法浸取的方式来处理锡尾矿，可有效解决该问题，实现锡矿尾矿资源的综合开发利用。湿法具有高效、环保、回收率高等优点，具有广泛的应用前景。

胡创利用湿法浸取的工艺方法对云南锡业集团大屯选矿厂锡矿尾矿进行了系统的研究，采用盐酸为浸取剂，在适宜的工艺条件下，使锡矿尾矿中锡富集倍数达到18.9。该试验通过分布富集工艺和酸循环工艺大幅降低了酸耗量，且使酸废液得到循环使用，同时生成的沉淀物能制备出硫酸钙晶须，为锡矿尾矿的综合利用提供了一条新途径。

尚衍波对玻利维亚某锡石尾矿资源再利用进行了试验研究。原矿中除锡外，还含有较多的S、Ag等有用矿物，为充分回收银，采用在以浮选为主的选矿工艺条件下，利用焙烧—氰浸的湿法作业对银进行综合回收利用。通过试验最终得到S和Ag的品位分别为46.70%、339 g/t，回收率分别为97.88%、73.73%的硫精矿，以及锡品位为45.37%，回收率为52.73%的锡精矿，同时银通过焙烧—氯化浸出，浸出率高达75.10%。

7.4.2.5 联合工艺

锡矿尾矿组分复杂且性质多变，通过单一的选矿工艺难以实现有用矿物的综合回收利用。同时，由于回收的目的矿物和尾矿性质的不同，因此多种工艺的联合逐步成为处理锡尾矿的主要方式。采用联合工艺能充分发挥自身优势，实现优势互补，以最经济的方式实现最大的价值。

大厂老尾矿中矿物组成极其复杂且具有品位低、粒度细、表面氧化严重及可选性差等特点，单一的选矿流程难以综合回收该尾矿。梁炳玉通过大量试验研究并在此基础上，确定采用了重—浮—重—浮—重的原则流程。通过高效富集预处理、分步混浮、集中调浆浮选、多段选别富集等新工艺技术，高效且经济地实现了老尾矿资源二次回收综合利用的目标，最终得到的Sn、Pb+Sb、Zn精矿金属的回收率达到40.98%、62.59%和57.62%。生产工艺成熟，技术先进可靠。

肖军辉等针对云南某多金属锡尾矿进行了综合利用试验研究。由于该锡尾矿除锡外，还含有 Cu、Fe 等多种伴生金属，组分复杂，且锡品位低、嵌布粒度细，因此，采用了氯化离析—浮选—弱磁选—重选的选冶联合工艺进行处理。通过氯化离析矿相重构法初步分离铜，浮选尾矿再经弱磁选—摇床重选回收 Sn 和 Fe，最终得到了铜品位和回收率分别为 19.87% 和 83.25% 的铜精矿，铁品位和回收率分别为 58.31% 和 61.58% 的铁精矿，以及锡品位和回收率分别为 40.12% 和 47.02% 的锡精矿，实现了多金属锡尾矿的综合回收利用。

云锡脉锡型粗粒尾矿中含有多种可综合利用的金属，但由于其品位极低，粒度极细且锡石与铁矿物及脉石矿物致密共生等特点，传统的重选、磁选和浮选等工艺难以实现有价金属的综合回收利用。童雄等为有效解决该问题，在系统地研究该尾矿工艺矿物学特性的基础上，开发出焙烧—凝聚—磁选回收锡、铁的短流程新联合工艺。通过试验，在最佳试验条件下，最终得到铁精矿品位为 66.58%、回收率为 86.16%，锡精矿品位为 4.56%、回收率为 63.80%，实现了锡铁矿物的高效分离及 Sn 和 Fe 的同步回收。

7.4.3 锡矿尾矿的其他用途

目前锡矿尾矿资源的综合回收利用仍以回收其中的有价成分为主，整体化资源化综合利用研究较少。而由于尾矿中含有一些对水泥熟料烧成具有矿化作用和助熔作用的微量成分，这些成分可有效地改善生料的易烧性，降低液相形成温度，提高熟料强度，因此采用锡尾矿烧制而成的水泥强度高且成本低，是锡矿尾矿资源综合利用的有效途径。

李凝等以广西大厂的锡矿尾矿和桂林雁山的高钙石灰石为原料，并在该体系中研究了锡尾矿配料烧成水泥熟料的动力学行为及熟料特性。通过实验表明，锡矿尾矿配料制备水泥熟料的反应动力学满足 Arrheniusformula 和 Gentlingequation，以锡矿尾矿为原料烧制水泥熟料的动力学控制机理与一般硅酸盐水泥熟料一致。锡矿尾矿的配入能降低水泥熟料矿物烧成温度及形成活化能 Ea，提升固相反应速度，同时，锡矿尾矿的配入不会改变热反应历程，减少能耗。

韦立宁等利用 ICP 和 X 荧光对锡矿尾矿的组成进行了分析，采用程序升温焙烧实验方法研究了尾矿的热反应特性，针对组成特性，将尾矿与普通硅酸盐水泥生料进行掺烧制备水泥熟料，发现当掺烧量不大于 50% 时，其凝结时间达到国家标准，同时通过实验发现，将尾矿与 CaO 按质量比为 1∶1 的比例进行煅烧时，在 1 400℃时，熟料的物相组成与普通硅酸盐水泥基本一致。

张鹏举等以有色金属锡矿尾矿为原料，经酸浸和高温碱融活化作为硅源和铝源，通过乙醇导向法，可以合成出高结晶度、具有规整八面体外形及良好热稳定性能的

ZSM-5 分子筛产物。

李凝等进行锡矿尾矿配料烧成水泥熟料动力学及熟料特性研究，研究表明，以锡矿尾矿为原料烧制水泥熟料的动力学控制机理与一般硅酸盐水泥熟料一致，锡矿尾矿配入可降低熟料矿物烧成温度及形成活化能 Ea，提升固相反应速度，控制尾矿量在 26%～30% 时，Ea 比一般硅酸盐水泥减小 77.220～112.954 kJ/mol，且锡矿尾矿配入基本不改变热反应历程，可降低生料中碳酸盐分解温度、固相反应温度及烧成能耗。

8 锑矿尾矿污染特征

8.1 选矿工艺

8.1.1 中国锑矿资源概况

中国是世界上锑矿资源最丰富的国家之一，储量及产量均居世界首位，且拥有形成大型、超大型矿床的优越成矿条件，世界上知名的大型锑矿床有 54 个，我国拥有 15 个。据不完全统计，我国现已探明有储量的矿区有 110 余处，累计探明储量（Sb 金属，下同）逾 300 万 t，分布于 18 个省（区、市），大型、超大型锑矿床探明的锑矿储量占全国累计探明的锑矿总储量的约 81%；锑矿资源高度集中，湖南、广西、西藏、云南、贵州和甘肃等 6 省（区）探明锑矿区占全国锑总储量的 87.2%，以大型和超大型锑矿床为主，主要有湖南龙山锑矿、广西大厂锑矿和贵州省晴隆大厂锑矿，冷水江市的锡矿山是我国最大的锑矿床，锑储量达 83 万 t，被誉为“世界锑都”。

我国锑矿床主要分布在 4 条成矿带上，分别是华南锑矿成矿带、昆仑—秦岭锑成矿带、藏滇锑成矿带和阴山—天山锑矿带。其中，华南锑矿成矿带的锑矿床数量最多，占全国的 63.4%。我国锑矿的成矿类型为喷流沉积改造型和变质再造型，主要成矿年代为前寒武纪、泥盆纪、二叠纪和三叠纪、侏罗—白垩纪。

8.1.2 锑矿基本特点

锑（Sb）是一种银白色金属，属亲铜元素，也有一定的亲氧性，具有两性元素特性。锑在自然界中有 120 多种锑矿物和含锑矿物，主要以 4 种形式存在：①自然化合物与金属化合物，如自然锑、砷锑矿；②硫化物及硫盐类，如辉锑矿、硫铜锑矿、硫铁锑矿、脆硫铅锑矿、硫锑银矿、硫氧锑矿等；③卤化物或含卤化物，如氯氧锑铅矿等；④氧化物，如锑华、黄锑华、方锑矿等。具有工业价值的锑矿物和含锑矿物主要有以下 10 种：辉锑矿（含 Sb 71.4%）、方锑矿（含 Sb 83.3%）、锑华（含 Sb 83.3%）、锑赭石（含 Sb 74%～79%）、黄锑华（含 Sb 74.5%）、硫氧锑矿（含 Sb 75.2%）、自然锑（含 Sb 100%）、硫汞锑矿（含 Sb 51.6%）、脆硫锑铅矿（含 Sb 35.5%）、黝铜矿（含 Sb 25%）。其中，辉锑矿是锑的选冶最主要的矿物原料。

8.1.3 锑矿选矿工艺

锑矿石的选矿方法有手选、重选、浮选等，可结合矿石类型、矿物组成、矿物构造、嵌布特性等物化性质以及经济技术适应性选择以上单一或组合选矿方法。

8.1.3.1 手选

手选是根据不同锑原矿的颜色、光泽、比重等的差异，采用人工进行分选的选矿方法，该方法简单、精确性较低，主要作为下一步机选的预处理技术，不单独使用，现锑矿选矿企业手选工艺主要用于锑矿与采矿废石的初步分离工段。

8.1.3.2 重选

重选是根据矿粒密度的差异，在流体介质中受重力、流动应力及其他机械力的作用不同，从而发生矿物分层达到锑分选的目的。重选应用范围相对较广，尤其是对于低品位、粗粒径锑原矿均有较高的经济技术适用性，如锑矿种中较难选别的氧化锑矿，主要采用重选或“重选—浮选”联合工艺。重选主要有跳汰、摇床、溜槽、重介质、水力 / 分力分级等 5 种类型。

8.1.3.3 浮选

浮选是根据矿物颗粒表面的物理和化学性质的差异，利用气泡和矿物颗粒的亲疏性，形成锑矿泡浮于水面，从而达到 Sb 与矿物颗粒的有效分离，浮选需使用浮选药剂。浮选是我国现行最普遍的锑矿石选矿工艺，适用于细粒径及品位较高的锑矿，如硫化锑矿，具有选矿指标高、回收率高等特点，但对原料的品位要求相对较高，浮选设备建设及运行管理投资相对较大，低品位矿直接采用浮选工艺较难获利。常见的硫化锑矿及锑金钨矿选矿工艺流程分别见图 8-1 和图 8-2。

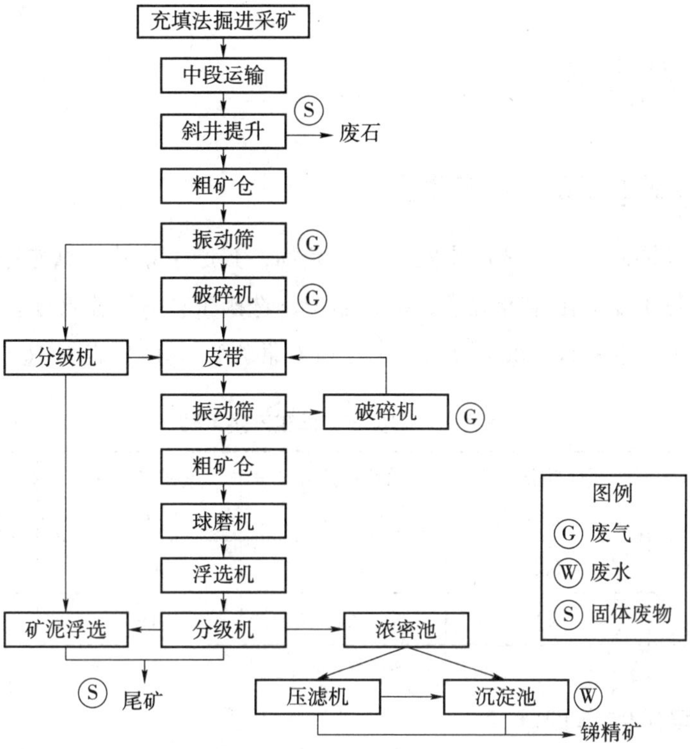

图 8-1 硫化锑矿选矿工艺流程

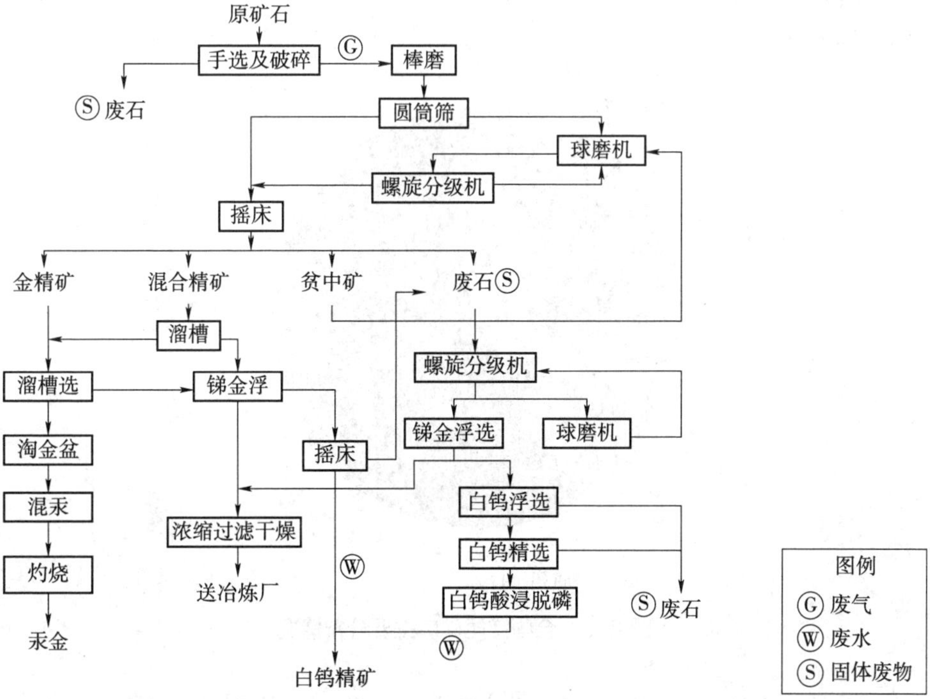

图 8-2 锑金钨矿选矿工艺流程

8.2 尾矿产生量

8.2.1 每吨原矿的锑矿尾矿产生量

锑矿尾矿是锑矿选矿工艺产生的固体废弃物，其产生系数（每吨锑矿石经过选矿后产生的尾矿量）受矿山生产规模、矿石品位、选矿工艺等因素影响。根据调研，我国典型锑矿尾矿产生系数一般为 0.96～0.97 t/t（原矿），具体见表 8-1。

表 8-1 典型锑矿尾矿产生系数

企业	原矿消耗 /（万 t/a）	锡精矿产量 /（万 t/a）	尾矿产生量 /（万 t/a）	尾矿产生系数 /［t/t（原矿）］
西林县闽鑫矿业	6.2	0.14	6.06	0.97
茶山锑矿	20	0.45	19.2	0.96

8.2.2 锑矿尾矿贮存现状

截至 2019 年年底，全国共有 34 座锑矿尾矿库，主要分布在湖南、贵州、江西、云南、广西、西藏等省（区），其中湖南省有 16 座锑矿尾矿库，占全国锑矿尾矿库的 47.06%。具体见图 8-3。

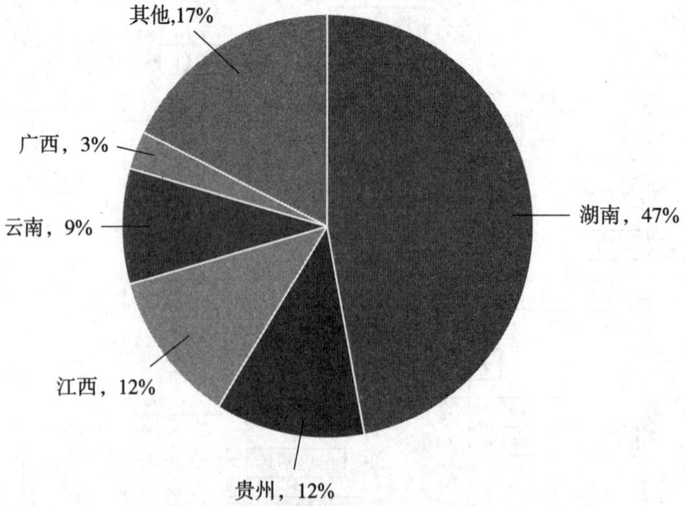

图 8-3 全国锑尾矿库主要分布情况

截至 2019 年年底，全国锑矿尾矿库共贮存 962 万 m^3 锑矿尾矿。其中，湖南省锑矿尾矿贮存量为 629 万 m^3，占全国贮存量的 65.38%；贵州省锑矿尾矿贮存量为 73 万 m^3，占全国贮存量的 7.59%；江西省锑矿尾矿贮存量为 27 万 m^3，占全国贮存量的 2.81%。

8.3 尾矿污染特征分析

8.3.1 锑矿尾矿主要成分

相关资料表明，锑矿尾矿中成分以 SiO_2、Al_2O_3、CaO_3 等为主，虽然经过了选矿作用，尾矿中的成矿及共伴生元素含量仍普遍较高。具体见表 8-2。

表 8-2 锑矿尾矿化学成分组成

成分	SiO_2	Al_2O_3	$CaCO_3$	Fe_2O_3	K_2O	MgO	Ti	Na_2O	S
含量 /%	68.3	11.0	10.9	5.3	1.9	1.3	0.3	0.3	0.08
成分	P_2O_3	Mn	Pb	Rb	Zr	Sr	Zn	As	
含量 /%	0.08	0.06	0.06	0.02	0.01	0.01	0.01	0.023	

根据收集到的 4 个典型企业尾矿中重金属组分实测结果，得出锑尾矿主要成分有 Sb、As、Zn 等。具体见表 8-3。

表 8-3 典型企业尾矿中重金属组分实测结果 单位：mg/kg

编号	污染源名称	Pb	As	Hg	Cd	Sb	Cu	Zn	Sn
1	A 尾矿	40.59	19 075.35	1.84	＜0.000 2	6 724.7	20.67	120.7	2.11
2	B 尾矿	77.74	168.75	1.96	0.12	1 146.83	24.39	53.26	1.81
3	C 尾矿	23.17	427.54	2.9	0.18	3 658.09	29.16	68.98	1.94
4	D 尾矿	90.82	274.11	1.25	0.53	723.31	27.77	151.49	2.10

8.3.2 锑矿尾矿库渗滤液主要污染物

结合收集到的 4 个典型锑选矿企业的尾矿库渗滤液实测结果及尾矿毒性浸出结果，并与《锡、锑、汞工业污染物排放标准》（GB 30770—2014）对比分析，各企业尾矿库渗滤液锑均存在超标现象，且砷的浓度接近标准限值，具体见表 8-4。根据《尾矿库污染隐患排查治理工作指南（试行）》，重点特征污染因子为 Sb、As、Zn。

表 8-4 典型锑选矿企业尾矿库渗滤液实测结果 单位：mg/L

编号	污染源名称	pH	Pb	As	Hg	Cd	Cr	Sb
1	企业 A 尾矿库入水	6.0	0.007 93	0.086 09	—	0.000 49	0.009 84	0.373
2	企业 A 尾矿库出水	6.0	0.006 97	0.077 9	—	0.000 51	0.006 63	0.347
3	企业 B 尾矿库渗滤液	6.0	0.015 68	0.031 1	—	0.000 48	0.010 69	0.625
4	企业 C 尾矿库渗滤液	6.0	—	0.016 68	—	0.000 39	0.009 95	3.088 7
5	企业 D 尾矿库渗滤液	9.0	<0.000 003	0.043 55	—	0.000 43	0.009 07	0.741
标准限值		6～9	0.2	0.1	0.005	0.02	0.2	0.3

综上所述，锑矿尾矿库渗滤液的主要污染物有 Sb、As、Zn 等。

8.3.3 锑矿尾矿淋溶特性

尾矿库淋溶液与渗滤液特征污染因子基本一致，其污染程度根据淋溶期间淋溶液的性质、淋溶时间、淋溶液浸泡时长、温度等因素而变化。国内学者通过对锑矿尾矿开展了大量的淋溶实验，分别从不同矿种、pH、温度、阴阳离子等因子变化情况来揭示其淋溶规律，通过模拟得到以下结论：

1）锑矿尾矿中含量最高的重金属元素为 Sb 和 As，样品主要组成为石英、方解石等，以上组成表明锑矿尾矿的酸中和能力极强。

2）在静态淋溶中，由于样品的酸中和能力，淋溶液初始 pH 对淋溶影响较小。尾矿中 Sb 的溶出随 pH 的变化没有显著的规律性，其原因有待进一步探讨研究，尾矿中多种选矿药剂的存在可能是干扰的原因。

3）温度对尾矿中重金属的溶解释放有显著影响，随着温度升高，溶出越多；而温度低于常温时，重金属的溶出会受到较大的抑制作用，这种差异可能与反应热有关。

4）模拟酸雨中的离子对废石尾矿中重金属的溶出会有影响，但抑制作用不显著。

8.3.4 锑矿尾矿库环境影响分析

8.3.4.1 大气环境影响分析

锑矿尾矿库存在风力侵蚀造成扬尘，对周边局部环境空气造成污染，主要表现为重金属粉尘影响，污染因子为 Sb、As、Zn 等，同时 Sb 具有健康危害性，会刺激人的眼、鼻、喉咙及皮肤，持续接触可破坏心脏及肝脏功能，吸入高含量的锑会导致锑中毒，症状包括呕吐、头疼、呼吸困难。锑矿尾矿库释放的重金属污染物先通过风力扩散进入周围大气环境，再经气流扩散向区域大范围迁移，最后经大气沉降进入土壤环境。风向主导重金属污染物在大气中进行水平方向迁移扩散，风力则主导重金属污染物迁移的距离，在低风速大气条件下，污染物迁移的影响范围就越小，但重金属污染物初始浓度值很高。

我国锑矿尾矿库主要为山谷型尾矿库，扬尘受周边山体阻隔影响扩散范围不会很大，但局部尾矿尘浓度较高。此外，湿度和周边环境也是影响尾矿粉尘扩散的重要因素，我国南方地区湿度较大，尾矿库周边植被茂盛，锑矿尾矿扬尘受湿度影响易沉降，植被对扬尘有吸附与过滤作用，因此，大气环境影响具有地域区别，我国北方地区污染影响大于南方地区。

8.3.4.2　地表水环境影响分析

锑矿尾矿污染因子 Sb、As、Zn 易溶于酸，微溶于水，锑矿尾矿降尘、尾矿渗滤液或淋滤液直接进入水体等均会造成受纳水体重金属污染。例如，我国湖南地区资江流域锑污染问题突出。湖南属于酸雨地区，Sb 等重金属容易浸出进入雨水，受邵阳龙山、娄底锡矿山等大型锑矿区历史遗留废渣淋滤液污染影响，大量高锑废水进入下游河流，造成水体下游断面锑浓度持续超标，且呈现断面雨季超标率大于旱季的现象，锑污染治理成为涉锑矿区污染防治攻坚战重大难题，人力、物力消耗极大。

8.3.4.3　地下环境影响分析

锑矿尾矿库在建设或管理过程中应强化防渗措施，防渗不到位、存在选址缺陷（如有地下暗河等）或防渗设施破损等，均有可能导致锑矿尾矿库渗滤液下渗进入地下水，造成地下水 Sb、As 等重金属污染影响，直接影响周边居民的生存安全。

8.3.4.4　土壤环境影响分析

锑矿尾矿扬尘沉降、运输的“跑冒滴漏”、不规范堆存、渗滤液漫流等均会造成土壤污染。重金属在土壤中具有累积效应，土壤中的重金属和其他元素可以通过作物参加到食物链中从而进入人体。锑矿尾矿中各重金属元素大多是过渡元素，有其特有的电子层结构，在土壤环境中具有一些地球化学行为：具有可变价态，能在一定范围内发生氧化还原反应，不同价态的重金属元素活性和毒性是不同的；重金属元素在环境中既可发生水解反应生产氢氧化物，也可与一些无机酸反应生成硫化物、碳酸盐和磷酸盐等沉淀物，从而积累于土壤中。根据收集采样表明，锑矿尾矿库周边土壤的 pH 呈弱碱性，且存在重金属和类金属 Sb、As、Zn 等污染。

综上所述，在一定条件下，锑矿尾矿库对环境空气、地表水、地下水和土壤等存在重金属污染影响，具体见表 8-5。

表 8-5 锑矿尾矿库潜在环境影响的主要途径和污染因子

分类	主要途径	主要影响污染因子
环境空气	风力侵蚀造成扬尘	TSP、尾砂扬尘中 Sb、As、Zn 等
地表水环境	地面漫流	Sb、As、Zn 等
地下水环境	废水泄漏及渗漏	Sb、As、Zn 等
土壤	地面漫流、入渗、大气沉降	Sb、As、Zn 等

8.3.5 锑矿尾矿的处理

锑矿尾矿主要有 3 种处理方式，分别为贮存、回填矿区、资源化利用。

8.3.5.1 贮存

贮存是指将选矿尾矿暂存于尾矿库的行为，20 世纪和 21 世纪初期，该种方式是锑矿尾矿的主要处理方式，有湿排和干排两种方式。随着生态文明建设的发展，尾矿库作为高势能人造泥石流危险源，其溃坝风险及环境污染影响等缺点逐渐凸显，尤其是“十四五”时期以来，尾矿库风险管控要求深化，《“十四五”长江经济带尾矿库污染治理实施方案》等文件明确“在保证紧缺和战略性矿产矿山正常建设开发的前提下，做到尾矿库数量原则上只减不增”等尾矿库减量化管控要求，由此，锑矿尾矿贮存的方式将逐渐被其他处理方式所替代。

8.3.5.2 回填矿区

锑尾砂回填为现阶段尾砂处理的主要去向，主要有 3 种方式：一是尾砂直接填埋露天矿坑；二是尾砂与其他辅料制浆混合后填埋露天矿坑；三是采用水泥等作为胶结材料与尾砂联合制浆，泵送回填等。尾砂回填量及回填技术取决于尾砂的粒径、含水率、比重等，胶结材料主要成分为水泥、减水剂等。

8.3.5.3 资源化利用

锑尾砂资源化方向主要为再选及下游综合利用。尾矿再选可有效回收尾矿中的有用元素，是回收金属资源的有效途径，再选的技术可行及经济适用性，需尾砂的回选目标金属元素含量及化学组成确定，锑矿伴生矿有 Cu、Pb、Zn、Ag、Au、Sn 等。现阶段，锑矿尾矿下游再生利用方向以建材为主，包括水泥窑协同、制砂石骨料等，但受其中高组成 As、Sb 元素限制，应用不广，要实现锑矿尾矿的大规模资源化利用，应首先扩大应用场景，再针对应用场景去除有害污染物质，确保资源化利用的环境风险可控。

9 铁矿尾矿污染特征

9.1 选矿工艺

铁矿尾矿来源于铁矿开采及选矿生产。铁矿开采是以铁矿石为主要产品的生产过程，多金属矿山采用露天开采或地下开采工艺开采出的铁矿石，之后将铁矿石送入选矿工艺。铁矿选矿是开采的矿石经过各个作业后得到符合冶炼要求的精矿的生产过程，一般采用重选、磁选、浮选及其联合工艺选别铁矿石，获取铁精矿。铁矿尾矿是铁矿石经破碎磨矿后再进行磁选、浮选等选别流程获得精矿后剩下的固体废物，选铁矿尾矿一般综合利用或者堆存于尾矿库。铁矿采矿、选矿流程及产污节点见图 9-1。

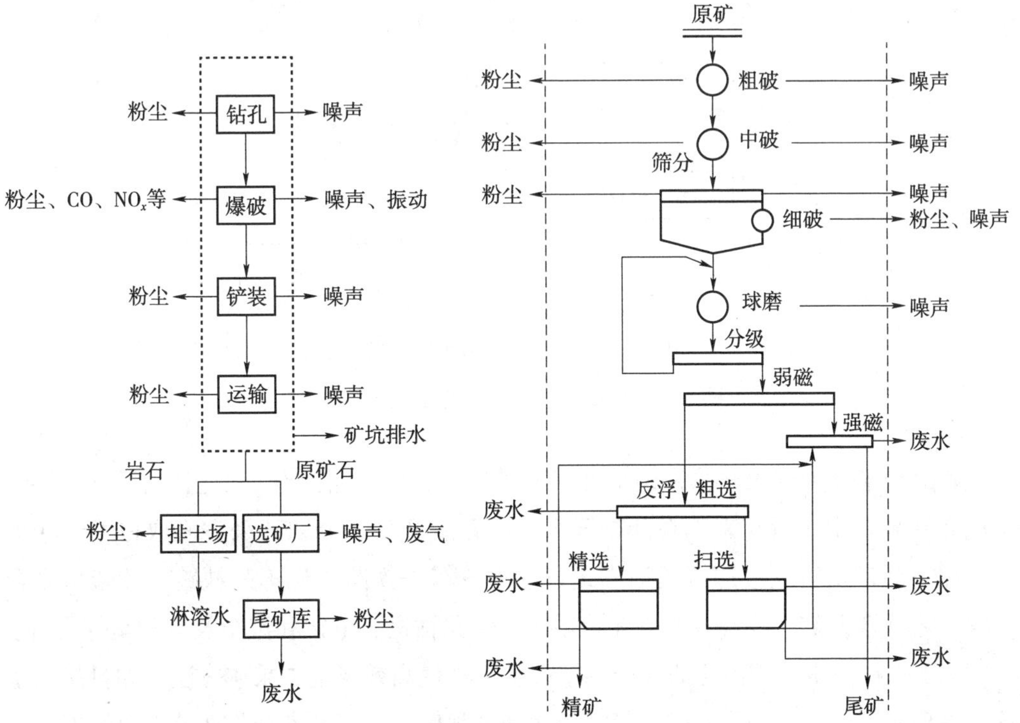

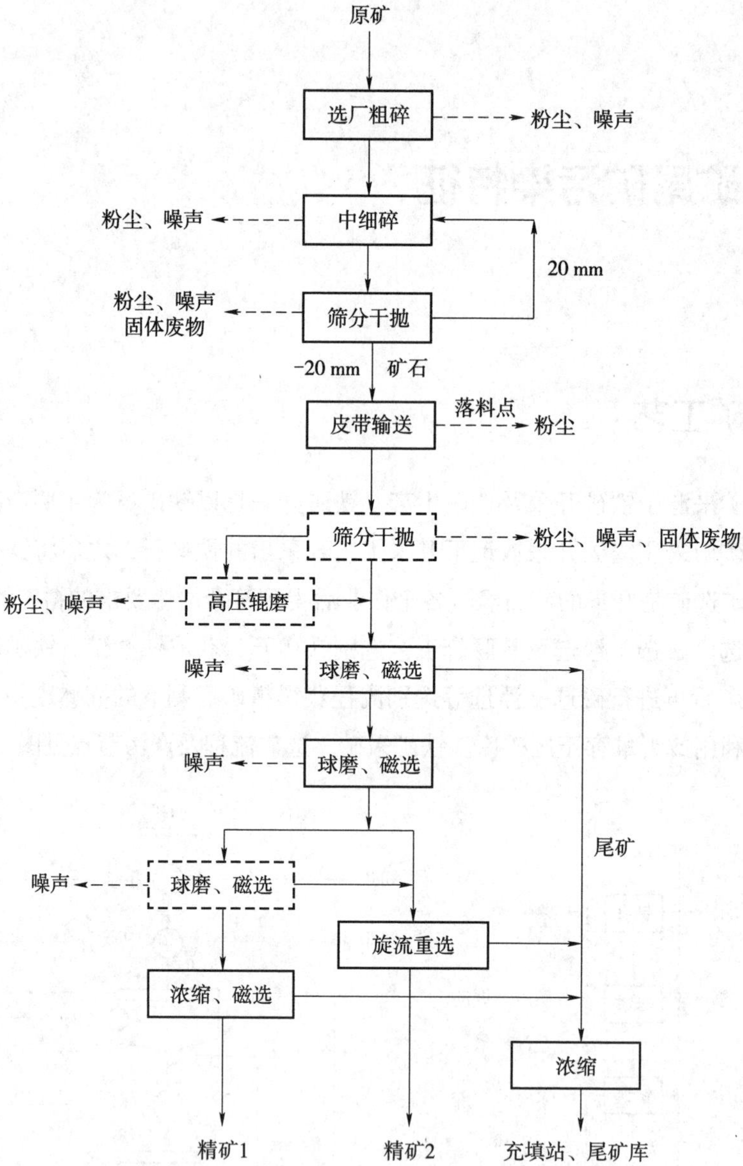

图 9-1　铁矿采矿、选矿流程及产污节点

矿山开采分为露天开采和地下开采两种工艺，我国露天开采工艺一般采用缓帮、全境界开采技术。近年来，在陡帮开采、高台阶开采和分期开采方面取得了一些进展，在一些矿山得到应用。运输方式目前为汽车—铁路、汽车—铁路—胶带机联合运输工艺。露天矿的装备主要有牙轮钻机、潜孔钻机、电铲和汽车及装药车等设备。

地下采矿技术，国内已研究应用了多种大规模高效率地下采矿方法，如自然崩落法、深孔采矿法和中深孔采矿法等。为达到高强度、经济和安全作业，在急倾斜厚大矿体，普遍推广了无底柱分段崩落法；缓倾斜中厚矿体采用垂直平等密集束状孔阶段强制崩落法，都取得了较好的效果。地下矿山设备主要有风钻、风动凿岩机、采矿台车、深孔凿岩、掘进、采矿台车、液压凿岩机、高风压潜孔钻机等在内的平巷与竖井掘进设备，以及梭式矿车、柴油铲运机、电动铲运机、双机采矿台车、井下装药车、混凝土喷射车等机组和双台板振动放矿机等。

选矿工艺流程主要包括矿石破碎与筛分、球磨机磨矿与分级机分级、矿物分选（重选、浮选与磁选等）、矿物质脱水（浓缩、过滤、干燥等）。铁矿选矿一般采用重选、磁选、浮选及其联合工艺选别铁矿石，获取铁精矿；选矿设备包括给料机、破碎机、球磨机、分级机、振动筛、摇床、磁选机、搅拌筒、浮选机等设备。

我国选矿技术已有重大突破，磁铁矿选矿技术具有世界先进水平。由单一弱磁选机和电磁选机选别单一磁铁矿，发展为重磁筒式磁选机及磁选厂的永磁化，同时推广应用了细筛再磨工艺，使铁精矿品位由设计的60%左右提高到66%以上，具有世界先进水平。

贫赤铁矿选矿技术也有较大突破，从单一鞍山式焙烧竖炉发展为浮选、强磁选、重选及其联合流程，选矿设备不仅开发研制了大型永磁磁选机、永磁磁滑轮，永磁脱水槽和永磁过滤机、新型振动细筛，还成功开发了磁团聚重选设备，湿式强磁选机、双立环和平环湿式强磁选机、高梯度、电磁感应辊式和稀土永磁辊式磁选机等。还研制了一系列高效选矿设备。如高压辊磨机、盘式真空过滤机、低场强脉动磁选机、弱磁性矿物抛尾设备和高效浓缩设备等。

9.2 尾矿产生量

铁矿尾矿是选矿后的废弃物，是工业固体废物的主要组成部分。我国铁矿资源储量丰富，根据自然资源部发布的《矿产资源报告2023》，2022年我国铁矿储量达162.46亿t，位居世界前列。我国经济高速发展，钢铁需求不断增长，铁矿石作为钢铁工业的重要原料之一，消耗量不断攀升，国家统计局数据显示，2023年12月全国生产铁矿石原矿8 603.32万t，同比增长0.4%，环比增长0.5%；1—12月累计生产铁矿石原矿99 055.54万t，同比增长7.1%。且国内铁矿富矿少，富矿储量仅占我国铁矿资源储量的1.18%，贫矿和多元素共生的复合的矿石较多，生产1 t精铁矿往往要排放2.5～3 t的尾矿，因此造成大量铁矿尾矿堆积于地表。

《全国矿产资源节约与综合利用报告（2019）》显示，2018年，我国共有非油气矿山58 185个，当年尾矿总产生量约为12.11亿t。其中铁矿尾矿产生量最大，约为4.76亿t，占尾矿总产生量的39.31%。中国铁矿分布主要集中在辽宁、四川、河北、北京、山西、内蒙古、山东、河南、湖北、云南、安徽、福建、江西、海南、贵州、陕西、甘肃、青海和新疆等省（区、市）。

冯安生利用全国重要矿产资源“三率”调查与评价工作成果，对2011—2015年全国代表性的2 153座铁矿山的废石和尾矿产生情况大数据进行了系统研究，以年度尾矿产生总量和尾矿排放强度表征尾矿排放状况。根据其研究成果，我国当前铁矿尾矿排放强度为2.17 t/t（精矿），即每生产1 t铁精矿排出2.17 t尾矿。

铁矿尾矿化学成分及矿物组成复杂，主要成分除SiO_2、Al_2O_3、Fe_2O_3、MgO和CaO外，还含有少量K_2O、Na_2O和SO_3。其矿物组成复杂，由石英、辉石、长石、黑云母、角闪石、绿泥石、石榴石、磁铁矿、褐铁矿、黄铁矿等组成。根据铁尾矿中金属元素的含量，一般分为单金属尾矿和多金属尾矿。多金属铁矿尾矿矿物组成复杂，含有元素种类多，不同地区产生的铁矿尾矿的物理化学特征也存在明显差异，以西南攀西地区、包头地区和长江中下游武钢地区为主要类型。单金属铁矿尾矿可根据其Si、Al、Ca、Mg的含量主要有以下4种类型。

1）高硅鞍山铁矿尾矿。具有数量大、硅含量高、伴生元素少的特点，同类型有国内本钢歪头山、大孤山、弓长岭、齐大山等。

2）高铝马钢铁尾矿。具有产出量低、Al_2O_3含量高、伴生硫磷元素少的特点，长江中下游宁芜一带为主要产地，如姑山铁矿、黄梅山铁矿等。

3）高钙、镁邯郸铁矿尾矿。具有伴生S、Co、Cu、Ni、Pb、Zn、Au、Ag等微量元素的特点，如王家子、玉石洼、玉泉岭等。

4）低Ca、Mg、Al、Si铁矿尾矿。特点是以非金属重晶石、碧玉等矿物为主，并含有Co、Ni、Cu等元素，如酒钢铁矿尾矿。

9.3 尾矿污染特征分析

9.3.1 主要污染特征

9.3.1.1 尾矿成分

大多铁矿床是含有多种金属共生的矿床。矿石中主要化学成分有TFe、S、P及SiO_2、Al_2O_3、CaO、MgO、K_2O、Na_2O等，以安徽某磁铁矿为例，铁矿尾矿全成分分析见表9-1。

表 9-1 尾矿全成分分析 单位：%

元素	Fe_2O_3	FeO	P_2O_5	SiO_2	Al_2O_3	Na_2O	CaO	K_2O	MgO
含量	7.05	2.09	0.19	53.65	0.75	3.61	3.45	0.32	26.25
元素	Cu	Zn	Cr	TiO_2	Co	As	Cd	Hg	Ni
含量	0.046	0.015	0.001 3	0.55	0.002 6	0.000 6	0	0	0.005 4
元素	S	Au	Ag	Mo	MnO	Pb	—	—	—
含量	0.089	0.000 5	0.003 1	0.004 5	0.25	0.027	—	—	—

从表 9-1 可以看出，尾砂成分中二氧化硅含量较高，重金属含量较低。

以广东某硫铁矿为例，铁矿尾矿全成分分析见表 9-2。

表 9-2 尾矿全成分分析 单位：%

元素	S	Fe	MnO_2	SiO_2	Al_2O_3	CaO	MgO	As
含量	7.41～7.80	6.88～7.51	0.32～0.72	45.39～57.39	3.86～8.43	6.58～7.95	0.98～1.61	<0.005
元素	Pb	Zn	Cu	K_2O	Na_2O	P	C	Ti
含量	0.036	0.27	0.013	2.42～2.46	0.089～0.33	0.029	2.69	<0.005

由表 9-2 可知，尾矿成分中 SiO_2 含量高达 45.39%～57.39%，为尾矿中的主要成分，以及黄铁矿、石膏、长石、钙碱性矿物等，另外 S、Fe、CaO、Al_2O_3 含量次之，含量为 1% ～10%，而 Pb、Zn、Cu、As、Ti 等含量相对较低，均小于 1%。

9.3.1.2 尾矿水

矿山选矿废水主要为尾矿浓密机溢流水、充填站砂仓溢流水、精矿浓密机溢流水、设备冷却水等。大多铁矿选矿废水，如尾矿浓密机溢流水、充填站砂仓溢流水和精矿浓密机溢流水大多不外排，返回至工艺中，少部分随尾矿进入尾矿库，铁矿尾矿溢流水可能会对外排放。

以安徽某铁矿选厂为例，对尾矿库溢流水进行了监测，监测结果见表 9-3。

表 9-3 安徽某铁矿选厂尾矿库溢流水水质 单位：mg/L（pH 除外）

项目	监测结果	《铁矿采选工业污染物排放标准》（GB 28661—2012）新建企业标准	
		浮选废水	重选和磁选废水
pH	7.34	6～9	6～9
化学需氧量	23.6	70	—
五日生化需氧量	<2	—	—

续表

项目	监测结果	《铁矿采选工业污染物排放标准》（GB 28661—2012）新建企业标准	
		浮选废水	重选和磁选废水
石油类	0.404	10	5.0
氨氮	0.43	15	—
氟化物	2.22	10	10
硫化物	<0.02	0.5	0.5
硫酸盐	1 660	—	—
硝酸盐	2.32	—	—
Pb	<0.027	1.0	1.0
As	0.001 70	0.5	0.5
Cr	<0.007 7	1.5	1.5
Cd	0.016	0.1	0.1
Hg	<0.000 5	0.05	0.05
Cu	<0.002 3	0.5	0.5
Zn	0.069	2.0	2.0
Ni	0.016	1.0	1.0
Fe	0.657	—	—
Mn	1.08	2.0	2.0

由表 9-3 可知，安徽某铁矿尾矿库溢流水水质能够达到《铁矿采选工业污染物排放标准》（GB 28661—2012）新建企业标准中浮选、重选和磁选废水的标准限值。

9.3.1.3 尾矿属性

以安徽某铁矿为例，依据《危险废物鉴别标准　浸出毒性鉴别》（GB 5085.3—2007）和《危险废物鉴别标准　腐蚀性鉴别》（GB 5085.1—2007），对尾砂样品进行腐蚀性鉴别和浸出毒性试验分析。尾砂腐蚀性鉴别试验结果（GB/T 15555.12—1995 玻璃电极法）见表 9-4，硝酸硫酸法（GB 5085.3—2007）浸出毒性试验结果见表 9-5，水平振荡法（HJ 557—2010）浸出毒性试验结果见表 9-6。

表 9-4　尾砂腐蚀性鉴别试验结果

	样品编号	pH
废石	1#	6.86
	2#	6.59
	3#	6.87

续表

	样品编号	pH
废石	4#	6.81
	5#	6.58
GB 5085.1—2007 腐蚀性浓度限值		≥12.5，≤2.0
GB 8978—1996 一级标准		6～9

表 9-5　尾砂浸出毒性试验（硝酸硫酸法）结果　　单位：mg/L

危害成分	尾砂 1#	尾砂 2#	尾砂 3#	尾砂 4#	尾砂 5#	GB 5085.3—2007 浓度限值
总铜	<0.02	<0.02	<0.02	<0.02	<0.02	100
总锌	0.087	0.044	0.087	0.111	0.126	100
总铅	0.030	0.015	0.022	0.019	0.008 21	5
总镉	0.020	<0.003	0.003 98	<0.003	0.004 12	1
总铬	0.024	<0.01	0.011	<0.01	<0.01	15
总镍	0.054	0.023	0.083	0.029	0.012	5
总银	<0.01	<0.01	<0.01	<0.01	<0.01	5
总砷	0.005 89	<0.005	0.008 42	<0.005	0.014	5
总铍	<0.001	<0.001	<0.001	<0.001	<0.001	0.02
总钡	0.065 9	0.605	0.061 3	0.058 6	0.080 6	100
总硒	<0.005	<0.005	<0.005	<0.005	<0.005	1
总汞	<0.001	<0.001	0.001 73	<0.001	<0.001	0.1
六价铬	<0.004	<0.004	<0.004	<0.004	<0.004	5
无机氟化物（不包括 CaF_2）	3.04	1.50	2.14	1.50	2.50	100
氰化物（以 CN^- 计）	<0.005	<0.005	<0.005	<0.005	<0.005	5

表 9-6　尾砂浸出毒性试验（水平振荡法）结果　　单位：mg/L

危害成分	尾砂 1#	尾砂 2#	尾砂 3#	尾砂 4#	尾砂 5#	GB 8978—1996 一级标准
总铜	<0.02	<0.02	<0.02	<0.02	<0.02	0.5
总锌	<0.005	0.022	0.074	0.043	0.083	2.0
总铅	<0.005	<0.005	<0.005	<0.005	<0.005	1.0

续表

危害成分	尾砂 1#	尾砂 2#	尾砂 3#	尾砂 4#	尾砂 5#	GB 8978—1996 一级标准
总镉	＜0.003	＜0.003	＜0.003	＜0.003	＜0.003	0.1
总铬	＜0.01	＜0.01	＜0.01	＜0.01	＜0.01	1.5
总镍	＜0.01	＜0.01	＜0.01	＜0.01	＜0.01	1.0
总银	＜0.01	＜0.01	＜0.01	＜0.01	＜0.01	0.5
总砷	＜0.005	＜0.005	＜0.005	＜0.005	＜0.005	0.5
总铁	＜0.03	＜0.03	＜0.03	＜0.03	＜0.03	—
总锰	＜0.01	＜0.01	＜0.01	＜0.01	＜0.01	2.0
总铍	＜0.001	＜0.001	＜0.001	1.6×10^{-3}	＜0.001	0.005
总钡	0.035	0.091 3	0.058 4	0.048	0.075 4	—
总硒	＜0.005	＜0.005	＜0.005	＜0.005	＜0.005	0.1
总汞	＜0.001	＜0.001	＜0.001	＜0.001	＜0.001	不得检出
六价铬	＜0.004	＜0.004	＜0.004	＜0.004	＜0.004	0.5
无机氟化物（不包括 CaF_2）	0.351	0.337	0.427	0.337	0.444	10

由表 9-4 可知，废石 pH 为 6～9，尾砂无腐蚀性。由表 9-5 和表 9-6 可知，尾砂各监测项目浓度值均远低于《危险废物鉴别标准　浸出毒性鉴别》（GB 5085.3—2007）中浸出毒性鉴别标准值和《污水综合排放标准》（GB 8978—1996）最高允许排放浓度。由此可判别矿山尾砂为第 I 类一般工业固体废物。

9.3.2　环境影响分析

尾矿的堆积不但对环境造成了巨大的破坏，也是资源的浪费。我国尾矿的综合利用率仅为 7%，堆存的铁矿尾矿量达几十亿吨，占所有尾矿总量的 1/3。常规选厂选别产生的铁矿尾矿经浓缩处理后由砂浆泵输送至尾矿库储存，如果这些尾矿处理不当，将给自然生态和人类社会造成巨大的危害。

9.3.2.1　大气环境影响分析

尾矿库对环境空气产生的主要影响是风蚀扬尘，主要来自尾矿沉积滩面。尾矿库运行期间尾矿浆由坝上均匀分散放矿，在重力作用下尾矿浆会在库尾形成积水区，坝前形成干滩面。由于沉积滩面的尾矿颗粒较细，在排放溢流时堆积的尾矿砂会产生毛细上升现象，使表面尾矿砂的含水量有所增加，从而可部分抑制风蚀扬尘的产生。当尾矿泥浆沉积，水分蒸发后，沉积干滩表面细小粉尘凝聚而结壳，只要干滩表面不被破坏，无论尾矿粉尘的含水量多少，也不会使其起尘。经过长期的风吹日晒，干滩表面会被破坏，底部粉尘逐渐变干，在风力的作用下可能发生起尘。而一旦起尘，则影响范围较大，因此需要采取对尾矿库滩面定时洒水，覆盖一定厚度的碎石块等措施，以减轻尾矿库颗粒污染物及其他有害物质对周边区域环境的污染。

铁矿尾矿粉尘中的细尘和极细尘比重较高，水分蒸发后，沉积干滩表面的细小粉尘凝聚而结壳，因此对干滩表面起到抑制扬尘的作用。经过长期的日照和风蚀，粉尘的含水量逐渐下降，从而导致结壳的干滩表面破坏，进而在风力的作用下发生起尘。扬尘实验证明，随着实验风速的增大，自然干燥状态下的尘样的起尘量也在增加。因此，尾矿库需要关注在大风天气的扬尘污染问题。因为尾矿库的干滩面积大，扬尘影响范围广，所以需要采取适当措施，确保减小对周围环境空气的影响。

9.3.2.2 地表水环境影响分析

尾矿库中含有重金属物质的尾矿废水，在回流过程及储存中泄漏到外环境，会污染地表水体；尾矿废水中的有毒物质在尾矿沉积过程中与尾矿发生物理化学作用，形成新的化合物，渗入基础土层，经复杂的地球化学作用生成新的产物随地下水运动而迁移，可能流向水源地或天然排泄区，造成水环境污染。

9.3.2.3 地下水环境影响分析

《尾矿库环境应急管理工作指南（试行）》等文件要求，在尾矿库周边设置地下水水质监控井，定期进行监测，实现对尾矿库所处区域地下水环境的动态观察。尾矿浆排入库内后，考虑水流特性和各种物理、化学作用，可将其分为以下几个阶段：

①从尾矿排放口处流入尾矿库。由于尾矿浆流动速度快，时间很短，因此可忽略外界作用，只有水的流动和尾砂的沉降。②由于库容量很大，废水将在其中停留一段时间，此时，废水的自然降解为主要作用，降解量的多少取决于降解速率和停留时间。③废水通过尾砂层和坝基的渗漏。由于尾砂的颗粒极细，渗透性很低，因此污染物质的运移以弥散作用为主；另外，渗透介质对污染物质的吸附作用也很强烈。④渗透水在坝外含水层中的运移流动。此时，含水介质的吸附和地下水的稀释作用，将有效地降低污染物质的浓度。

9.3.2.4 土壤环境影响分析

尾矿库对周边土壤的影响主要通过扬尘和污灌两种途径。尾矿库中重金属进入附近土壤的方式主要有：尾矿长期堆积在尾矿库中，废水通过下渗的方式进入附近土壤；通过地表径流进入下游水文系统或下渗到地下水，径流又携带重金属进入流经的土壤；雨水冲刷等方式进入土壤。

铁矿尾矿库潜在环境影响的主要途径和污染因子见表 9-7。

表 9-7　铁矿尾矿库潜在环境影响的主要途径和污染因子

分类	主要途径	主要影响污染因子
环境空气	风力侵蚀造成扬尘	TSP 等
地表水环境	地面漫流	Fe、Mn、Ni、Zn、Cd 等
地下水环境	废水泄漏及渗漏	Fe、Mn、Ni、Zn、Cd 等
土壤	地面漫流、入渗、大气沉降	Fe、Mn、Ni、Zn、Cd 等

9.3.3　典型尾矿库案例

9.3.3.1　安徽某铁矿尾矿库

安徽某铁矿尾矿库总库容为 2 100 万 m^3，占地面积为 41.6 万 m^2。尾矿库地处低山丘陵地带，尾矿库两面环山，两面筑坝，东北为起伏的丘陵地貌，青山海拔 371.9 m，为本区第一高山，西南为相对低洼地带，为洪积冲积平原。山上为基岩分布区，地表呈强中风化，下为新鲜基岩—长石石英砂岩，有少量裂隙发育，库底和坝下方第四系分布广泛。尾矿库岸坡稳定，不存在向邻谷渗漏问题。库区汇水面积为 0.89 km^2。

1）对地表水环境的影响

该库共布设 5 个断面，监测项目 pH、COD、石油类、硫化物、氨氮、氟化物、铬（六价）、Cd、Zn、Pb、Cu。详见表 9-8。

表 9-8　地表水现状监测采样断面

断面序号	位置	所在水体
1#	尾矿库废水排水入姑溪河上游 500 m 处	姑溪河支流
2#	尾矿库废水排水入姑溪河下游 500 m 处	姑溪河支流
3#	选厂集水池溢流入青山河上游 500 m 处	青山河
4#	选厂集水池溢流入青山河下游 500 m 处	青山河
5#	青山河与姑溪河交汇下游 2 000 m 处	姑溪河

上海威正测试技术有限公司连续 2 d（2013 年 6 月 21—22 日）对各监测断面进行了水质现状监测，水质监测统计结果见表 9-9。

表 9-9　地表水水质现状监测统计结果　　单位：mg/ L，pH 量纲一

日期	项目	1#	2#	3#	4#	5#
6 月 21 日	pH	7.35	7.42	7.29	7.31	7.41
	COD	12.0	13.9	8.76	11.2	7.97
	铜	0.002 5 L	0.002 5 L	0.002 5 L	0.002 5 L	0.002 5 L

续表

日期	项目	1#	2#	3#	4#	5#
6月21日	锌	0.011 6	0.008 71	0.010 6	0.007 84	0.007 37
	铅	0.005 L	0.005 L	0.005 L	0.005 L	0.005 L
	镉	0.000 5 L	0.000 5 L	0.000 5 L	0.000 5 L	0.000 5 L
	铁	0.03 L	0.03 L	0.03 L	0.03 L	0.03 L
	砷	0.000 25 L	0.000 25 L	0.000 25 L	0.000 25 L	0.000 25 L
	汞	0.000 05 L	0.000 05 L	0.000 05 L	0.000 05 L	0.000 05 L
	氨氮	0.177	0.166	0.154	0.254	0.277
	硫化物	0.005 L	0.005 L	0.005 L	0.005 L	0.005 L
	石油类	0.025 L	0.025 L	0.025 L	0.025 L	0.025 L
	氟化物	0.766	0.738	0.528	0.636	0.391
	六价铬	0.004 L	0.004 L	0.004 L	0.004 L	0.004 L
6月22日	pH	7.39	7.41	7.35	7.37	7.38
	COD	15.9	8.37	8.76	9.56	7.97
	Cu	0.002 5 L	0.002 5 L	0.002 5 L	0.002 5 L	0.002 5 L
	Zn	0.010 6	0.008 39	0.009 73	0.007 45	0.007 61
	Pb	0.005 L	0.005 L	0.005 L	0.005 L	0.005 L
	Cd	0.000 5 L	0.000 5 L	0.000 5 L	0.000 5 L	0.000 5 L
	Fe	0.03 L	0.03 L	0.03 L	0.03 L	0.03 L
	As	0.000 25 L	0.000 25 L	0.000 25 L	0.000 25 L	0.000 25 L
	Hg	0.000 05 L	0.000 05 L	0.000 05 L	0.000 05 L	0.000 05 L
	氨氮	0.188	0.154	0.166	0.232	0.221
	硫化物	0.005 L	0.005 L	0.005 L	0.005 L	0.005 L
	石油类	0.025 L	0.025 L	0.025 L	0.025 L	0.025 L
	氟化物	0.548	0.454	0.738	0.508	0.613
	六价铬	0.004 L	0.004 L	0.004 L	0.004 L	0.004 L

由表 9-9 可知，在各监测断面上，各项水质指标的单因子指数均小于 1，满足《地表水环境质量标准》（GB 3838—2002）中的Ⅲ类标准。

根据查阅相关资料，地表水中氟化物含量一般偏低，约 0.4 mg/L，根据监测结果，本次监测地表水中氟化物的占标率较高，氟化物的形成是一个综合因素的过程，本项目氟化物的占标率高，主要是地质原因。

2）对地下水环境的影响

为调查评价区地下水水质现状以及为便于地下水环境监控，共设 4 个点位潜水井地下水，任家村1个、钟山村1个、里河村1个、韦家村1个；同步观测地下水水位。地下水监测点位详见表9-10。

表9-10 地下水监测点位

序号	位置	点位数
1#	任家村	1个
2#	钟山村	1个
3#	里河村	1个
4#	韦家村	1个

监测项目pH、Fe、Mn、Cu、Zn、Hg、As、Cd、Pb、氨氮、氟化物、硫酸盐、六价铬、硝酸盐、亚硝酸盐、总大肠杆菌、高锰酸盐指数，共17项；

上海威正测试技术有限公司于2013年6月21日、22日连续两天对地下水监测点进行了现状监测，其监测统计结果详见表9-11。

表9-11 地下水水质现状监测统计结果 单位：mg/ L，pH量纲一

日期	监测元素	1#任家村	2#钟山村	3#里河村	4#韦家村
6.21	pH	6.90	7.03	7.05	6.94
	Fe	0.285	0.248	0.176	0.193
	Mn	0.020	0.019	0.025	0.016
	Cu	0.002 5 L	0.002 5 L	0.002 5 L	0.002 5 L
	Zn	0.004 08	0.003 22	0.002 9	0.003 69
	Hg	0.000 05 L	0.000 05 L	0.000 05 L	0.000 05 L
	As	0.000 25 L	0.000 25 L	0.000 25 L	0.000 25 L
	Cd	0.000 1 L	0.000 1 L	0.000 1 L	0.000 1 L
	Pb	0.005 L	0.005 L	0.005 L	0.005 L
	氨氮	0.421（超标）	0.332	0.721	0.754
	氟化物	0.636	0.660	0.636	0.636
	硫酸盐	42.7	43.7	42.0	45.8
	六价铬	0.004 L	0.004 L	0.004 L	0.004 L
	硝酸盐	2.63	2.67	2.64	2.66
	亚硝酸盐	0.009	0.013	0.011	0.011
	总大肠菌群 /（MPN/100 mL）	920	430	540	350
	高锰酸盐指数	1.5	1.5	1.8	1.6

续表

日期	监测元素	1# 任家村	2# 钟山村	3# 里河村	4# 韦家村
6.22	pH	7.18	6.95	7.20	7.08
	Fe	0.276	0.235	0.164	0.180
	Mn	0.018	0.019	0.023	0.017
	Cu	0.002 5 L	0.002 5 L	0.002 5 L	0.002 5 L
	Zn	0.004 31	0.003 37	0.003 14	0.003 45
	Hg	0.000 05 L	0.000 05 L	0.000 05 L	0.000 05 L
	As	0.000 25 L	0.000 25 L	0.000 25 L	0.000 25 L
	Cd	0.000 1 L	0.000 1 L	0.000 1 L	0.000 1 L
	Pb	0.005 L	0.005 L	0.005 L	0.005 L
	氨氮	0.654	0.866	0.443	0.377
	氟化物	0.636	0.685	0.636	0.660
	硫酸盐	43.8	42.8	44.2	45.6
	六价铬	0.004 L	0.004 L	0.004 L	0.004 L
	硝酸盐	2.69	2.72	2.67	45.6（超标）
	亚硝酸盐	0.012	0.011	0.014	0.012
	总大肠菌群 /（MPN/100 mL）	430	350	350	350
	高锰酸盐指数	1.6	1.6	1.7	1.8

由表 9-11 可知，通过对监测结果和标准值的比较可以看出，除氨氮和硝酸盐外，各地下水监测井中各项水质指标数值均低于《地下水质量标准》（GB/T 14848—93）中的Ⅲ类标准限值的要求。

9.3.3.2 湖北某铁矿尾矿库

以湖北某铁矿尾矿库区为例，分析土壤重金属垂直分布特征与污染状况，分层采集了 6 个典型剖面（0～80 cm），分析不同深度土壤中重金属元素（Cu、Pb、Zn、Cd、Cr、Ni）的含量水平，见表 9-12。

表 9-12 不同土层重金属平均含量垂直分布 单位：mg/kg

采样区域	采样深度 /cm	Cu	Pd	Cd	Zn	Cr	Ni
尾矿区	0～20	348.42	55.8	3.81	498.42	52.6	253.58
	20～40	340.88	130.34	2.84	163.20	49	116.61
	40～60	271.43	133.33	2.45	184.33	40.1	61.57
	60～80	186.93	136.67	1.31	116.22	48.92	165.96

续表

采样区域	采样深度 /cm	Cu	Pd	Cd	Zn	Cr	Ni
外围	0～20	56	35.93	1.33	424.63	42.77	169.06
	20～40	61.82	131.18	1.52	129.46	49.13	178.10
	40～60	42.53	111.81	0.85	117.72	51.20	112.75
	60～80	40.31	119.47	0.68	118.43	51.75	106.38
土壤质量标准二级标准		50	250	0.3	200	150	40

结果表明，尾矿区土壤中重金属含量高于外围区。尾矿区土壤中 Cu、Pb、Zn、Cd、Cr、Ni 的含量明显高于湖北省土壤背景值，超标严重，垂向污染也达到一定的深度。外围区土壤重金属也有一定程度积累。单因子指数和内梅罗指数评价显示，尾矿区土壤重金属污染水平已经处于重度污染级别，其中 Pb 和 Cr 为安全级别，Cd 和 Cu 的污染最严重，Zn 和 Ni 的污染主要集中在土壤表层，也应当引起关注。

矿区内矿石的开采以及尾矿长期的露天堆放，可能致使矿物岩石表面的化学形态和存在形式发生改变，加大重金属向环境的释放通量，进而加剧区域内土壤的重金属污染。虽然相关部门已经针对尾矿库土壤进行了生态植被修复，但重金属污染问题依然严峻，因此应加强对矿区土壤质量的监测，做好矿山环境的保护、治理及恢复工作，避免对周边环境造成更大范围的影响。

9.4 尾矿综合利用案例

我国铁矿尾矿的颗粒粒径极细、形态不规则、矿物组分活性过低等因素是制约其大宗化利用的主要问题。目前，我国能实现铁矿尾矿大宗化利用的技术途径主要包括回收有价元素和矿物、制备水泥基材料、充填矿山采空区、制备复合改良剂等。其中回收有价元素和矿物是尾矿作为二次资源再次利用，回收后的铁矿尾矿更易于直接资源化利用。水泥基材料制备和矿山采空区充填是铁矿尾矿最主要的大宗化高效综合利用途径。制备复合改良剂用于矿山库区生态修复和高标准耕地改良是实现铁矿尾矿大宗化利用的另一有力途径。

9.4.1 铁矿尾矿再选回收有价元素和矿物

铁矿尾矿中有益元素的再富集和回收是开展铁矿尾矿综合利用的首要因素之一，其优势是通过较少的投资、较少的生产成本和集约节约管理，实现有价成分回收利用。我国铁矿资源多为共伴生矿，且不同地区铁矿尾矿伴生的有价元素和矿物组成区别较大，铁矿尾矿中除了存在选剩的铁元素外仍含有许多其他有价元素、矿物，从多金属类铁矿尾矿中提取有价元素和矿物是实现铁矿石价值最大化的有效途径，该过程中的组分提纯有利于后续的直接利用。

云南某富镁铁尾矿含 Cu 0.22%、含 Zn 0.68%、含 Mg 14.34%，采用 Cu、Zn 优先浮选工艺流程分别得到铜品位为 27.34% 的铜精矿和锌品位为 48.51%、含铟 1 160 g/t 的锌精矿，较好地实现了有价元素再富集再回收。

徐彪等采用再磨—弱磁选—强磁选—铁矿反浮选—石英矿分步浮选联合工艺对本溪市某铁矿选矿厂的尾矿进行再选，最终得到 TFe 品位为 59.75%、产率为 6.21% 的铁精矿和 SiO_2 品位为 99.15%、产率为 21.51% 的石英精矿。

余莹等针对鞍山型铁尾矿的特点，对再选工艺的短流程和高效化进行探索，采用粗细分选—磁选—重选—浮选联合选矿工艺处理弓长岭铁尾矿，获得品位为 70% 左右的铁精矿，实现了粗粒度拿精，改善技术指标，降低选矿成本。

秘鲁某含 Cu 0.83%、含 Fe 24.04% 的铁矿尾矿，采用浮选铜、再磨精选、尾矿选铁、反浮选脱硫的工艺得到铜品位为 26.15%、伴生金品位为 2.14 g/t、伴生银品位为 107.50 g/t 的合格铜精矿和铁品位为 68.32% 的合格铁精矿，实现了废弃多金属元素的再回收利用。

9.4.2 铁矿尾矿作为建筑材料应用

铁矿在选别有价元素后，所得尾矿化学成分一般与工程材料的成分相似，并具有粒度细、开采便捷等特点。常见建筑材料的化学成分为 Si、Al、Fe、Mg、Ca 等，均为铁矿尾矿的主要构成元素，铁矿尾矿通过适当调整成分，可作为制造墙砖、玻璃、混凝土、胶凝材料、路用材料等的原材料。我国利用尾矿生产建材的研究在近年来得到大力推进，一批示范项目建成并取得良好发展。目前，尾矿产品已广泛应用于建筑材料中。

（1）生产墙面砖瓦

采用普通的烧结工艺即可制得铁尾矿基的砖瓦。烧结之后，铁尾矿中大量的 Ca、Fe 等金属元素与长石、石英及硅铝酸盐等脉石结合形成的低共熔物会充填于产品坯体的颗粒之间，保证产物的密实性和强度。同时铁尾矿中的 Zn、Cu、Pb 和 Cd 等重金属元素会在 850～1 000℃的烧结温度下先后生成稳定的尖晶石或硅酸盐结构从而实现固化。随着绿色建筑、智慧城市新理念等相继发展，传统建筑材料逐步向新型绿色建筑材料转型，其中墙体材料以低耗、高效、多功能的免烧砖、砌块、环保彩砖、复合板材等成为主流。

赵阳利用鞍山型铁尾矿作为原料，制备耐盐碱建筑用砖，在铁矿尾矿、水泥、粗骨料与粉煤灰质量比为 70∶12∶6∶12，外加 0.5% 氯化钙的条件下，制备的耐盐碱建筑用砖性能最佳，满足《非烧结垃圾尾矿砖》（JC/T 422—2007）及《混凝土砌块和砖试验方法》（GB/T 4111—2013）的要求。谷素清利用齐大山、歪头山铁尾矿作为主要原料，辅以少量骨料、凝胶材料、外加剂及适量的水，混匀后在 14.7～19.6 MPa 的压力下制备免烧墙体砖，此法生产的墙体砖符合《非烧结垃圾尾矿砖》（JC/T 422—2007）的要求。

Kumar 等以铁矿尾矿及矿渣砂为主要原料，加入碱性活化剂，在室温下制备了地质聚合物砖，是目前研究中用来替代传统烧结砖的优异材料，该砖的抗压强度随碱性溶液浓度（8～10 mol/L）的增加而增大，随矿渣砂掺量（质量分数为 20%～40%）的增加而增大，随尾矿掺量（质量分数为 20%～40%）的增加而减小。

（2）生产水泥等凝胶材料

制备水泥基胶凝材料铁矿尾矿的化学组成与胶凝材料的主要组成基本一致，因此可大量用于水泥基胶凝材料制备领域，也是大宗化消纳铁尾矿的主要途径之一。利用铁尾矿生产水泥可从代替配方元素和代替骨料组分两方面考虑，代替水泥配方的铁粉，对铁矿尾矿的消耗量较少；代替水泥骨料组分，则需要调整配方以达到水泥标号要求，铁矿尾矿消耗量相对较大。同时，铁矿尾矿因其含有部分 Fe 元素而可以替代铁粉作为水泥熟料生产的铁调节剂，同时尾矿中的 Si、Al 等成分可以降低水泥熟料烧结过程中碱性成分的作用，能有效降低水泥的煅烧温度和成本。

刘东旭等研究用铁矿尾矿替代铁粉配料烧制水泥熟料时发现，铁矿尾矿替代使熟料烧成标煤耗降低 1.7 kg/t 熟料、原料成本降低 1.31 元 /t。余春刚等研究发现，用梅山铁矿尾矿代替铁粉烧制水泥熟料可降低烧成温度约 30℃且烧成的熟料性能优于铁粉配料烧成的熟料。郑永超等制备铁尾矿贝利特硫铝酸盐水泥，得到 28 d 抗压强度达 52.5 MPa 且符合相关标准的优质水泥。王宏霞等研究表明，铁矿尾矿对生料的易烧性影响不明显，但有助于熟料矿相发育并提高水泥熟料的水化活性。罗力等分析铁矿尾矿硅酸盐水泥熟料的烧成过程和水化产物发现，熟料在 1 350℃液相烧结且主要矿相为 C3S、C2S、C3A 和 C4AF，与硅酸盐水泥熟料的特征矿物一致，水泥净浆 3 d 水化产物为 AFt、$Ca(OH)_2$ 和 C-S-H 凝胶，且 C-S-H 的形态随着水化反应的进行而发生改变。杨飞等研究承德地区的钒钛磁铁矿尾矿发现，制备的水泥熟料的主要矿物为 C3S、C2S、C3A、C4AF 及玻璃相，且制备的熟料与 5% 石膏复合，可得到性能优于 GB 175—2007 中 42.5R 等级的普通硅酸盐水泥。综上所述，铁矿尾矿所含的部分 Fe 元素可以作为水泥熟料生产的铁调节剂，且所含的 Si、Al 等成分可降低水泥熟料烧结过程中碱性成分的作用，从而有效降低水泥的煅烧温度和成本。但是受制于铁矿尾矿在水泥原料中掺量的局限性和铁元素比例失衡等问题，铁矿尾矿烧制水泥熟料的研究并未成为热点。

（3）生产混凝土

铁矿尾矿作为原料制备混凝土建材是当今常见的应用方向。混凝土的主要制作方法为选取级配合适的粗、细骨料掺入活性胶凝材料和其他辅料，然后将之充分搅拌再使用模具压制或蒸压成型。铁矿选别尤其是再选后的尾矿往往粒度较细，满足细骨料要求，能直接替代天然砂石在其中充当骨料。铁矿尾矿还可以用作混凝土掺合辅料，不过一般原状铁矿尾矿活性低不能直接使用，需要先通过机械、化学、加温等手段使尾矿砂中石英、Al_2O_3 等组分的晶格畸变度增加或者反应生成活性物质，进而激发火山灰活性。

韩鹏以齐大山铁矿尾矿为原料，其经机械活化后取代水泥作为混凝土的胶凝材料，铁矿尾矿取代水泥的比例达到 20% 时，混合物坍塌度满足设计要求，取代比例为 30% 时，混凝土强度有所下降，但仍满足设计强度 C30 要求，取代比例为 40% 时，掺入适当减水剂可提高混凝土抗压强度，也能满足设计强度 C30 要求。毛奎等以鞍山型铁矿尾矿为主要原料，制备加气混凝土，结果表明，铁矿尾矿掺量为 55%，天然砂掺量为 10% 时，加气混凝土抗压强度可达 A05 级别，干体积密度可达 B07 级别，符合相关国家标准要求。张宝虎等采用体积法设计了一种 75% 掺量的铁尾矿沥青混凝土，通过试验确定新型沥青混凝土的抗车辙变形能力优于石灰岩质集料，其短板低温抗裂和水稳定性方面也能满足现行行业规范要求。

（4）路用材料

铁矿尾矿可以应用到公路的路面基层、底基层和路基填料层这些层面。铁矿尾矿可替代砂石作为路基填料。一般铁矿尾矿强度大、脆性高，作为填料使用时要加工并处理好极配，注意粒型和规格，依据工程所需的密实程度和强度要求，可以直接将不同铁矿尾矿用作填料土体或填隙碎石。铁矿尾矿产品在密度、粒径、元素、物相等方面的物化和硬度、耐久性力学性质证明其具备代替常规路面材料的可能，但铁矿尾矿应用于路面基层和底基层有时应进行二次处理，铁矿尾矿一般金属元素含量高、活性强，这会导致其配制出的混料产品水稳定性不足，需要采取添加辅料和调整物料掺比等方式进行弥补。

赵飞利用弓长岭铁矿尾矿、普通硅酸盐水泥、纤维和水作为原料，制备水泥尾矿砂道路基层，该道路基层力学性能、水稳定性及抗冻融性能都较传统道路基层有所提升。杨青研究发现，鞍山型铁矿尾矿砂掺加石灰和水泥后具有半刚性材料的特性，其铺设的路面基层抗压强度、劈裂强度及回弹模量等指标均可满足现行规范对公路基层的要求，同时造价可实现最低。张晓辉等以弓长岭铁矿尾矿为骨料，矿渣硅酸盐水泥为凝胶材料，制备的路基材料与传统路基材料（水泥砂浆和水泥土）相比具有良好的抗冻性能，比较适合作为北方地区的路基材料。徐帅以齐大山铁尾矿和石灰为原料，进行击实、无侧限抗压强度、回弹模量、劈裂强度等试验，结果表明，石灰掺量超过30%时，石灰稳定的铁尾矿可以应用于低等级公路基层中。

（5）保温材料

我国北方地区冬季严寒，轻质外墙保温材料可以代替传统的耐火性能不佳的有机保温材料，成为建筑保温材料中的翘楚。多孔材料具有较高的气孔率和较低的基体导热系数，利用多孔材料的这种特点可以将其用于保温节能领域。

路畅等以歪头山铁尾矿为原料，制备孔隙率为64.59%的多孔玻璃陶瓷保温材料，其导热系数可达0.125 W/（m·K）。马旭峰等以再选后的铁矿尾矿为主要材料，加入纤维、网格布等材料，经搅拌、发泡、浇筑、拆膜、养护等工艺制备保温墙板材，面密度可达90 kg/m^2，耐火极限大于2.5 h，抗冲击性、抗冻融性能良好，可以达到《建筑用轻质隔墙条板》（GB/T 23451—2009）的标准要求。陈飞旭以铁矿尾矿、粉煤灰为主要原料，采用物理发泡方法制备了发泡水泥，并通过添加EPS颗粒和SiO_2气胶凝填料，降低了产品的导热系数使之可以用作保温材料。

（6）其他建筑材料

我国铁矿尾矿富含Al、Si等成分，与莫来石、基础玻璃等元素一致，因此铁矿尾矿高值化利用技术以烧制高强度陶粒、制备微晶玻璃为主。其中：陶粒使用烧结后的硅铝组分充当骨架，铁矿尾矿可以在调配后用于生成陶粒制品。高强度陶粒作为轻集料在建筑领域替代粗骨料，在实现铁矿尾矿的高值化利用的同时也提高了混凝土产品的附加值。微晶玻璃因其结构致密、强度超高、耐磨耐热等特点，是铁矿尾矿高值化利用的另一途径。微晶玻璃同陶瓷玻化砖制备要求类似，所以组分复杂的铁矿尾矿可以在其制备过程中充当硅料并提供少量Al、Ca和Mg。此外，铁矿尾矿的加入一般可以提高这些玻璃建材的抗折强度、密度和耐酸碱性。

曲国庆等以歪头山铁尾矿及碎玻璃为原料，制取表面微晶化玻璃，研究晶核剂及热处理工艺对玻璃微晶化的影响，结果表明，利用TiO_2和Cr_2O_3复合晶核剂在较低温度下就能实现玻璃的表面微晶化，且尾矿利用率可达50%。雷岩等以鞍山型铁矿尾矿、菱镁石尾矿和铝矾土为原料，以TiO_2为晶核剂，通过熔融制得以堇青石为主晶相的微晶玻璃，尾矿利用率可达54%。李明碧等以歪头山铁矿尾矿为原料，制得微晶陶瓷玻化砖，吸水率为0.68%，抗压强度达65.3 MPa。赵威等研究了原料配方、发泡剂含量、烧成温度及保温时间对铁矿尾矿基超轻陶粒性能的影响，发现以80%铁矿尾矿、10%钾钠石粉和10%高岭土为原料并以0.6% SiC发泡剂制备的超轻陶粒，堆积密度为228 kg/m^3，抗压碎强度为1.07 MPa，筒压强度为5.31 MPa，吸水率为9.58%；在研究不同烧成温度和保温时间对陶粒断口形貌的影响时，发现陶粒的平均气孔孔径随温度升高和保温时间的延长逐渐增大，但温度过高会使得陶粒内部熔融相黏度过低和球形度变差，保温时间过长会使气孔大小不均匀并降低抗压碎强度。

9.4.3 铁矿尾矿作为矿山充填回填应用

尾矿充填技术通常具有多种有益成效，经济上最为显著的是成本费用低，较传统的充填费用可降低 70%～90%；对于不能设置尾矿库的企业，采用充填的效益更加突出。我国在金属矿山开采领域开发应用了大量的充填案例，以选厂的尾矿、废石等拌合硅酸盐水泥、水和添加剂等制备充填材料回填采空区在保障矿山安全和延长矿山服务年限方面起着关键作用，但是目前充填采矿技术仍存在充填成本较高的问题。

目前，具有代表性的充填方法主要包括全尾矿胶结充填方法和高水固结充填方法两种。全尾矿胶结充填技术基于物理化学、胶体化学理论，采用浓度为 15%～20% 的尾矿浆，经过压滤脱水工艺得到尾砂充填骨料。高水固结充填技术是以“高水速凝固材料”为胶结材料，将矿山尾矿作为充填骨料，按一定比例配制成浓度为 30%～70% 的高水固化料浆，直接凝结为固体充填体。

姜薇等研究细粒铁矿尾矿胶结充填体性能发现，当灰砂比为 1∶5.5、三乙醇胺掺加量为固结剂的 0.05% 时，胶结体 7 d 抗压强度达到 1.65 MPa，且技术经济指标最好，为细粒铁矿尾矿井下充填提供了经济适用的技术。张毅等研究铁矿尾矿膏体充填浓缩发现，在给矿浓度 20%、絮凝剂用量 40 g/t 的条件下，底流浓度可达 70% 以上，对矿山采用膏体浓密机进行尾矿高浓度浓缩具有指导意义。海龙等研究粉煤灰改良铁矿尾矿膏体充填材料发现，料浆坍落度、试件孔隙率、吸水率等随着粉煤灰掺量的增加，粉煤灰可以提升膏体充填材料的流动性和强度。刘益良等研究纤维增强铁矿尾矿砂水泥基充填材料发现，随着聚丙烯纤维掺量的增加，充填料浆的流动性指标呈减小的趋势，但料浆的流动性均大于 20 cm，满足料浆充填的要求；除纤维掺量为 0.2% 以外，充填料浆的泌水率随纤维掺量的增加而降低。河钢集团矿业公司以矿山选矿产生的钢渣、矿渣、脱硫石膏等固体废物，开发制备了全固体废充填胶凝材料，用于充填井下空区，极大地提高了铁矿充填采矿的经济效率，为创新绿色矿山建设提供了有力支撑。

9.4.4 铁矿尾矿应用于土壤改良

铁矿尾矿中所含的 Si、Al、Ca、Mg、K 等元素均是植物生长必不可少的营养元素，经磁化处理铁矿尾矿可作为磁性肥料促使土壤凝聚化、加快土壤氧化还原反应，进而促进土壤中 K 和 P 被农作物吸收，因此，依据各地铁矿尾矿特点并搭配其他辅料进行配方试验，可以制备出各类碱性和酸性的土壤改良剂。

孙希乐等利用铁矿尾矿制备土壤调理剂发现，由铁矿尾矿和白云石混合煅烧获得的土壤调理剂呈碱性，对我国南方特别是长江流域的酸性土壤改良具有借鉴意义。此外，铁矿尾矿中所含的Fe、Zn、Co、Cu等微量元素是各种产甲烷菌酶系统的主要成分，对土壤中微生物的生长、繁殖至关重要，Fe的氧化还原可以加快厌氧菌消化。

9.5 小结

1）铁矿尾矿是铁矿石经破碎磨矿后再进行磁选、浮选等选别流程获得精矿后剩下的固体废物，选铁矿尾矿一般综合利用或者堆存于尾矿库。

2）根据研究，我国当前铁矿尾矿排放强度为2.17 t/t（精矿），即每生产1 t铁精矿排出2.17 t尾矿。

3）铁矿尾矿一般为第Ⅰ类一般工业固体废物。

4）铁矿尾矿中对环境有潜在影响的有害元素为来自尾矿及尾矿水中的Ni、Fe、Mn、Cd、S、Cu、Pb等。铁矿尾矿及尾矿水中的主要管控因子为Fe、Mn。

5）铁矿尾矿综合利用的主要途径有再选回收有价元素、建筑材料、矿山充填回填、土壤改良等。

10 汞矿尾矿污染特征

我国的汞储量在世界排名第三。我国汞矿产地按照储量来看，贵州储量最多，占全国汞储量的38.3%；其次为陕西占19.8%、四川占15.9%、广东占6%、湖南占5.8%、青海占4.4%、甘肃占3.7%、云南占2.7%。以上8个省合计储量占全国汞总储量的96.6%，其中贵州、陕西、四川3个省合计占全国汞总储量的74%。我国最大的汞工业基地位于贵州省万山，被誉为中国的“汞都”，它的汞资源储量排亚洲之首，汞产量曾排世界第三。但2001年后，由于万山矿区汞资源的枯竭，已经全部停产、闭坑。20世纪末，随着贵州万山汞矿和务川汞矿相继闭坑停产，陕西的旬阳汞矿成为目前我国最大规模开采冶炼的汞矿山。虽然我国汞资源很丰富，但品位低，贫矿比重大；可供开采的储量不多，伴、共生汞资源较多，其保有储量占全国总储量的20%，这部分储量由于选冶分离技术尚未解决，一些汞矿床在当前的技术条件下难以开发利用，或是未能充分综合回收。随着《关于汞的水俣公约》签署生效，我国现有汞矿将于2032年全部停止开采。

汞在自然界通常以自然元素或Hg^{2+}的离子化合物存在，具有强烈的亲硫性和亲铜性。目前，已发现的汞矿物和含汞矿物有20多种。其中，大部分是汞的硫化物，含汞矿物常见的有辰砂（HgS）、橙汞矿（HgO）、汞金矿（AuHg）、硒汞矿（HgSe）、汞银矿（AgHg）和碲汞矿（HgTe）等。含汞矿物在不同矿区存在形式各有不同。

10.1 选矿工艺

汞的汞冶炼有火法和湿法两种。汞矿石头较其他有色金属矿石易选、易冶且工艺流程简单。火法炼汞是在450～800℃的高温环境下，将汞矿石精矿进行焙烧，直接将汞还原成单质汞，并且在高温下汞蒸气，随后经过烟气处理和冷凝，重新形成液态汞。火法炼汞工序较简单，技术经济指标较高，应用较广，是国内外传统的炼汞方法。湿法炼汞是用硫化钠或次氯酸盐溶液对汞精矿进行浸出，浸出液先进行净化处理，随后通过电解或置换等方法获得金属汞。湿法能减少生产过程产生的含汞废物，但工艺流程复杂，技术经济指标也不如火法，因而未被广泛应用。高品位的汞矿石破碎后可直接冶炼，当汞矿品位较低时，需进行选矿，一般采用浮选或比重选矿法进行选矿，其中浮选法应用最广。

图 10-1 为粗汞精炼生产工艺的简单流程。

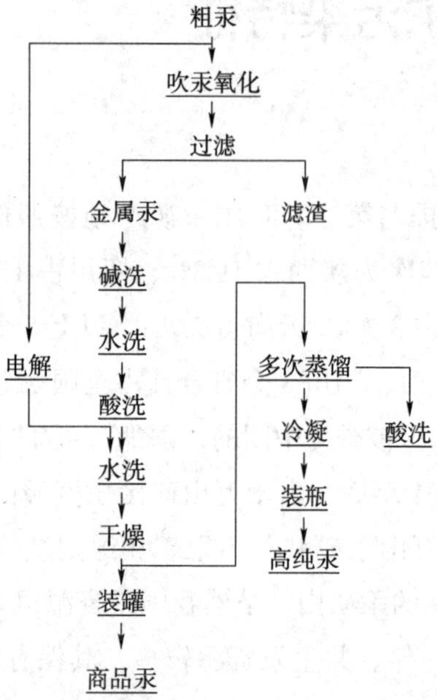

图 10-1　粗汞精炼生产工艺的简单流程

10.2　尾矿产生量

汞矿尾矿是在汞矿的采选过程中产生的废弃物，含有未被完全提取的汞和其他有价值的金属，同时含有一些有害物质。由于汞含量较低，这些尾矿通常无法通过传统的火法炼汞工艺进行处理，因此常被堆存处理。长期堆存的汞矿尾矿对生态环境具有较大危害，其中含有的汞、锑等有价金属未能被充分利用，需要特别关注和处理。

2017 年 8 月 16 日《关于汞的水俣公约》对我国正式生效。根据公约要求，自 2018 年 8 月 16 日起我国禁止开采新的原生汞矿，各地自然资源主管部门停止颁发新的汞矿勘查许可证和采矿许可证。停止开采新的汞矿使我国汞资源产量持续下降，到 2020 年中国汞资源产量下降至 1 993 t，同比下降 10.71%。随着汞矿开采活动的减少，汞矿尾矿的产生量也逐渐减少，但经过上千年的开采，我国已经堆存了大量的汞矿尾矿。根据调研显示，全国汞矿尾矿库现存 30 余座。我国重点汞矿尾矿库如表 10-1 所示。

表 10-1 全国及贵州省汞资源储存及开采情况

全国（除贵州外）汞资源储存及开采情况			贵州省汞资源储存及开采情况		
汞矿尾矿库	汞资源储存	开采情况	汞矿尾矿库	汞资源储存	开采情况
甘肃徽县马家山	513 t	已用	贵州务川木油厂（南北两矿段）	16 132 t	已用
青海同德穆黑	1 294 t	已用（停采）	贵州务川板场－董家坝老屋基	973 t	未用
青海玛多苦海	2 009 t	未用	贵州务川板场－董家坝簸箕岩	588 t	未用
陕西旬阳公馆南矿段	5 895 t	未用	贵州务川后硐	528 t	未用
陕西旬阳公馆北矿段	1 639 t	未用	贵州开阳白马洞	2 683 t	已用（闭坑）
陕西旬阳青铜沟	7 257 t	已用	贵州丹寨水银厂宏发厂	5 862 t	已用（闭坑）
云南丘北洗马塘	920 t	已用（停采）	贵州丹寨水银厂四相厂	5 768 t	已用（闭坑）
云南施甸茅草坡	971 t	已用（停采）	贵州兴仁滥水厂	3 140 t	未用
云南保山水银厂	1 213 t	已用	贵州铜仁路晴厂	5 499 t	已用
云南保山金家山	885 t	已用（停采）	贵州铜仁沙落湾－回龙溪	1 042 t	已用（停采）
湖北长阳钟鼓湾	1 280 t	已用（停采）	贵州铜仁白崖壁	3 109 t	已用（停采）
湖南凤凰茶田	4 990 t	已用	贵州铜仁乱岩塘	2 490 t	未用
四川秀山羊石坑	11 760 t	已用	贵州松桃水银厂	741 t	已用（停采）
四川酉阳坝竹沱	1 195 t	未用	贵州松桃水银厂大园	599 t	已用（闭坑）
广西南丹益兰（玉兰）	1 981 t	已用（闭坑）	万山黑硐子	2 395 t	已用（闭坑）
			万山大坪	1 117 t	已用（闭坑）
			万山冷风洞	2 691 t	已用（停采）
			万山张家湾	6 226 t	已用
			万山杉木董（含主矿段、冲脚、尖坡－蓑衣坑、核桃树矿段）	13 908 t	已用
			万山岩屋坪	3 337 t	已用（停采）
			万山龙田冲客寨	3 318 t	未用
			万山田坝	771 t	未用
			万山梅子溪（岩山坝、山羊洞）	623 t	已用（闭坑）

贵州省作为我国规模最大的汞生产基地，境内万山区素有“汞都”之称，也是汞污染治理的重点地区。在国家政策变化和环保要求下，矿区活动在2001年以后均已停止，持续产污源（汞蒸气，含汞废水等）已切断，但遗留的大量汞矿尾矿成为污染治理重点区。据统计，在治理之前，仅万山地区废渣排量总计约729万m^3，全省历史遗留废渣约1 390.2万m^3。陕西旬阳汞矿产生汞矿尾矿230万t，其中汞锑科技公司有两座汞矿尾矿库，老尾矿库已经闭库，库内堆放汞矿尾矿150万t；新矿尾矿库设计能力为120万t，已堆存尾矿30万t。

10.3 尾矿污染特征分析

10.3.1 汞矿尾矿主要成分

有调查显示，汞矿尾矿不仅含有大量的汞元素残留，还伴随其他重金属及非金属矿物的复杂组成，如主要成分白云石和云英、其他次生矿物与黏土矿物以及微量的硫化物和贵金属等，对环境和人体健康构成潜在威胁。长期以来，汞矿开采活动在全球范围内造成了大量的尾矿堆积，这些尾矿的处理与利用成了亟待解决的问题。

（1）汞矿尾矿中的汞

汞矿尾矿中的汞主要来源于汞矿的开采和加工过程。在汞矿开采过程中，矿石经过破碎、磨细、选矿等工序后，会产生大量的含汞尾矿。这些尾矿中的汞主要以硫化汞（HgS）的形式存在，也可能以氧化汞（HgO）、氯化汞（$HgCl_2$）等其他形态存在。

（2）白云石与石英

白云石以其特有的镁钙碳酸盐结构，构成了尾矿的主要骨架之一。这种矿物在尾矿中通常以较大的颗粒形式存在，为尾矿的整体稳定性提供了物理支撑。白云石的高硬度与耐磨性，使其在处理过程中表现出较强的抗破碎能力，但也增加了尾矿研磨与分选的难度。同时，白云石含量的高低直接影响着尾矿的粒度分布与比表面积，进而影响其在后续资源化利用中的反应活性。

石英作为自然界中最常见的矿物之一，以其高硅含量和优异的物理化学稳定性，不仅提升了尾矿的机械强度，还为其在建筑材料、硅材料制备等领域的应用提供了可能。然而，石英的高硬度同样带来了处理上的挑战，如何有效破碎与分离石英，成为尾矿资源化利用中的一大难题。

（3）次生矿物与黏土矿物

除白云石与石英外，尾矿中还富含多种次生矿物与黏土矿物，如高岭石、伊利石、蒙脱石等。这些矿物通常是在尾矿堆放过程中，由于自然风化、雨水侵蚀及微生物作用而形成的。它们不仅丰富了尾矿的矿物种类，还通过吸附、络合等机制，影响尾矿中有害物质的迁移与转化。此外，通过对尾矿进行扫描电镜与能谱分析，发现黏土矿物对重金属离子具有较强的吸附能力。

次生矿物，如方解石、石膏等，它们的形成往往与尾矿中残留的化学元素有关，如钙、硫等。这些矿物的存在不仅改变了尾矿的酸碱度与氧化还原条件，还可能在特定条件下促进或抑制重金属的释放与迁移。研究表明，方解石的溶解作用可以释放出大量的钙离子，与重金属离子形成难溶的沉淀物，从而有效降低尾矿中重金属的溶出率。

（4）硫化物与贵金属

汞矿尾矿中，除了上述主要矿物，还微量含有硫化物，如黄铁矿、黄铜矿等。这些硫化物不仅是尾矿中重金属的重要载体，也是贵金属如金、银等的潜在来源。尾矿中微量的贵金属元素虽然含量极低，但具有极高的经济价值。硫化物的存在，对尾矿的环境行为也有着重要影响。研究表明，通过调控尾矿堆场的氧化还原条件，可以有效控制重金属的释放，降低环境污染风险。

10.3.2 汞矿尾矿属性

根据《国家危险废物名录》（2024 年版），将具有毒性，腐蚀性、易燃性、反应性或者感染性一种或者几种危险特性的；或不排除具有危险特性，可能对生态环境或者人体健康造成有害影响，需要按照危险废物进行管理的固体废物（包括液态废物）列入名录。汞因易在生物体内积累，且能长距离迁移而备受人类关注。长期汞矿开采和冶炼活动会导致环境中汞严重超标，对生态环境和人体健康造成严重影响。含汞废物的类别，是在《控制危险废物越境转移及其处置巴塞尔公约》划定的类别基础上，结合我国实际情况对危险废物进行的分类，具体为 HW29，其行业来源非常广泛，包括天然气开采、常用有色金属矿采选、贵金属冶炼、印刷、电池制造、合成材料制造等。其中汞矿尾矿的主要行业来源为常用有色金属矿采选（HW29 091-003-29）和贵金属冶炼（HW29 322-002-29）。

10.3.3 汞矿尾矿环境影响分析

10.3.3.1 大气环境影响分析

大气中的汞有 3 种存在形式：气态元素汞（gaseous elemental mercury，GEM）、活性气态汞（reactive gaseous mercury，RGM）、颗粒态汞（particulate mercury，HgP），气态元素汞和活性气态汞总称为气态总汞（total gaseous mercury，TGM），其中气态元素汞占气态总汞含量的 95% 以上。

汞矿尾矿中汞主要通过迁移作用进入大气，包括汞矿尾矿中的各种形态的汞通过复杂的反应转化为气态元素汞、活性气态汞、颗粒态汞进入大气或者直接附着在土壤颗粒、矿物颗粒随风化作用进入大气。与气态元素汞相比，二价汞RGM不稳定，大气存留时间短，易因干湿沉降从大气脱除。

大气中各种形态的汞一般通过短距离大气传输作用进入水体、表层土壤、植被中，例如，在津巴布韦研究区，大量流失到大气中的汞沉积在排放地点附近的表层土壤和植被中，同时采用汞齐合金冶金会导致大量的汞进入大气。此外，一项研究通过对加拿大某尾矿堆积区域的大气汞通量测定实验，确定含汞尾矿确实会向大气中排放气态汞，并且排放量与土壤温度正相关，并且矿山废弃地每年向大气排放的汞量为千克级，一直是并将继续是当地大气汞的来源，即使在采矿作业停止几十年后也是如此。对于苏丹的一项研究对汞矿尾矿的环境影响进行评价，认为吸入汞蒸气被确定为主要暴露途径，对污染区域生物造成影响破坏生态以及对人体健康造成危害。在青铜沟汞矿区的研究中，确定了对矿区环境中汞的迁移转化产生重要影响作用的因素之一是矿区内的大气汞循环。大气汞的干湿沉降作用，会使大气中的汞进入矿区环境介质，使大范围的区域受到汞污染。其次，对于贵州万山汞矿遗留问题的研究中，通过对土壤、水体、大气的汞浓度进行测定，发现其迁移趋势基本一致，甚至在汞矿下游稻田土中汞的多种源解析中发现汞矿活动区导致88.62%的汞污染，主要迁移途径为大气沉降，可见汞矿活动会导致汞的大气污染和远距离的土壤表层污染。

可见，矿山开采过程中乃至汞矿尾矿露天堆积时排放的汞形态多样，多数最终以气态形式进入全球大气环境中。各种矿山在开采过程中都涉及向周围水体、土壤和大气释放汞的风险，并随着汞蒸气、含汞径流以及含汞颗粒物扩散、沉降、累积到其他地区，造成生态问题和人体健康问题。此外，区域和全球气候的变化，对汞的迁移转化也带来了新的影响。

10.3.3.2 地表水环境影响分析

汞矿尾矿对地表水环境的影响是显著的，尾渣堆中的重金属主要是汞及碱性物质是对地表水环境的主要威胁。储存在汞矿尾矿中的汞，主要以氧化汞和硫化汞的形式存在，其可以通过地表径流、雨水冲刷、大气沉降等方式进入水体。在水体中，汞可以以多种形态存在，如Hg^{2+}、甲基汞等，这些形态对环境的毒性和生物可利用性各不相同。同时，尾渣堆含有$CaCO_3$和CaO，在风化作用下不仅释放汞，也形成碱性水。汞矿尾矿对地表水环境的影响是多方面的，包括水体污染、生态影响和人类健康风险等。

（1）水体污染

多数矿渣堆分布于水系源头，在地表径流和雨水冲刷等外动力作用下，矿渣中的汞会被释放出来，随之进入下游水系中，造成汞污染不断向矿区周围环境和下游地区迁移，污染范围持续扩大。有研究表明，尾矿在自然降雨环境中释放汞的风险会增加，若在酸性大雨条件下，不采取处理措施，汞释放的风险会大大增加。矿山附近水体受到的影响尤为明显，在美国加利福尼亚的 Coast Range 汞矿区，废水中的总汞含量高达 450 μg/L。汞矿尾矿中的碱性物质进入地表水后，会直接导致水体的 pH 升高。这种变化可能破坏水体的自然缓冲作用，影响水体的生态平衡。当水体 pH 过高时，会抑制或消灭某些微生物的生长，从而妨碍水体的自净能力。

（2）生态影响

高浓度的汞会对水生生物产生毒性作用，影响水生生物的生长和繁殖。一般的情况下水中的汞含量很低，但是水中的汞能够在水生食物链中被生物所富集放大，有时放大倍数可达 10^5，对生物（如鱼类、鸟类和人类）产生更大的毒性影响，所以汞具有很大的危害性。有关文献报道表明，淡水鱼和浮游植物对汞的富集能力为 1 000 倍，淡水无脊椎动物为 100 000 倍，海洋植物为 100 倍，海洋动物为 200 000 倍。碱性物质污染的地表水如果用于农业灌溉，可能改变土壤性质，影响农作物品质。

（3）人体健康风险

研究发现，尾渣堆下游的水和溪流沉淀物均含汞高，这些被污染的地表水可能作为饮用水水源或用于农业灌溉，从而对人类健康构成潜在威胁。汞对人体的毒性取决于其化学形态、暴露途径及暴露程度。甲基汞（MeHg）具有高神经毒性、致癌性、心血管毒性、生殖毒性和肾脏毒性，是毒性最强的汞化合物之一，主要以食物（鱼肉、大米）摄入的方式进入人体，对人体健康造成危害。无机汞的毒性相对较弱，在自然环境中无机汞可以在一定的条件下转化为有机汞，对人体健康造成更大的危害。世界八大公害病之一的水俣病正是日本熊本县水俣湾居民食用含高剂量甲基汞的水产品所致。

综上所述，汞矿尾矿对地表水环境的影响是多方面的。为了保护地表水环境和人体健康，需要采取有效的措施降低汞矿尾矿的环境风险，实现资源的可持续利用。

10.3.3.3　地下水环境影响分析

汞矿尾矿对地下水环境的影响是根据不同的地理位置与开采条件决定的，以贵州万山汞矿尾矿堆为例，万山汞矿是我国最大的汞矿，开采历史悠久，据记载，从明朝初年开始万山就有采（炼）汞。几百年的开采后，万山汞矿已于 2001 年关闭。但是，采矿产生的几千万吨尾矿和废石并没有得到好的处理。与其他矿山的尾矿相比，万山的汞矿尾矿非常独特，它是硫化物矿石（主要是辰砂）经高温焙烧炼汞所形成的废渣。由于汞矿的赋存岩石为石灰岩和白云岩，高温焙烧后形成氧化钙，露天堆放后，与水作用形成 $Ca(OH)_2$，与空气中的二氧化碳作用形成碳酸钙。尾矿堆中除含有汞外，还含有大量的碱性物质。地表水流经尾矿堆后，渗滤出的水必然有其独特的化学特征，同时也将对地下水构成特别的影响。

为此，有学者研究了尾矿堆上游的地表水、矿井流出水，尾矿堆下渗出水、这些水与附近溪流混合后的水。此外，还研究了尾矿堆渗滤水流中形成的沉淀物。研究内容有主元素、汞、硫及硫同位素。全分析结果表明尾矿渣的主要成分是钙、镁、硅、硫。从相关研究可以看出，地表水流经尾矿堆后，一方面淋滤出尾矿渣的成分，另一方面水中的某些成分滞留在尾矿堆中。尾矿堆的渗滤液对地下水产生了一定的影响，例如，碱性明显增高，由原来的弱碱性变成碱性至强碱性；电导率增高；CO_3^{2-} 增高，HCO_3^- 降低。很显然 CO_3^{2-} 是因为 pH 升高由 HCO_3^- 转化而来；Mg^{2+} 明显降低，K^+ 明显升高，Na^+ 稍有升高。Mg^{2+} 降低是由于 pH 升高形成 $Mg(OH)_2$ 沉淀。K^+、Na^+ 升高可能是矿石中的少量长石类矿物焙烧后导致 K^+、Na^+ 被活化，从渗滤液水中被带入；汞含量明显增高，大大高于地表水环境标准（50 ng/L）。上述特征表明，赋矿岩石及选冶工艺使万山汞矿尾矿非常独特，除含有毒性物质汞外，还有大量的碱性物质。在风化淋滤作用下，形成碱性矿山水。尾矿不仅释放高含量的汞，还使地下水碱性明显增高、离子严重过饱和、钾和钠升高、镁降低。

这一系列变化对人类健康和生态环境构成了严峻挑战。汞作为一种有毒重金属，其浓度的升高会直接导致地下水污染，长期饮用这样的水可能引发人类神经系统损害、心血管疾病、智力发育障碍等健康问题，严重时甚至危及生命。同时，碱性的增高和离子过饱和会影响水的口感和气味，降低饮用水的品质，还可能对人体酸碱平衡和消化系统产生不良影响。钾和钠离子的升高虽然在一定程度上是人体所需的，但过量摄入则可能增加高血压等慢性疾病的风险。而镁离子的降低则可能引发肌肉痉挛、心律失常等健康问题，并对农作物的光合作用和营养吸收产生负面影响，进而影响农作物的生长和产量。因此，地下水水质的变化不仅直接威胁人类的生命健康，还可能对农业生产和水生生态系统造成深远的影响。

10.3.3.4　土壤环境影响分析

汞矿尾矿对周边土壤潜在的污染途径包括：尾矿扬尘大气沉降至地表；渗滤液、尾矿废水外排至浇灌周边土壤；污染物通过地下水迁移至土壤层；降雨时，尾矿随雨水淋溶至地表水，成为地表水的面源污染源。对某汞矿尾矿库流域内的土壤、植物等进行调查取样后发现，汞矿尾矿区土壤中的重金属含量显著增加，尤其是汞（Hg）、铅（Pb）和镉（Cd）等。这些重金属的增加导致土壤受到严重污染，影响了土壤的生态功能和农业生产安全。

首先尾矿扬尘通过大气沉降至地表。尾矿库在运行期间，由于尾矿颗粒极细且常年在地表堆放，干燥后极易扬尘，尤其在北方干燥的冬春季，尾矿库中的尾矿颗粒容易被风刮起，形成扬尘污染环境。扬尘不仅影响空气质量，还可能导致重金属和其他有害物质通过大气沉降的方式重新进入土壤，造成土壤污染。扬尘中的重金属离子如汞、铅和镉等，可以通过大气沉降作用进入土壤，进而影响土壤的生态功能和农业生产安全。

渗滤液、尾矿废水外排浇灌周边土壤。尾矿库中的渗滤液和废水含有大量的重金属离子，这些渗滤液如果未经处理直接外排，会通过浇灌等方式进入周边土壤，造成土壤污染。尾矿库往往是较大的污染源，其主要污染形式一般是淋溶液中含有的重金属离子对地表水、地下水和土壤的污染。这些重金属离子进入环境中很难去除，而且随着食物链最终会转移到人体内，对人类健康造成很大影响。

污染物通过地下水迁移至土壤层。尾矿库废水地下渗漏会造成地下水环境的污染，经过土壤裂隙、毛细和吸附等作用，逐渐迁移至地表土壤，从而提高了地表土壤中砷（As）的污染风险。地下水中的污染物可以通过土壤裂隙、毛细和吸附等作用向上迁移，从而影响地表层土壤的质量。这种迁移特征是，距离污染源越近的地表土壤其 As 含量就越高，即受损害风险越大；随着距离越远 As 的值越低，污染风险也越小。

降雨时，尾矿随雨水淋溶至地表水，成为地表水的面源污染源。富含金属的尾矿浸出液会影响矿区下坡地表水和土壤的质量，并对由当地地表水灌溉的农田土壤构成重大的潜在生态风险。尾矿库中尾砂会随着地表径流、风力传送和雨水淋滤等方式扩散到周边河流、土壤，甚至下渗到地下水，影响整个生态系统。降雨时，尾矿随雨水淋溶至地表水，成为地表水的面源污染源，导致水体污染，破坏水生生态系统。

汞矿尾矿区的土壤污染问题是一个多方面、跨介质的环境挑战。这些污染途径不仅对土壤本身的质量构成威胁，还可能通过食物链影响人类健康，对生态系统的平衡造成破坏。因此，必须采取综合的管理措施和科学的修复技术，以减少尾矿对环境的影响，保护和恢复受污染的土壤，确保生态安全和农业可持续发展。

10.4 尾矿综合利用

10.4.1 汞矿尾矿综合利用的政策现状

当前，我国在汞矿尾矿综合利用方面涵盖了资源化利用、无害化处理、环境治理以及技术研发等多个领域。在汞污染防治领域，《汞污染防治技术政策》明确指出，汞矿采选过程中产生的废石和选矿渣应优先进行资源综合利用或矿坑回填的处理处置方式。这一政策的出台，表明了国家对汞矿尾矿资源化的重视，要求矿山企业采用矿坑回填、尾矿再利用等方式减少废弃物的堆存，并避免其对环境造成二次污染。此外，同时鼓励研发提高汞矿尾矿利用率的新技术，并推动尾矿、废石及废渣的无害化处置技术研究，为汞矿尾矿的处理和利用提供了技术指引。从技术政策层面来看，《矿山生态环境保护与污染防治技术政策》明确提出，矿产资源开发应推行“污染物减量、资源再利用和循环利用”的技术原则。政策具体包括对矿山废物（如汞尾矿）的资源化利用技术要求，推广尾矿再选、共伴生矿物及有价元素回收技术。特别是在尾矿的建筑材料利用方面，政策支持将尾矿加工成水泥添加剂、砖块等建筑材料，以减少尾矿堆存量，并为尾矿提供了新的经济价值。此外，尾矿也可作为充填料，用于填充采空区或塌陷地，以提高矿山的生态恢复能力。

综上所述，国家从法律、技术、环保等多个方面对汞矿尾矿的管理提出了要求。这些政策推动了汞矿尾矿的资源化利用，同时注重无害化处理和生态修复，减少汞矿尾矿对环境的危害。

10.4.2 汞矿尾矿综合利用的技术现状

随着汞矿开采的减少，汞矿尾矿的积累已成为环境污染和资源浪费的一个重要问题。汞矿尾矿中含有大量的汞、锑等有害物质，对土壤、水体和空气构成严重威胁。因此，汞矿尾矿的综合利用技术不仅具有重要的资源回收意义，还能有效减少环境污染。当前，汞矿尾矿的综合利用技术现状主要集中在以下几个方面：

（1）浸出回收技术

通过浸出技术回收汞矿尾矿中的有害元素是目前汞矿尾矿处理的常见方法。目前有研究碱性硫化钠体系对汞矿尾矿的浸出效果，发现通过优化浸出条件（如液固比、NaOH 浓度、浸出时间等），可以使汞的浸出率达到 95.83%，同时实现了汞的大幅降低，从 600 g/t 降至 25 g/t，基本实现了无害化处理。此外，还采用柱浸法对汞矿尾矿进行浸出，同步提取汞和锑，浸出率分别达到 96.7% 和 69.2%，为汞矿尾矿的资源回收提供了有力的技术支持。

（2）固化 / 稳定化技术

固化 / 稳定化技术是通过使用各种材料（如磷石膏基胶凝材料、改性生物炭等）将汞矿尾矿中的汞固定，从而减少其生物有效性和迁移性。目前有研究磷石膏基胶凝材料对汞矿尾矿的固化稳定化效果，发现该材料能够通过物理包覆和化学吸附有效固定汞，并改善尾矿的理化性质，使处理后的尾矿中汞的浓度符合《地表水环境质量标准》（GB 3838—2002）的要求，减少了汞对环境的潜在危害。

此外，还有采用玉米秸秆和松木锯末制备的生物炭进行汞矿尾矿的稳定化处理。通过对其改性后生物炭在吸附实验中展现了显著的汞吸附能力，相较于未改性生物炭，吸附能力提高了 16 倍，为汞矿尾矿的环境修复提供了一种有效的固化材料。同时固化材料在贵州省的两个汞矿尾矿开展应用示范，其稳定化效果可使尾矿中的汞浓度大幅降低，达到 95% 及以上的稳定化率，渗滤液汞含量低于《地表水环境质量标准》（GB 3838—2002）的汞的排放限值，为汞矿尾矿的环境安全处理提供了切实可行的技术路径。

（3）尾矿作为充填物

为了降低采空区对矿山的负面影响，开采结束后对采空区进行填充是必要的。尾矿作为一种理想的充填材料，不仅可以替代其他填充物，还能实现就地取材、降低回填成本，并有助于环境保护。在将汞矿尾矿作为充填物时，为确保其稳定性和有效性，通常需要将尾矿与膨胀材料等外加剂进行混合。这种混合方式能够增强尾矿的固化性能，提高填充物的强度和稳定性，确保采空区的填充效果。同时，通过这种方式，不仅有效利用了尾矿，还降低了矿山开采过程中的废物堆积，推动了资源的综合利用和环保目标的实现。

10.4.3 汞矿尾矿综合利用的未来趋势

随着汞矿尾矿综合利用技术的不断进步，汞矿尾矿的综合利用未来将朝着高效、环保和多元化的方向发展。

首先，高效汞回收技术将成为未来研究的重点。尽管现有的浸出和固化技术已取得一定成效，但回收效率和环保性仍有待提高。未来，低成本、高效率且无二次污染的汞回收技术，进一步提高汞的回收率和资源化利用水平。

其次，汞矿尾矿资源化利用的多元化，也是未来的发展趋势。除建筑材料外，汞矿尾矿中的有价值元素，如锑、铅等，具有广泛的应用潜力，特别是在新能源、新材料等领域。未来，通过先进技术提取这些元素，不仅能提升尾矿的经济价值，还能推动相关产业的可持续发展。

最后，生态修复技术将在汞矿尾矿处理过程中发挥更大作用。结合植物修复与微生物修复技术，未来将探索更适合汞矿尾矿的植物和微生物种类，以提高生态恢复效果。同时，利用先进的固化稳定化材料，将有效降低汞的生物有效性和迁移性，为汞矿尾矿的环保处置提供更优的技术方案。

总的来看，未来汞矿尾矿的综合利用将结合高效资源回收技术、更加多元化的资源化路径及生态修复技术，推动绿色矿山建设，助力矿山的生态恢复，同时实现资源的高效利用。通过这些技术的进步，汞矿尾矿的综合利用不仅有助于减轻尾矿堆存对环境的负担，还能为汞矿资源的可持续开发提供强有力的技术支撑。

11 锰渣污染特征

11.1 电解锰工艺

电解锰渣是工业生产金属锰过程中产生的一种工业废渣。

目前，电解锰的生产方法主要分为电解法和热法两种。热法也叫作火法，主要以软锰矿为原料，通过焙烧还原之后进行酸浸、净化，然后电解生产锰、生产过程能耗大，成本高，工艺流程复杂，而且获得的电解锰纯度一般不超过98%，目前这种方法已基本不被用于工业化生产。现在主要用于企业生产的方法为电解法，主要以菱锰矿为原料直接酸浸、净化、电解得到电解金属锰。这种方法制得的电解锰的纯度可以达99.7%～99.9%，已成为电解锰生产的主要方法。

电解法生产过程主要包括制粉、酸浸、氧化除铁、中和沉淀、压滤、硫化净化、过滤、静止、精滤、电解后处理等众多环节，以硫酸溶液电解的工业化生产流程为例。

（1）制粉

菱锰矿（$MnCO_3$）进行破碎，然后碾磨成锰粉，粒度90～100目，若大于100目对浸出液过滤不利，小于90目则浸出率受影响。然后进入浸取槽，进行下一步操作。

（2）浸出

电解车间的阳极液（硫酸溶液）和外加的硫酸溶液与锰矿粉混合搅拌进行反应生成硫酸锰溶液。浸出过程中，为了提高锰水解的pH和电流的效率，电解液中硫酸铵的含量必须维持一定的量，这么做的目的：一是可以提高锰离子的水解pH，二是可以增加溶液的导电性能以维持正常电解过程。在浸出操作过程中，除锰离子被浸出之外，其他的杂质离子也会被浸出，矿粉中存在的Ni、Cu、Co、Mg、Zn等金属也会以离子形式存在于硫酸锰溶液中。涉及的化学反应式如下：

$$MnCO_3+H_2SO_4 = MnSO_4+H_2O+CO_2\uparrow$$

$$Fe_3O_4+4H_2SO_4 = Fe_2(SO_4)_3+FeSO_4+4H_2O$$

$$FeO+H_2SO_4 = FeSO_4+H_2O$$

（3）氧化除铁

在该阶段，利用 MnO_2 的氧化性，往浸出槽中加入软锰矿粉（MnO_2）将溶液中存在的二价铁离子氧化成三价铁离子，然后通过加入氨水调节溶液 pH 至 6.5～7.0，将溶液中三价铁离子转化成 $Fe(OH)_3$ 沉淀除去，溶液中大量的 SiO_2 也会随着 $Fe(OH)_3$ 一并去除。在该过程中。大部分的重金属离子如 Cu、Co、Ni、Zn 也会因为水解而被沉淀分离。接下来，浸出液将被输送至压滤车间进行下一步的固液分离。该过程涉及的反应式如下：

$$2Fe^{2+}+4H^{+}+MnO_2 = 2Fe^{3+}+Mn^{2+}+2H_2O$$

$$Fe^{3+}+3OH^{-} = Fe(OH)_3\downarrow$$

$$M^{2+}+2OH^{-} = M(OH)_2\downarrow$$

（M 代表 Cu、Co、Ni 等重金属离子）。

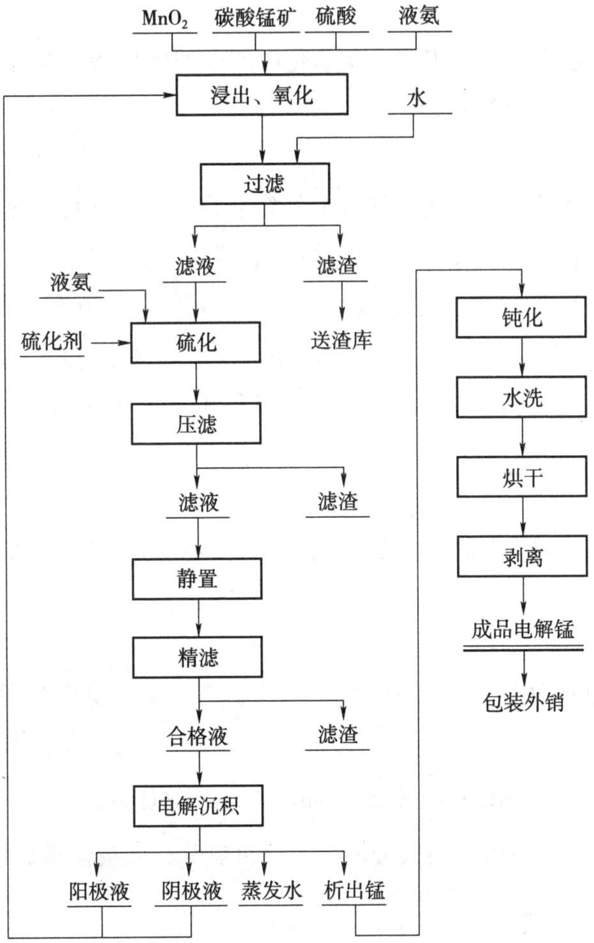

图 11-1　电解锰生产工艺

（4）压滤

压滤操作是指从浸出槽出来的溶液经过压滤分离成滤饼和滤液两部分。滤渣是指酸浸渣，滤液主要成分为 $MnSO_4$ 溶液，然后进入下一道工序进行深度的处理。

（5）硫化净化

经过压滤工序后，滤液中主要成分是 $MnSO_4$ 溶液，其中还混杂着 Cu^{2+}、Co^{2+}、Ni^{2+} 等一些重金属离子，由于这些杂质的存在，还达不到锰电解的要求。

硫化是加入硫化剂如福美钠［简称 S.D.D，二甲基二硫代氨基甲酸钠，$(CH_3)_2NCS_2Na$］、多硫化钙、硫化氨 $(NH_4)_2S$、$CaS+xH_2S$、Na_2S 等，对重金属离子进行硫化的过程，一般常用的是 S.D.D。通过往硫化槽中加入硫化剂，让其与杂质离子形成硫化物沉淀而被去除。

以 XS 表示硫化剂，硫化化学反应式为

$$MSO_4+XS=\!=MS\downarrow+XSO_4$$

（6）过滤

这一过程主要是将上一步工序硫化净化中产生的硫化物沉淀进行固液分离，滤液进入下一工序，滤渣则被送往渣库。

（7）静置

所谓静置实质是进一步缓慢硫化和沉降除杂质，静置时间一般在 16～36 h，设计静置池必须有足够的容积。静置时间长短与电解锰产品品质的高低密切相关，重金属硫化物、Al_2O_3、SiO_2 等硫化过滤液中的残留有害物可以在静置过程中进一步聚凝沉降。另外，一些杂质水解物随着静置时间的延长与不断降低的滤液温度，也会通过饱和结晶一起被吸附除去，这些结晶通常为 $MgSO_4$ 结晶、$CaSO_4$ 结晶。静置后为合格液。

（8）精滤

静置后的溶液采用压滤机进行精滤，通过往溶液当中加入 SeO_2 得到合格的电解液。

（9）电解

精滤得到的电解液在电解槽中进行电解反应，整个反应过程的总反应式如下所示：

$$MnSO_4+H_2O=\!=Mn+1/2O_2\uparrow+H_2SO_4$$

阴极析出金属锰，阳极生成阳极泥，并析出氧气，阳极泥可以返回浸出液中进行重复使用。

（10）后处理

此过程的主要目的为在电解之后对析出的电解金属锰进行处理。首先是钝化步骤，钝化指将吸附了金属锰的阴极板放入钝化槽中钝化。该过程需要在完成电解锰析出周期后进行，具体操作为将阴极板从钝化槽中取出 / 吊出，并将电解液沥干后再进行钝化，钝化液含 3% 的 $K_2Cr_2O_7$，目的是避免阴极板出槽后表面的电解金属锰被氧化。将金属锰表面的钝化液、电解液等杂质水洗去除后进行剥离工序。剥离时应注意要尽量将阴极板上附着的金属锰剥离彻底，从而使烘干后的锰金属从阴极板上成功分离。完成这些工序后得到的电解锰就可以作为产品进入市场销售。

11.2 锰渣产生量

锰渣的产生量与锰矿石品位密切相关，我国电解金属锰企业使用的锰矿石主要来自国内及南非。国内锰矿石品位低，一般在 12% 左右，每生产 1 t 金属锰会产生 8～10 t 锰渣。南非锰矿石品位较高，一般在 25% 左右，每生产 1 t 金属锰会产生 2～5 t 锰渣。表 11-1、表 11-2 是我国典型地区典型企业电解金属锰生产锰渣产生情况，其中宁夏天元、新疆阿克陶科邦用南非锰矿石，其余采用国内矿石。

表 11-1　我国主要锰产业地区锰渣产生量（2015—2019 年）

省（区、市）	锰渣 / 万 t				
	2015 年	2016 年	2017 年	2018 年	2019 年
湖南	60.6	77.7	72.5	94.6	105.1
贵州	70.3	100.9	141.7	131.1	207.5
重庆	60.8	73.2	78.3	108.1	82.2
宁夏	88.7	133.2	179.0	175.0	132.1
广西	123.4	131.1	151.8	155.2	161.2
湖北	10.0	50.0	50.0	54.9	58.4
云南	5.0	5.6	9.4	15.4	19.0
四川	13.8	9.7	15.0	20.8	22.8
新疆	17.9	22.9	19.8	15.7	30.0
陕西	1.4	0.0	0.2	1.2	2.6
总计	452.0	604.4	717.7	771.9	820.8

表 11-2　我国典型地区典型企业电解金属锰生产锰渣产生情况

地区	代表性企业	锰矿石来源	锰矿石品位 /%	锰渣产生量 / [t/t（锰）]
宁夏	宁夏天元	南非	25	2.35
“锰三角”	贵州武陵	“锰三角”	12	8～10
广西	南方锰业	广西	12	8～10
新疆	阿克陶科邦	南非	25	2.35

11.3　锰渣污染特征分析

11.3.1　物理性质

电解锰渣为颗粒细小的黑色固体废物，呈中性或弱酸性，密度为 2～3 g/cm^3，直接排放时有比较高的含水率。如果露天堆放因为贮存雨水其含水率会更高，甚至呈浆体状。而电解锰渣如果在露天堆放过程中经过长时间风干后，其颗粒会团聚在一起。

11.3.2　化学组成与矿物组成

电解锰渣在化学成分上因原料和使用的工艺不同而有所差异，但通常均含有 Ca、Al、Si、Fe、Mn、S 等元素，此外可能还含有少量其他元素（如 Cr、Ni、Zn、Cu 等）。典型电解锰渣化学成分见表 11-3。由表 11-3 可知，电解锰渣中存在较高含量的硅氧化物和硫氧化物，此外还含有一定量的锰氧化物。

表 11-3　典型电解锰渣化学成分

化学组分	SiO_2	Fe_2O_3	Al_2O_3	TiO_2	CaO	MgO	MnO	SO_3	P_2O_5	K_2O	烧失量 *
占比 /%	39.71	5.40	8.55	0.43	9.02	1.27	3.05	12.13	0.64	1.36	18.44

注：* 氨氮组分含量涵盖在烧失量中。

锰渣中的主要矿物包括石英（SiO_2）、二水石膏（$CaSO_4 \cdot 2H_2O$）、白云母{$K[Al_2(AlSi_3O_{10})(OH)_2]$}、黄铁矿（$FeS_2$）、钙磷石［$CaPO_3(OH)_2 \cdot H_2O$］、钠长石（$NaAlSi_3O_8$）、锰铁矿（$MnFe_2O_4$）、锰矾（$MnSO_4 \cdot H_2O$）和钙长石（$CaAl_2Si_2O_8$）等，典型电解锰渣各矿物质量分数见表 11-4。由此可见，电解锰渣中最主要的矿物相为石英、二水石膏和钙长石，此外含有一定量的锰铁矿和锰矾。

表 11-4 典型电解锰渣矿物质量分数

矿物组成	石英	二水石膏	白云母	黄铁矿	钙磷石	钠长石	锰铁矿	锰矾	钙长石
占比 /%	40.3	25.9	11.1	3.2	1.5	2.4	3.2	1.9	10.6

11.3.3 锰渣属性

对广西、宁夏、湖南、湖北、贵州及重庆地区的 6 家电解锰企业的渣库进行了样品采集。根据 6 家电解锰企业采样检测结果，对照《危险废物鉴别标准 腐蚀性鉴别》（GB 5085.1—2007）、《危险废物鉴别标准 浸出毒性鉴别》（GB 5085.3—2007）及《污水综合排放标准》（GB 8978—1996），各指标均低于 GB 5085.3 和 GB 8978 中的溶度限值。理化分析结果见表 11-5，浸出毒性测试结果见表 11-6。此外，根据调查，锰渣也可能为第Ⅱ类一般工业固体废物，超标污染物主要为 pH、Mn。

表 11-5 6 家典型电解锰企业锰渣理化分析结果 单位：%

成分	A 企业	B 企业	C 企业	D 企业	E 企业	F 企业
C	8.36	27.17	—	8.29	8.83	8.75
O	47.49	38.80	—	44.38	42.43	43.06
Na	0.16	0.64	—	11.25	0.39	0.63
Mg	1.09	1.09	—	3.17	1.12	1.67
Al	2.87	2.42	—	2.94	3.91	5.95
Si	8.38	5.84	—	17.26	11.04	15.21
S	9.20	8.07	—	8.52	12.25	9.45
K	1.24	1.00	—	0.97	1.69	2.35
Ca	13.03	4.05	—	4.78	8.72	4.27
Ti	0.11	0.20	—	0.22	—	0.16
Mn	2.49	8.37	—	6.02	3.53	4.89
Fe	2.25	3.35	—	3.08	5.68	3.61
Ba	—	—	—	—	0.41	—

表 11-6 6 家典型电解锰企业锰渣毒性浸出测试结果

项目	A 企业	B 企业	C 企业	D 企业	E 企业	F 企业
样品状态描述	褐色、潮湿、块状、无植物根系	褐色、潮湿、块状、无植物根系	褐色、粉末、无植物根系	褐色、潮湿、块状、无植物根系	褐色、潮湿、块状、无植物根系	褐色、块状、潮湿
pH（量纲一）	7.02	6.88	6.92	6.46	7.03	7.07

续表

项目		A 企业	B 企业	C 企业	D 企业	E 企业	F 企业
Cu/（mg/L）		<0.02	<0.02	<0.02	0.02	<0.02	<0.02
Pb/（mg/L）		<0.1	<0.1	<0.1	0.1	0.1	<0.1
Zn/（mg/L）		0.191	0.334	0.064	0.238	0.026	0.052
Cr/（mg/L）		0.14	0.16	0.05	0.18	0.06	0.08
Cd/（mg/L）		0.008	0.049	0.008	0.063	0.051	0.03
Be/（mg/L）		<0.005	<0.005	<0.005	<0.005	<0.005	<0.005
Ba/（mg/L）		27.8	19.2	27.4	27	28.2	8.2
Ni/（mg/L）		0.5	1.11	0.41	0.4	0.12	0.19
As/（mg/L）		0.061 6	0.012 3	0.004 7	0.013 7	0.003 7	0.000 4
Si/（mg/L）		0.001 1	0.000 7	0.000 6	0.000 6	0.000 5	<0.000 2
Ag/（mg/L）		<0.01	<0.01	<0.01	<0.01	<0.01	<0.01
Hg/（mg/L）		<0.000 2	<0.000 2	0.000 7	0.000 3	0.007 1	0.000 2
六价铬 /（mg/L）		0.005	0.006	<0.004	0.007	<0.004	<0.004
氰化物 /（mg/L）		<0.001	<0.001	<0.001	<0.001	<0.001	<0.001
氟化物 /（mg/L）		5.13	1.92	1.79	4.44	1.83	5.26
烷基汞	甲基汞 /（ng/L）	<10	<10	<10	<10	<10	<10
	乙基汞 /（ng/L）	<20	<20	<20	<20	<20	<20

11.3.4 电解锰渣中锰元素的存在形态

电解锰渣的毒性主要来源于水溶性二价锰，研究渣中锰元素的存在形态是无害化和资源化的前提，电解锰渣中 Mn 元素的存在形态主要有以下几种形式：

①水溶性锰：这种形态的锰元素一般以硫酸锰盐形式存在，呈二价，在水中的溶解度较大。

②碳酸锰：在碳酸锰法生产工艺中，菱锰矿是主要原料，它与硫酸反应生成硫酸锰溶液。在渣中 $MnCO_3$ 的含量越高，说明生产厂家对浸出反应控制越差。同时，浸出率低必然造成原材料浪费，导致生产成本增加。

③二氧化锰：在碳酸锰法生产工艺中，二氧化锰用作氧化剂除铁，如果在渣中 MnO_2 的含量越高，说明生产厂家在除铁时使用的原材料软锰矿过量越多，虽能加快除铁速度和除铁效果，但造成了原材料的浪费。

在自然条件下，电解锰渣中的碳酸锰和 MnO_2 都比较稳定，不会对环境造成危害，造成危害的主要来自渣中的水溶性二价锰。

11.3.5 锰渣的特征污染物及环境危害

锰渣的特征污染物是锰和氨氮。锰渣的危害性主要是渣中含有的大量锰、氨氮通过自然淋溶极易随水体进入地表水体、土壤和地下水，对周边环境造成不利影响。

锰是国际公认的毒性较低的金属元素，其毒性远低于Pb、As、Cd、Ag、Cr、Ni等。锰是植物生长必需的微量元素和人体必需元素，然而过量的锰元素对人体和植物均有危害。成年人的Mn的适宜摄入量为3.5 mg/d，最高可耐受摄入量为10 mg/d，若体内过高，可导致不可逆转的锰精神病，体内高浓度氨可导致胃癌蓝婴综合征和肝损伤。Mn引起的综合征有精神分裂症、精神迟钝、肌肉无力、头痛和失眠等症状。Mn过量时，植物对钙、铁和镁等元素的吸收会受到抑制，引起叶片厚度减小、萎蔫，甚至坏死降低植物的光合作用效率。对人体而言，Mn的价态越低，则其化合物的毒性越强。Mn摄入量过多时会影响人体的内分泌系统，抑制多种酶的活性，还会引起中枢神经系统细胞病变、心肌梗死等。程卫东通过锰暴露急性毒理实验发现草鱼和鲤鱼的死亡率随着水体中锰浓度的增加而升高，测得二价锰对草鱼、鲤鱼96 h半致死浓度（96 h LC_{50}）分别为541.07 mg/L和577.27 mg/L。

氨氮进入水体后，会导致水体富营养化，引起水中水生植物大量生长；同时，游离氨毒性极强，受其影响容易导致鱼类等水生动物失去活性酶而引起死亡，使地表体生态失衡。若饮用水中氨氮含量过高，会损害人体健康，此外氨会被氧化成亚硝酸盐，进入人体时，会与人体蛋白质结合生成亚硝胺，从而致癌。

此外，锰渣堆存占用了大量的土地资源，而随着锰矿品位的下降，还需要不断地征用土地作为渣场，很多电解金属锰企业占用林地、建设用地，甚至是耕地，造成了大量土地资源的浪费。在长时间风化的条件下，灰尘在空气中具有一定的流动性会造成周边居民住宅及田地表面积满锰渣的灰尘，使土地退化植被破坏。此外，我国锰矿资源多集中在重庆、贵州、湖南、广西等地区，锰污染问题与群众对美好生活的诉求背道而驰，造成了企业和当地群众矛盾不断激化，已经严重影响社会稳定，阻碍了社会的稳定发展。

11.4 锰渣利用处置案例

11.4.1 锰渣水洗回收及无害化技术

11.4.1.1 概述

南方锰业集团有限责任公司是全球锰系产品最齐全的公司，主要产品有电解金属锰、电解 MnO_2、$MnSO_4$、$LiMn_2O_4$、LiNixCoyMn1-x-yO_2、锰桃、硅锰合金等，其中电解金属锰产能 18 万 t，电解 MnO_2 产能 15 万 t，年排放废渣 150 万 t。2015—2018 年，南方锰业与中国环境科学研究院联合开展电解锰渣中锰和硫酸铵回收及无害化处理一体化工艺研究与示范项目，该项目首次提出了电解锰渣原位洗涤回收无害化的方法，建设了一项年处理 2 万 t 电解锰渣示范工程，通过原位洗涤压滤，实现可溶锰回收率 90% 以上，硫酸铵回收率 90% 以上，锰渣含水率由 24% 降到 20% 以内，锰渣中的锰含量下降 0.5%，碱洗后锰渣可达到一般工业固体废物 I 类标准。实践证明，使用该技术进行锰渣原位洗涤和强化过滤以后，提高资源利用率和锰渣减排效果都非常显著，在南方锰业已得到推广应用。

11.4.1.2　原料特性

南方锰业锰矿原料主要来自广西壮族自治区内碳酸锰矿，新鲜电解锰渣为灰暗色的泥糊状物质，含水率约 26%，颗粒细小（3～80 mm），迁移性和流动性好，锰渣的成分如表 11-7 所示。

表 11-7　电解金属锰渣的成分分析　　单位：%

检测项目	Mn	Mn^{2+}	Mn^{4+}	Fe	CaO	MgO
含量	5.24	3.66	0.35	5.84	5.05	0.85
检测项目	Al_2O_3	SiO_2	P	Co	Ni	Cu
含量	2.13	26.56	0.11	0.012	0.019	0.01
检测项目	Pb	Zn	S	Cl	K	Na
含量	0.009	0.014	12.64	0.014 3	0.156	0.032 7

电解金属锰渣组成结构复杂，一般无火山灰活性，按照《固体废物　浸出毒性浸出方法　水平振荡法》（HJ 557—2010）进行毒性浸出，锰渣的浸出液中污染物浓度检测结果见表 11-8。由表 11-8 可知，浸出液中二价锰离子和氨氮含量远超过《污水综合排放标准》（GB 8978—1996）一级标准限值，其余污染物检测值均未超标。

表 11-8　水洗前锰渣浸出毒性检测结果　　单位：mg/L

检测项目	检出值	GB 8978—1996 标准限值
Mn	1 359.8	2.0
NH_3-N	1 231.0	15
Cu	未检出	0.5
Pb	未检出	1.0
Ni	0.73	1.0

续表

检测项目	检出值	GB 8978—1996 标准限值
Co	0.17	1.0
Cr	未检出	1.5
Cd	未检出	0.1
Zn	0.07	2.0

11.4.1.3 工艺流程

锰渣原位洗涤回收和无害化技术工艺是基于新型压滤洗涤设备将传统的湿法冶金中的浸取、洗涤、压滤脱水几套设备的工序集成在一套一体化压滤反应器中连续完成，实现固液分离和残渣洗涤回收和无害化处理。工艺主要步骤包括：①固液分离；②原位循环浸洗；③原位分级加压循环洗涤；④浸渣加气吹饼脱水；⑤在线检测洗涤参数，智能控制洗涤水消耗；⑥循环碱洗。原位洗涤工艺流程如图 11-2 所示。

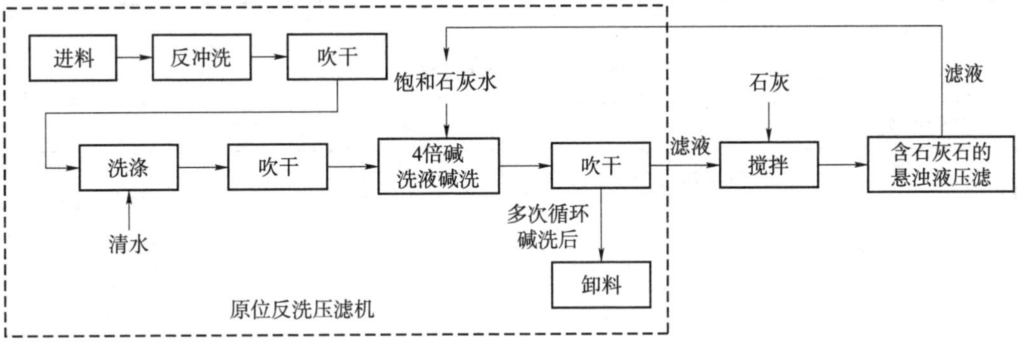

图 11-2 原位洗涤工艺流程

其工艺流程简述如下：

1）将待过滤浆液用渣浆泵打入原位洗涤压滤机，进料压力 0.5～1.0 MPa 时间约 15 min，待滤液管道无明显滤液流出，说明滤室基本给满，此时关闭渣浆泵；

2）打开反冲洗水泵，对给料通道进行冲洗，避免堵塞管道；

3）打开气罐进行短暂吹干，将滤液管道中残留的大部分滤液吹出，保证洗涤效率；

4）打开洗涤水泵进行洗涤，洗涤压力 0.5～1.0 MPa，洗涤时间约 10 min；

5）洗涤完成后，再次打开储气罐，对滤饼吹干 15 min，排气后卸料。

11.4.1.4 运行效果

（1）锰渣水洗回收效果

受电解锰工艺水平衡限制，洗涤用水量为渣质量的 30%。水洗与未水洗锰渣的水溶锰含量见表11-9。结果表明：锰渣中硫酸锰残留由普通压滤机的1.65%降低至原位反洗压滤机的1.07%，即下降了0.59个百分点，锰渣中硫酸锰回收率为36%。为了验证水洗试验结果，在进行渣样分析的同时，进行了水洗出液的游离锰分析，结果见表11-10。液样分析结果表明，锰的回收率为37.8%，与渣样数据计算的锰回收率基本吻合。

表11-9 锰渣水溶锰含量

单位：%

编号	未水洗锰渣		水洗锰渣	
	水溶锰含量	平均值	水溶锰含量	平均值
1	1.76	1.65±0.11	1.21	1.07±0.14
2	1.69		1.06	
3	1.57		0.94	
4	1.55		0.95	
5	1.70		1.18	

表11-10 液样结果

单位：g/L

试验批次	001	002	003	004	005
水洗液锰	18.21	15.11	16.03	16.50	17.72
	17.23	15.11	15.38	16.75	16.99
	16.02	14.90	14.73	16.50	15.53
	13.59	14.25	14.73	16.26	13.35
平均值	16.26	14.84	15.21	16.50	15.90
总平均值	15.74				

注：通过计算，原位反洗前压滤机内游离Mn总量约为124.92 kg。

（2）碱洗无害化效果

经原位反洗压滤机水洗后可大幅降低渣中锰、硫酸铵含量，按照HJ 557—2015进行毒性浸出，见表11-11。由表11-11可知，反洗后的锰渣仍未能达到《一般工业固体废物贮存和填埋污染控制标准》（GB 18599—2020）中Ⅰ类一般工业固体废物的要求。

表11-11 反洗压滤机水洗后毒性浸出情况

指标	pH	Mn/（mg/L）	Ni/（mg/L）	氨氮/（mg/L）	Co/（mg/L）	Pb/（mg/L）	Zn/（mgL）	Cu/（mg/L）	Cr/（mgL）
数值	7.20	137.9	76.32	0.035	0.062	未检出	未检出	未检出	未检出

采用饱和石灰水作为碱洗液在水洗后的锰渣碱洗，碱洗液用量与碱洗效果见

表 11-12，随着碱洗液倍数增大，碱洗后渣的毒性浸出液中 Mn、氨氮含量递减，pH 逐渐增大，其中在 4 倍碱洗液处理后锰渣达到 I 类固体废物要求，此时浸出液中 Mn 为 0.68 mg、氨氮为 5.00 mg、pH 为 8.31。

表 11-12　反洗渣在不同碱洗液碱洗后渣的毒性浸出情况

碱洗液倍数	pH	Mn/（mg/L）	氨氮 /（mg/L）	Co/（mg/L）	Ni/（mg/L）
1 倍	7.42	40.60	34.39	0.010	0.010
2 倍	7.65	16.47	17.45	未检出	未检出
3 倍	7.96	3.18	8.48	未检出	未检出
4 倍	8.31	0.68	5.00	未检出	未检出

按照 4 倍碱洗液进行循环碱洗反洗渣，结果见表 11-13。保持固液比不变，随着循环次数增加，毒性浸出液的 pH 基本不变，Mn、Co、Ni 含量变化不明显，氨氮略有升高但变化幅度不大，4 次循环碱洗后渣的毒性浸出液中 Mn 为 0.46～0.52、氨氮为 5.12～6.69 mg/L、pH 为 8.47～8.52，表明碱洗无害化效果较为稳定，碱洗后锰渣可达到 I 类固体废物要求。

表 11-13　反洗渣在 4 倍碱洗液下循环碱洗后渣的毒性浸出情况

循环次数	pH	Mn/（mg/L）	氨氮 /（mg/L）	Co/（mg/L）	Ni/（mg/L）
第 1 次	8.47	0.49	5.12	0.013	未检出
第 2 次	8.48	0.49	5.99	0.011	未检出
第 3 次	8.52	0.46	6.20	0.011	未检出
第 4 次	8.51	0.52	6.69	0.010	未检出

综上所述，对反洗水洗后的锰渣继续在原位反洗压滤机上碱洗，可使得锰渣达到《一般工业固体废物贮存和填埋污染控制标准》（GB 18599—2020）中第 I 类一般工业固体废物的要求，采用循环碱洗可大幅减少碱洗用水量。

11.4.2　锰渣焙烧活化与硫氨回收一体化工艺

11.4.2.1　概述

宁夏天元锰业有限公司是世界上最大的电解金属锰生产基地，电解金属总产能达到 80 万 t/a，年排放废渣 180 万～240 万 t。该公司 2013 年开始组织相关技术研发团队就锰渣的无害化与资源化综合利用进行研究，根据电解锰渣的特性提出了锰渣高温脱硫后用于水泥原料和混合材料，尾气二氧化硫制硫酸的技术路线，并取得试验室试验成功。而后又与天津水泥设计研究院、中国建筑材料科学研究总院、南京凯盛国际工程有限公司等单位合作进行中试研究和项目可行性研究。项目于2021年正式建成并投入运行，项目的实施可以实现电解锰废渣的综合利用，改变电解锰的生产路径，降低电解锰的生产成本，荣获2020年工业固体废物网“最具投资价值创新技术奖”。

11.4.2.2　原料特性

原始状态的电解锰渣为灰黑色的泥糊状物质，含水量约25%，经烘干后为细小的颗粒状物质。表11-14为3个批次锰渣化学成分分析数据，检测结果表明：锰渣的主要成分为SiO_2、SO_3、CaO、Al_2O_3、Fe_2O_3、MgO等，其中多数化学成分检测结果相近，部分成分有所差别，锰渣较为稳定。

表11-14　锰渣的化学成分分析

名称	LOSS	SiO_2	Al_2O_3	Fe_2O_3	CaO	MgO	K_2O	Na_2O	MnO	SO_3	Cl
锰渣1	18.84	31.26	6.54	3.54	13.91	3.03	0.64	0.80	2.47	29.16	0.010
锰渣2	23.24	27.30	5.88	4.82	13.14	4.62	0.66	0.84	3.19	28.34	0.016
锰渣3	20.40	33.24	6.30	1.10	18.26	1.80	0.64	0.64	0.75	25.04	0.023

11.4.2.3　工艺流程

锰渣焙烧活化与硫氨回收一体化工艺流程主要包括锰渣焙烧工序、烟气净化制酸工序和制氨工艺，工艺流程如图11-3所示。

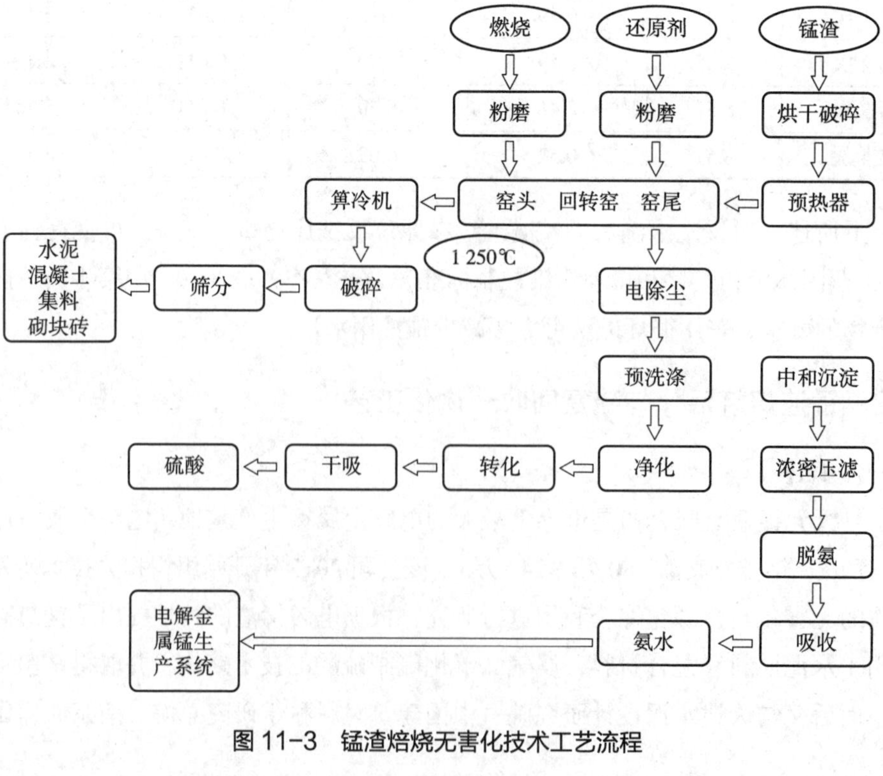

图11-3　锰渣焙烧无害化技术工艺流程

其工艺流程如下：

电解金属锰渣由车辆转运至电解锰渣堆棚专用卸料斗，卸料斗顶部设置钢格栅。电解锰渣经料斗底部链板秤计量后由带式输送机输送至烘干破碎机，干热源来自煤粉热风炉，经破碎烘干后，物料与废气一起进入旋风除尘器、收尘器；经旋风除尘器与袋收尘器收集后进入生料均化库，废气净化后排空焦炭及原煤由汽车运输进厂后卸至焦炭及原煤堆棚。焦炭经取料机取料后由带式输送机输送至煤粉制备车间的原煤仓。

原煤经原煤仓卸出后经定量给料机计量入原煤辊式磨，窑头用煤粉通过仓底卸出后经煤粉计量秤计量后由气力输送系统输送至窑头燃烧器；烘干破碎机用煤粉经仓底卸出、煤粉计量秤计量后由气力输送系统输送至煤粉热风炉燃烧器。煤粉制备的烘干热源来自烧成窑头的废气。

焦炭经焦炭仓卸出后经定量给料机计量入焦炭立磨，粉磨后的物料经自动选粉机分选后，成品与废气一起进入袋收尘器，经袋收尘器收集后进入焦炭粉仓，废气净化后排空。焦炭粉经仓底卸出后由气力输送系统分别输送至生料均化库车间的焦炭粉。

烘干锰渣（生料）经库底卸出后由入窑提升机及空气输送斜槽组成的输送系统进入设置在预热器框架顶部的生料称重仓，生料由仓底卸出后经生料计量秤计量后入预热器。焦炭粉经仓底计量秤计量后可由机械输送系统输送后 C4 下料管的物料混合后入窑，同时可与生料一起从预热器顶部入窑。预留的生石灰粉储存库主要用于调节入窑生料的成分，经仓底计量卸出后输送至入窑提升机进口，与烘干锰渣一起进入预热器。

生料经预热器预热后，与焦炭粉一起进入回转窑煅烧、脱硫；含硫废气经预热器排出后，经空气冷却器降温至≤250℃后由高温风机送至电收尘器，经电收尘器净化后输送至 $MuSO_4$ 制备工段，电收尘器与空气冷却器收集的窑灰进入单独的窑灰仓，在烘干破碎机运行时与之一起搭配进入生料均化库。

经过煅烧、脱硫的锰渣由窑头卸出，经箅式冷却机冷却，由链斗式输送机输送至脱硫锰渣储存库储存，储存库库底设计汽车散装通道，脱硫锰渣由汽车运输至水泥厂、商混站或压砖车间。窑头废气经窑头风机抽出后一部分作为煤粉制备的热源，另一部分作为烘干破碎机专用煤粉热风炉的热源，窑头不再设置废气处理装置。

锰渣烟气经动力波进行预洗涤，对烟气的降温、除尘、进入二级动力波进行烟气净化。

烟气经过净化和干燥后，烟气量为 117 435～133 526 Nm^3/h，SO_2 占比为 6.4%～8.1%，在绝大多数情况下，转化工段的 SO_2 浓度在 7% 左右。

经净化后的烟气选用Ⅳ、Ⅰ～Ⅲ、Ⅱ的换热流程和两次转化两级吸收工艺制备 98% 硫酸。

11.4.2.4　运行效果

1）锰渣焙烧化与无害化处理效果

将焙烧后的锰渣参考粉煤灰活性指数试验方法检测分析，结果表明：煅烧成品锰渣 28 d 活性分别为 73% 和 71%，达到了《用于水泥和混凝土中的粉煤灰》（GB/T 1596—2017）对材料活性的要求，实现了锰渣的活化。

2）设计指标与处理能力

锰渣脱硫制硫酸项目于 2021 年 10 月建成投产，试生产期间除对氨水回收系统进行局部消缺整改外总体运行情况良好，关键指标达到设计目标，见表 11-15。

表 11-15　项目设计指标与实际运行情况

序号	产品名称	指标	设计值	实际运行指标
1	脱硫锰渣	S	≤1.20	0.59
2	尾气硫酸	酸浓度	≥92.50	97.56
3	脱氨氨水	浓度	≥15.00	15.88

根据生产统计，2022 年上半年项目总计消化锰渣 67.5 万 t，生产脱硫锰渣 27.2 万 t，生产硫酸 13.45 万 t，生产氨水 4 256 m^3（氨水回收系统消缺期间未统计），基本达到设计处理能力（表 11-16）。

表 11-16　示范工程锰渣处理量统计

序号	产品名称	年生产累计 /t	完成率 /%
1	脱硫锰渣	272 436.49	82.67
2	锰渣脱硫尾气硫酸	134 475.56	66.70
3	锰渣脱氨氨水	4 256.62	37.62

12 磷石膏污染特征

磷石膏是湿法磷化工生产过程中的废渣，主要成分为 $CaSO_4 \cdot 2H_2O$。磷石膏中含有部分杂质，如 P、F 等。我国自 20 世纪 50 年代末开始发展磷复肥产业，但生产中排放的磷石膏废渣堆积量不断增加。随着磷肥工业的快速发展，中国已成为世界最大的磷肥生产国，也成为第一大磷石膏副产国。2020 年，我国磷石膏利用率为 30% 左右，目前已经堆存了 2 亿多 t，现已成为磷化工企业发展的“瓶颈”。磷石膏产生量大，综合利用成本较高，大量磷石膏长期堆存，不仅占用土地，而且存在较大环境隐患。

12.1 选矿工艺

磷石膏是指在磷酸生产中用硫酸处理磷矿时产生的固体副产物，为湿法磷酸生产过程中产生的工业废渣，每生产 1 t 磷酸产生 4.0～5.0 t 磷石膏，其主要成分为二水硫酸钙（$CaSO_4 \cdot 2H_2O$），此外还含有少量未反应的磷矿、磷酸、氟化物、有机物及 K、Na 等成分。

磷石膏土要产生环节在 $NH_4H_2PO_4$ 或（$(NH_4)_2HPO_4$）生产线，其中湿法磷酸生产工艺是以无机酸（主要是硫酸）分解磷矿制造磷酸。用硫酸与磷矿反应生产磷酸，生成 $CaSO_4$ 结晶和 H_3Pa 溶液，再进行液固分离，得到磷酸。以生成 $CaSO_4 \cdot 2H_2O$ 结晶为例，其主要化学反应方程式如下：

$$Ca_3(PO_4)_2+3H_2SO_4+6H_2O=\!=3CaSO_4 \cdot 2H_2O+2H_3PO_4$$

以上反应实际上分两步进行：

$$Ca_3(PO_4)_2+4H_3PO_4+6H_2O=\!=3Ca(H_2PO_4)_2 \cdot 2H_2O$$

$$3Ca(H_2O_4)_2 \cdot 2H_2O+3H_2SO_4=\!=3CaSO_4 \cdot 2H_2O+6H_3PO_4$$

由于磷矿中还含有其他杂质，与硫酸反应时还有副反应发生：

$$CaF_2+H_2SO_4 = CaSO_4+2HF$$

$$6HF+SiO_2 = H_2SiF_6+2H_2O$$

$$3SiF_4+2H_2O = 2H_2SiF_6+SiO_2$$

$$CaCO_3+H_2SO_4 = CaSO_4+CO_2+H_2O$$

$$H_2SiF_6(\text{热量}+H_2SO_4) = SiF_4+2HF$$

$$Fe_2O_3(\text{或}\ Al_2O_3)+2H_3PO_4 = 2FePO_4(\text{或}\ AlPO_4)+3H_2O$$

$$Na_2O(\text{或}\ K_2O)+H_2SiF_6 = Na_2SiF_6(\text{或}\ K_2SiF_6)+H_2O$$

由于副反应的发生，使湿法磷酸产品中存在杂质，并使生产过程中产生废气和结垢。磷酸装置生产操作的目的是围绕取得质量好的硫酸钙结晶（石膏）而进行的。在不同反应温度和磷酸浓度下，会生成硫酸钙（$CaSO_4$）、半水硫酸钙（$CaSO_4 \cdot 1/2\ H_2O$）和无水硫酸钙（$CaSO_4$）。因而，湿法磷酸的生产工艺由此而区分为二水法（DH）、半水法（HH）、无水法（AH）、半水—二水法（HDH）和二水—半水法（DHH）等流程。

世界上湿法磷酸装置中，二水法应用最广，半水法、半水—二水法、二水—半水法只建设了少数装置，无水法建过一个装置但未能成功生产。从已建成的装置运行稳定性、可靠程度来看，二水法工艺最为优越，作业率最高，投资适中。从操作弹性来看，由于二水物的结晶范围较大，二水物结晶又是硫酸钙结晶中最稳定的形态，因而操作条件的波动对装置运行影响小，对原料磷矿矿种的适应性强，且配套建设的硫酸装置有副产蒸气可供磷酸浓缩之用。

目前，部分化工厂磷酸生产配套兴建了硫铁矿制酸生产项目，而天然的硫铁矿含砷约 0.02%，且天然的磷矿石中砷含量也会很高。由于硫精砂煅烧烟气两转两吸工艺中砷化物洗涤冷却后绝大部分停留在炉渣中，部分以氧化物的形式部分进入炉气中。在净化和吸收阶段，部分被水淋溶到水中形成含砷废水，部分进入稀酸中，还有一部分进入成品硫酸，磷酸生产过程中使用的硫酸被带入部分砷，部分转移至磷石膏。

（1）磷酸生产主要工序包括原料贮存工序、反应工序、过滤工序、尾气洗涤工序、酸贮存工序

1）原料贮存工序

含水 30%～35% 的磷矿浆由磨矿装置用管道送往矿浆贮槽，再由矿浆输送泵送到反应工序。矿浆贮槽设置搅拌器以保持固体悬浮。98% 浓硫酸由硫酸装置罐区直接用

管道送到反应部分。

2）反应工序

含水 30%～35% 的磷矿浆送到反应槽第一室，在进入反应槽前磷矿浆经流量计和密度计计量，以维持磷矿浆加料量的恒定。98% 浓硫酸送到反应槽第二、三室和消化槽第二室。磷矿浆、硫酸和磷酸在反应槽中进行化学反应，生成二水物硫酸钙（$CaSO_4 \cdot 2H_2O$）结晶和磷酸。反应槽由相同的六个室组成，每个室均带有两层桨叶搅拌器。硫酸与磷矿浆按一定比例设定流量，硫酸经计量后在混合三通中与来自过滤工序的返回酸进行预混合后加入反应槽第二、三室。返回酸的流量和浓度取决于反应槽中固体含量和液相 P_2O_5 浓度，以使反应料浆含固量控制在 33%～35% wt，产品酸浓度控制在 20%～22% P_2O_5。

由于硫酸稀释和放热反应产生的热量使反应料浆温度升高，为了使反应温度维持稳定，以保证得到二水物硫酸钙结晶，反应料浆必须冷却。反应料浆的冷却是在闪蒸冷却系统中完成的。反应料浆由位于反应槽第六室的闪蒸冷却器给料泵进行循环，冷却料浆从闪蒸冷却器借重力返回到反应槽第一室。从闪蒸冷却器中排出的气体，首先预冷凝器中用来自石膏渣场的池水冷凝部分蒸气，并使池水加热，作为过滤机滤饼洗水。然后气体进入冷凝器，用来自循环水系统的循环冷却水进一步冷凝，冷却回水进入冷凝器密封槽，出冷凝器的气体，经冷凝器除雾器进行分离，不凝气体由低位闪冷真空泵抽出，使真空冷却系统维持在负压下操作。真空度由自动调节系统控制，真空泵抽出气体经分离器分离液体后排入大气。反应槽第六室的反应料浆部分溢流到带搅拌器的消化槽，该槽由三个完全相同的室串联构成，以延长停留时间，使反应料浆熟化，熟化的反应料浆从消化槽第三室经过滤机给料泵送往过滤机。硫酸可通过硫酸加料管加入消化槽第二室，以便对反应槽和消化槽的硫酸根浓度进行独立控制。

3）过滤工序

反应料浆经过滤机料浆给料泵送到转台式过滤机上进行过滤，滤饼用来自反应工序的热池水进行三段逆流洗涤，以回收滤饼中夹带的磷酸。洗涤后的石膏滤饼排入石膏料斗，滤布用来自尾气洗涤工序的洗涤水进行冲洗，然后由真空泵吸干。石膏经来自石膏渣场的池水调浆后含固量达到 25%，由石膏料浆输送泵送至石膏渣场，按要求将 15% 的磷石膏进行综合利用。

过滤酸由过滤酸泵送往酸贮存工序的稀酸澄清槽，多余的过滤酸和经逆流洗涤得到的一洗液由返酸泵返回到反应工序的反应槽，二洗液由一洗泵送去作为第一次滤饼洗涤用水，三洗液由二洗泵送去作为第二次滤饼洗涤用水。经滤液分离器分离得到的气体，在过滤机冷凝器中用循环冷却水进行洗涤，并使水汽冷凝，不凝气体由过滤机真空泵抽出，使过滤系统维持在负压下操作。真空度由泄入空气量来控制，真空泵抽出气体经分离器分离液体后排入大气。过滤机上装有抽风罩，以将气体引到尾气洗涤器。风罩覆盖区域包括加料过滤区和一段洗涤区，以维持良好的操作环境。磷石膏用汽车送至渣场填埋。

4）尾气洗涤工序

来自反应槽、消化槽的尾气，首先进入一个高效文丘里洗涤器。经过洗涤除氟后再进入第一洗涤塔，在洗涤塔中被循环洗涤液进行洗涤；由第一洗涤塔出来的气体由反应尾气风机抽出，和来自过滤机的尾气一起送入第二洗涤塔，在第二洗涤塔内经过两级洗涤后，尾气含氟量符合环保标准，由洗涤塔顶部的排气管排入大气。

5）酸贮存工序

来自过滤工序的稀磷酸经过滤酸泵送到稀磷酸澄清槽。在贮存期间沉降下来的淤浆，由稀磷酸澄清槽转耙收集到澄清槽底部中心的锥形排渣口，然后通过淤酸泵将其返回到反应工序反应槽。澄清槽上部澄清的稀磷酸送到磷铵装置。

（2）磷酸一铵生产工序

1）肥料级 NH_4H_4-PO_4

磷酸工段来的 20%～22% P_2O_5 的磷酸，泵送至强制循环反应器内与气氨中和，中和料浆由循环泵出口的过料管直接进入Ⅱ效料浆循环泵的进口，与Ⅱ效的循环料浆一起进行蒸发浓缩，中和反应所产生的二次蒸气与Ⅰ效浓缩蒸发所产生的二次蒸气一并进入Ⅱ效加热器，同时Ⅱ效料浆通过泵出口的过料管不断补充到Ⅰ效蒸发浓缩系统，Ⅱ效闪蒸产生的尾气由混合冷凝器的冷凝水吸收，Ⅱ效加热器排出的水汽混合物进入空气预热器加热空气；混合冷凝器排出的热水进入空气预热器预热空气。

效浓缩蒸发由新蒸汽进行加热并循环闪蒸，Ⅰ效闪蒸所产生的蒸气送入Ⅱ效加热器，料浆在Ⅰ效循环浓缩达到规定的指标后由过料管送入高压泵，由高压泵喷入干燥塔，与塔底鼓入的热空气进行传热传质，生产出合格的粉状磷酸一铵产品，尾气由沉降室沉降、旋风除尘器收集后达标排放。磷铵装置发生如下反应：$H_3PO_4+NH_3$══NH_4H_2-PO_4，该装置正常生产情况下无废水排放。

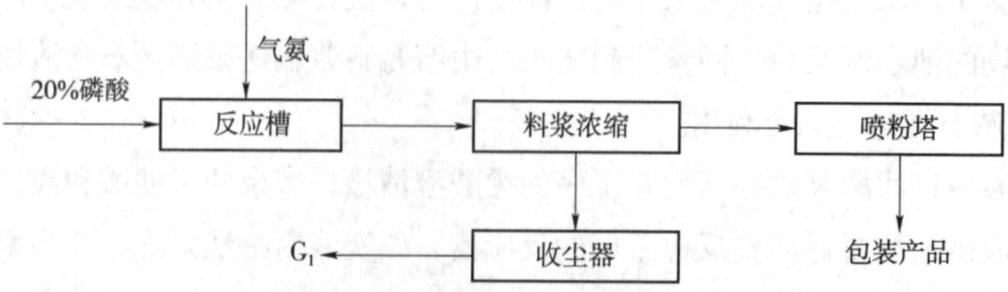

图 12-1 肥料级磷酸一铵工艺流程

2）工业级 $NH_4H_2\text{-}PO_4$

生产工艺主要分为磷酸脱硫、中和、过滤、浓缩、冷却、结晶、离心分离、烘干及除尘。工艺简述如下：

①由于普通磷酸中含有少量的 SO_3，在工业磷铵生产中必须除去，因此在磷酸中加入适量的磷矿浆进行脱硫；磷酸由现有磷酸灌区布设管道输送至脱硫净化槽，同时现有磷铵生产线的矿浆制备车间将含水 30% 的高品位磷矿石矿浆通过管道输送至脱硫净化槽，输送量 1.0 m^3/h。

$$Ca_5F(PO_4)_3+5H_2SO_4+10H_2O=\!=5CaSO_4\cdot 2H_2O+3H_3PO_4+HF$$

脱硫后的磷酸经澄清池澄清，沉降的底渣返回到原磷酸生产系统，澄清后的清净磷酸与氨进行中和反应得到中和料浆：

$$H_3PO_4+NH_3=\!=NH_4H_2\text{-}PO_4$$

将氨制成气体通入磷酸液相之中进行中和。气氨有少许过量，确保液相为弱碱性。

②中和料浆经压滤机二次过滤，滤饼经过调浆后用于生产普通磷铵，滤液即清磷铵溶液进入浓缩工序进行闪蒸浓缩，浓缩后的磷铵溶液再进行真空闪蒸冷却、进入结晶器结晶；结晶物经过离心分离、液相即母液用于肥料磷铵生产，固相物经烘干冷却即得到成品工业磷酸一铵。

③浓缩系统采取二效闪蒸浓缩，Ⅰ效采用一次蒸气加热，Ⅱ效采用二次蒸气加热。水在一定压力下加热到一定温度，然后注入下级压力较低的容器中，突然扩容使部分水汽化为蒸气的过程。多个这样的过程组成的系统称多级闪蒸。通过减压阀使高温溶液外部气体环境压力突然减小，闪蒸罐提供了液体沸腾后的气液分离器空间。闪蒸的过程中会有部分过量氨水蒸发进入气相，经过闪冷工序又冷凝进入液相。此时的液相氨浓度较低。并且有少量未来得及冷却的氨以无组织排放形式排入大气。

④冷却结晶的结晶料浆送入离心机，进行过滤分离，过滤母液返回再浆设备，与氨中和料浆过滤工段的滤饼一并返回至肥料级磷铵生产线。

⑤产品烘干在干燥塔内进行，充分利用硫酸生产线的余热锅炉所产蒸气作为热源，烘干时产生少量产品粉尘，这部分粉尘应尽量回收，采用旋风及布袋除尘之后排放入大气。

整个装置产生的废水包括磷酸净化工段文丘里吸收塔洗涤的含氟吸收液；磷铵浓缩系统混合冷凝器排放的含有毒有害物质的冷凝水，主要含 F、$NH_3\text{-}N$；机泵冷却水：球磨机、空压机等。其中含氟吸收液直接送去冲洗滤盘，再逆流冲洗磷石膏滤饼，一洗液作第二次的洗涤水，二洗液又流回萃取反应槽闭路循环。冷凝水、机泵冷却水进入污水池，加入石灰处理后循环使用。磷铵装置无生产废水排放，工艺用水及设备冷却水均循环使用。循环用水过程中，磷石膏会带走部分水量，该部分水中含有大量的 F 和 NH_3–N。

（3）$(NH_4)_2HPO_4$ 生产工序

由液氨、磷酸混合进入反应槽进行中和反应，再经造粒，干燥、筛分、破碎、冷却等工艺，最后到成品包装。

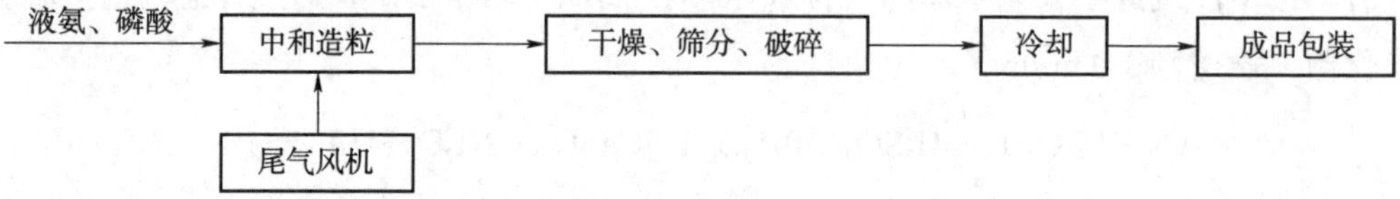

图 12–2　磷酸二铵工艺流程

反应式为

$$NH_3+H_3PO_4 = NH_4H_2PO_4+Q$$

$$NH_3+NH_4H_2PO_4 = (NH_4)_2HPO_4+Q$$

反应生成的料浆与经破碎后的固体原料一起在造粒机中造粒，造粒机出来的粒料直接加入干燥机热风干燥，从干燥机出来的产品送到振动筛，通过筛分的合格颗粒成品送到流化床冷却器，冷却后产品经皮带计量、包裹筒，然后经斗式提升机和带式输送机送至包装车间或散装库。

与磷酸一铵水循环类似，磷酸二铵的磷铵装置无生产废水排放，工艺用水及设备冷却水均循环使用。循环用水过程中，磷石膏会带走部分水量，该部分水中含有大量的 F 和 NH_3–N。

12.2　磷石膏产生量和贮存现状

中国磷石膏历史堆存量大，据中国磷复肥工业协会统计，截至 2020 年，中国已累计堆存超过 8.3 亿 t 磷石膏，每年新增约 8 000 万 t。这些磷石膏的堆存不仅占用了大量土地，还存在一定的环境风险和安全隐患，例如，在“三磷”整治调查中发现长江沿线的 97 个磷石膏库中有超过半数的磷石膏库存在生态环境问题。目前，磷石膏排放企业相对集中分布在云南、贵州、四川、湖北、山东、安徽、重庆、江苏、广东、陕西，这 10 个省（市）磷石膏的产生量占全国磷石膏总产生量的 91.5%。我国现阶段磷石膏处置方式主要分为回收综合利用与堆存处理两种。目前，堆存仍为我国副产磷石膏的主要处置方式。据不完全统计，我国堆存处置的磷石膏约占总产生量的 90%，仅有少部分的磷石膏可被综合利用。磷石膏堆存量持续加大，增加了磷石膏利用的压力。磷石膏若处理不当将严重危害堆积地及其附近区域大气、土壤和地下水等生态环境。磷石膏问题已成为湿法磷酸生产的一大痛点。

2018 年，贵州省对磷石膏提出“以渣定产”，磷石膏重点产区四川、湖北、云南、安徽等省也陆续提出削减磷石膏库存，提高磷石膏综合利用水平的具体指标和奖惩措施。当前全国基本形成了建材领域、化工领域、农业领域、井下充填 4 种利用途径。从产业化利用来看，当前磷石膏综合利用产品仍以石膏建材为主。磷石膏建材具有轻质、防火、保温、隔热、隔声、环保等优点。财政部、国家税务总局联合发布《财政部、税务总局关于资源综合利用增值税政策的公告》（财政部、税务总局公告 2019 年第 90 号），鼓励加快推进磷石膏综合利用产业发展。由于磷石膏中含有磷酸、F 等杂质，在对其进行综合利用时，无论是用于生产水泥缓凝剂、制作石膏建材还是用作土壤改良剂，都需要进行预处理，这大大增加了综合利用的难度及运行成本。

磷石膏堆存分干排和湿排两种形式，应严格按照《选矿厂尾矿库设计规范》《磷石膏安全技术规程》等相关要求建设、运行和管理。磷铵装置中所排渣为干渣，后利用汽车以干排干堆工艺将磷石膏运至渣库，选址后底库应做防渗填埋。为便于磷石膏库运行管理及确保渣库安全，磷石膏库应设置有截洪沟、淋溶水收集池等，对渣场区、收集池进行防渗处理。部分磷石膏库采用湿排工艺，以管线输送至磷石膏库内堆存。

磷石膏库库底黏土天然防渗层的铺设、泄洪沟建设、初期坝及垂直防渗坝的建设、拦截坝下游集水池以及泵房等配套设施的建设。

1）筑坝：可在地面上建立均质土坝，黏土层防渗和石块混凝土面板护坡。

2）防渗：常用的渣场防渗方法有复合垫层防渗处理法、铺黏土垫层法、表面铺砌片石或砖块等。由于复合垫层用聚酯沥青毡作防渗膜，防渗系数较难满足要求，并且施工受地面平整性和规则性的影响很大，投资大，周期长，质量不易保证。表面铺砌混凝土块或片石，工程量大，质量不易保证，裂缝渗漏不易完全解决，投资也大。多采用防渗土工膜法。

根据磷石膏库岩土层渗透性分析结果，其天然基础层饱和渗透系数大于 1.0×10^{-7} cm/s，按照《一般工业固体废物贮存和填埋污染控制标准》（GB 18599—2020）的Ⅱ类场建设的要求，应采用单人工复合衬层作为防渗衬层，并符合以下技术要求：

a. 人工合成材料应采用高密度聚乙烯膜，厚度不小于 1.5 mm，并满足 GB/T 17643 规定的技术指标要求。采用其他人工合成材料的，其防渗性能至少相当于 1.5 mm 高密度聚乙烯膜的防渗性能。

b. 黏土衬层厚度应不小于 0.75 m，且经压实、人工改性等措施处理后的饱和渗透系数应不大于 1.0×10^{-7} cm/s。使用其他黏土类防渗衬层材料时，应具有同等以上隔水效力。

渗滤液池及污水处理池采用钢筋混凝土，钢筋混凝土的渗透系数较天然黏土防渗层低，一般在 10^{-8}～10^{-9} cm/s，为使渗滤液池钢筋混凝土断裂导致漏水的风险减小，在水池内布设人工防渗层，可以采用 HDPE 材料，厚度不小于 1.5 mm。

按以上措施对磷石膏库进行防渗处理，则其渗透系数不大于 10^{-7} cm/s，能够满足《一般工业固体废物贮存和填埋污染控制标准》（GB 18599—2020）及其修改单的Ⅱ类场建设要求。

3）排水系统

根据磷石膏库的地形条件，为防止渣库径流污染下游环境，坝下游设置渗滤液池，池水回用于磷石膏库降尘。雨水渗滤液池封闭式防渗，可采用防渗膜，水池坝采用不透水斜墙坝。

4）防洪排洪

根据磷石膏库的地形条件及汇水面积不大的特点，设置截洪沟，以减少渣库的洪水。渣库内的汇水通过收集水池的库容和渣库的自身调蓄进行洪水调节、蒸发，应做到库内废水尽可能不外泄，防止污染下游环境。

5）磷石膏库坝体稳定措施及构造

为保证磷石膏库环境安全，防止粉尘污染，增加坝的安全，可在坝面黏土覆盖草皮护坡。

6）磷石膏库后期管理运行及堆筑措施

磷石膏库的后期管理运行关系到渣库的安全。磷石膏库管理要健全完善的管理体制。为防止粉尘污染，增加坝体的安全，坝下游坡面可采用黏土覆盖，种植草皮护坡。为防止雨水冲刷，坝体形成溶沟、溶槽，坝面和岸坡交接处设置集水沟。

12.3 磷石膏污染特征分析

由于不同产地磷矿的成分相差较大，且湿法磷酸采用的生产工艺、控制指标各异，磷石膏的主要成分也有较大差别。此外，磷石膏堆存时间也对其成分含量有很大影响，如从铜陵市某堆场磷石膏检测结果看出，新产出磷石膏较堆场磷石膏中的 F 含量更高（分别为 3 000～6 400 mg/kg 和 1 800～3 600 mg/kg）。此外，部分磷矿石中的 F 浓度（5 100～37 500 mg/kg）远超过土壤环境背景值，其土壤环境风险系数（磷矿石中污染物浓度与土壤环境背景值的比值）为 46；磷矿石中 Hg 和 Cd 的土壤环境风险系数分别为 11 和 4；此外，有学者研究发现部分磷矿石中放射性 ^{238}U 含量超出土壤放射性元素背景值，其土壤环境风险系数为12。磷石膏渣不同于一般的渣土和尾矿，其具有二次再结晶特性，强度和渗透性具有很大的离散性，其堆场容易出现溶洞、溶沟、溶槽等现象，故在设计堆场排渗管时应特别注意防止管涌和渗流出现。结合产生磷石膏的生产工艺和磷石膏特性，磷石膏中潜在污染物主要为pH、总磷、总氮（氨氮）、氟化物、As等。

（1）磷石膏的主要力学特性

磷石膏物理力学特性见表12-1，干容重平均为1.15 t/m^3，比重为2.37 g/m^3，含水量压实状态为25%～35%，自然沉积状态为40%。

表12-1　磷石膏物理力学特性

指标			数值	指标		数值
容重	干	一般/（t/m^3）	1.05～1.30	黏结力	Mpa	0～0.6
		平均/（t/m^3）	1.15	渗透系数	压实状态/（cm/s）	10^{-5}
	湿/（t/m^3）		1.50～1.70		自然沉积/（cm/s）	10^{-4}
比重/（g/m^3）			2.37	含水量	压实状态/%	25～35
摩擦角（°）			20～40		自然沉积/%	40
粒径	一般/mm		0.07	固接特性	具有胶结力，溶蚀再结晶，失水板结的特性	
	最大/mm		0.2			

（2）磷石膏化学成分

磷石膏渣的主要成分是二水石膏（$CaSO_4 \cdot 2H_2O$），含水约4%，呈酸性（pH为2～4），灰白色粉状，含一定量的P_2O_5、Fe、Al、F、未分解磷矿和酸不溶物。磷石膏渣主要组分分析如表12-2所示。

表12-2　磷石膏渣主要化学组成

化合物	水溶性P_2O_5	不溶性P_2O_5	CaO	Fe_2O_3	Al_2O_3	MgO	K_2O	SiO_2	结晶水	F	SO_3
含量	0.75	0.11	30.12	0.09	0.20	0.01	0.24	9.71	18.1	0.44	40.23

（3）磷石膏工程特性概述

根据磷石膏试验资料，磷石膏不同于一般的土和尾矿，其性质特殊，具有二次再结晶特性，具有胶结力，溶蚀再结晶，失水板结的特性，磷石膏的强度和渗透性具有很大的离散性。由于磷石膏的高溶蚀性，磷石膏堆很容易出现溶洞、溶沟、溶槽等现象对渣场的稳定不利，应防止管涌和渗流出现。因此磷石膏库的构造措施对保证渣场的稳定非常重要。

磷石膏沉降速度比较快，不足 2 h 便达到极限浓度，同时显示颗粒越细沉降深度越大的趋势，不同于一般的尾矿砂颗粒越大沉降深度越大的特点。这由磷石膏特殊的物理性决定，对磷石膏库水的澄清回用非常有利。磷石膏比重轻，颗粒细，有很多特性不同于一般的尾矿砂，含水量对磷石膏的干密度影响不显著，风干样水上水下休止角相差很大，磷石膏的溶解度受温度影响很大，磷石膏的固结特性不同于土类等。总之，掌握磷石膏的特性，对磷石膏库的设计及渣场稳定分析计算非常重要。

（4）磷石膏浸出液分析

磷石膏的浸出试验按照《危险废物鉴别标准　腐蚀性鉴别》（GB 5085.1—2007）、《危险废物鉴别标准　浸出毒性鉴别》（GB 5085.3—2007）的要求进行。为了辨别磷石膏的固体废物属性，将收集到环评、验收等资料进行的磷石膏浸出试验结果作类比分析，详见表 12-3。由于样品来源不同，浸出液中各污染物的浓度有一定差异。评价时选用最大浓度，依据《危险废物鉴别标准　浸出毒性鉴别》（GB 5085.3—2007），由于浸出液中各项指标均小于标准值，故判定其为一般工业固体废物。

表 12-3　磷石膏浸出试验结果统计　　单位：mg/L，pH 除外

样品来源	pH	F^-	PO_4^{3-}	Pb	Cr	As
铜陵	3.1	52.5	0.4	0.143	003	1.26
黄麦岭	3.04～3.29	60.7～62	79.3～89.6	0.058～0.071	0.023～0.031	0.006～0.012
宜昌	3.6～3.92	61.3～72	112～163	—	—	0.007～0.012
世龙化工	3.3～3.7	62～67	85～110	0.023～0.045	0.015	1.37
大峪口	3.1	42.05	1 000	0.143	0.03	0.26
大生化工	3.0	40.56	950	0.137	0.02	0.23
GB 5085.3—2007	—	100	—	3.0	10	1.5

由于磷石膏 pH 超出《污水综合排放标准》（GB 8978—1996）一级标准限值要求，属性判定为第Ⅱ类一般工业固体废物。且按照《磷石膏安全技术规程》等相关要求，磷石膏库场址建设应参照《一般工业固体废物贮存和填埋污染控制标准》（GB 18599—2020）中第Ⅱ类一般工业固体废物进行设计。

（5）磷石膏库废水水质

磷石膏库进水主要为渣场内的降水；渣场失水主要为渣库和集水池的表面蒸发以及渣库内石膏堆滞留水。对于降水、渣库和集水池的表面蒸发，考虑受面积、温度等因素的影响，依据学者前期对典型磷石膏集中区域开展的磷石膏库专项污染调查，采集 12 座磷石膏库渗滤液样品 20 个，渗滤液水质监测统计结果见表 12-4，部分磷石膏库渗滤液直接泵回厂区循环回用，其他渣场渗滤液为收集后简易中和、沉淀后回用于

渣场，为一个循环过程，基本不外排。重点关注污染物为 pH、总磷、总氮（氨氮）、氟化物、砷等。

表 12-4 渗滤液监测结果

监测项目	最大值	最小值	平均值
pH（量纲一）	2.8	2.1	2.42
化学需氧量 /（mg/L）	320	15	99.75
悬浮物 /（mg/L）	407	10	79.80
氨氮 /（mg/L）	344	74.8	151.69
总氮 /（mg/L）	369	84.8	170.89
总磷 /（mg/L）	3 880	1 080	2 259.00
氟化物 /（mg/L）	2 260	7.31	419.16
As/（mg/L）	23.3	ND	—
Cu/（mg/L）	3.77	ND	—
Cr/（mg/L）	0.55	ND	—
Pb/（mg/L）	ND	ND	—
Cd/（mg/L）	0.11	0.07	—
Zn/（mg/L）	36.1	0.044	6.68
Ni/（mg/L）	4.04	0.142	1.87
Hg/（μg/L）	0.78	ND	—

12.4 磷石膏环境影响分析

调查数据显示，我国大量的磷石膏库依江河沿岸布局，水污染风险大。部分磷石膏库渗滤液总磷浓度高达 4 000～8 000 mg/L，极易造成周边水体总磷含量超标、富营养化。2017 年中央环境保护督察就曾多次曝出磷石膏堆场环境污染问题，如磷石膏堆场渗滤液外排，造成附近水塘总磷浓度超过地表水Ⅲ类标准 200 余倍；未按照规定堆存磷石膏，造成大面积土地受到污染等。特别是长江沿线，磷化工企业较多，磷石膏大量堆存，给长江经济带生态保护带来很大压力。由于长江总磷污染问题突出，2019 年年初生态环境部印发《长江“三磷”专项排查整治行动实施方案》，组织长江经济带 7 个省（市）开展为期两年的“三磷”专项排查整治工作，并于 2019 年 7 月 8 日印发

《长江“三磷”专项排查整治技术指南》。8月20日，生态环境部通报称，通过地方自查发现，长江经济带692家“三磷”企业（矿、库）中有276家存在生态环境问题，占比40%。其中，磷石膏库问题最为突出，53.61%的磷石膏库存在环境问题；其次是磷肥企业，问题率高达47.62%；黄磷和含磷农药企业存在问题的比例分别为42.35%和34.48%；磷矿问题率相对较低，但也达到25.33%。从自查总体情况看，湖北、贵州、云南、四川、湖南、重庆、江苏等7个省（市）聚集了全国60%以上的涉磷企业，“三磷”企业（矿、库）数量高达692家（个），其中，磷矿229个、磷肥企业252家、含磷农药企业29家、黄磷企业85家、磷石膏库97个。从自查发现问题性质看，主要包括部分磷石膏库防渗措施不到位，对地下水环境安全形成较大威胁；部分磷石膏库未建设地下水监测井、监测井建设不规范或未按规定进行监测。

我国磷石膏产生与贮存特征，已有学者开展了较为系统的研究。概述我国磷石膏中有害污染物状况及其相关研究，能够对磷石膏堆存的主要环境影响进行较为全面的评价。磷石膏堆存的主要环境影响包括对土壤和水体等强酸性、重金属污染风险、氟污染风险、含磷化合物污染风险，以及潜在的放射性元素污染风险。

（1）磷石膏库对环境空气的影响

磷石膏对大气的影响主要通过扬尘。根据磷石膏库干堆和湿排库干滩的无组织排放粉尘影响分析，故扬尘主要发生在干磷石膏堆积区范围内，该部分干磷石膏中含水量约为4%，经类比相关数据和渣场的堆存量计算，平均风速下风蚀扬尘造成的堆场起尘量为0.51 g/s；在极限风速下风蚀造成的堆场起尘量约为0.76 g/s。依附大气沉降，以颗粒物的形态进入大气，经过自然沉降和降水进入周围环境。渣场扬尘量较小，类比相同工艺、相关规模的渣场可知，在平均风速下风蚀扬尘造成的污染在距磷石膏库100～300 m的范围内，可能造成地面浓度超标；在极限风速下风蚀扬尘造成的污染在距磷石膏库100～500 m的范围内，可能造成地面浓度超标。

（2）磷石膏库对地下水的影响

磷石膏对地下水的主要影响途径为大气降水对石膏渣的淋渗，污染物主要为COD_{Cr}、S、F、P等。根据杨永宏等对两家企业（分别采用湿法输渣方式和干法输渣方式）的磷石膏浸出毒性检测分析，湿法输渣方式的企业较干法输渣方式的企业在其渣场采样检出氟的浸出浓度相差约10倍，超出《污水综合排放标准》，按照《一般工业固体废物贮存、处置场污染控制标准》（GB 18599—2001）及其修改单，属于第Ⅱ类一般工业固体废物。磷石膏中重金属浸出毒性检测结果显示，磷石膏中Hg、Cd、Pb、Ni、Cr、Be、As、Cu、Zn和Ba等浸出浓度均超出《地下水质量标准》（GB/T 14848—2017）中Ⅲ类水质标准限值，其中Hg、Cd、Pb、Ni、Cr、Be已超出《地下水质量标准》中Ⅳ～Ⅴ类水质标准。表明磷石膏存在多种重金属及F等污染物渗出风险，且浸出物具有毒性，其进入土壤和渗入水环境，可能对生态环境具有潜在威胁。

在磷石膏库正常运行情况下，渗滤液来源包括直接降水、地表径流、地下水、覆盖材料中的水分，其中大气降水是最主要的。影响渗滤液产生量的因素有堆场构造、蒸发量、地下层的结构等，其中渣场的构造与渗滤液的产生量有很大关系，一个设计合理的渣场应尽量避免地下水和地表径流进入渣场。下游设计有雨水渗滤液池，按照《一般工业固体废物贮存、处置场污染控制标准》（GB 18599—2001）及其修改单的Ⅱ类场建设的要求及现场条件，渣场条件较好，可在其库底及侧边进行天然与人工防渗结合措施，压实黏土层，使其厚度不低于 0.5 m，且渗透系数低于 1.0×10^{-7} cm/s，在防渗系统正常运行的情况下，渣场的淋溶水向地下渗透将得到很好的控制。

在磷石膏库非正常运行情况下，因为渣场采用了库底及边坡防渗措施，该渣场场区地下水水位低，地表污染物随渗水进入含水层的可能性很小。在正常情况下，基本上不会对地下水产生污染。在雨季产生的淋溶水超出水池的贮水能力时，需要进行处理，当处理设施不能运行时淋溶水外排会对下游地表水水质产生短期影响。

（3）磷石膏库对土壤的影响

磷石膏库对场区植被影响将主要表现磷石膏库的建设将会改变场址土地利用性质，生态景观发生较大变化，减少原生植被。已有研究表明，磷石膏在自然堆放或土地利用过程中，其中含有的大量氟化物、磷及重金属等污染物易随雨水淋滤进入土壤，对周围土壤环境造成污染，如李佳宣等对什邡市磷石膏堆周围土壤重金属检测结果显示，磷石膏堆周围土壤中已检测出多种重金属元素，其中位于距离磷石膏堆较近处的土壤中 Cd、Zn、Pb 和 Cu 超标率较高，分别为 100%、33%、22% 和 22%；冯幕华等对云南抚仙湖磷化工厂附近农用地污染物含量调查分析表明，磷化工生产的排放物已导致附近农用地灌溉水严重氟污染，造成农用地土壤氟累积，雨季和旱季检测氟污染区农用地土壤氟浓度分别高达 1 648～26 593 mg/kg 和 2 470～22 216 mg/kg，最高超过对照农用地土壤氟含量（578～711 mg/kg）的 35 倍。

（4）磷石膏堆存对地表水环境影响分析

由于磷石膏是由硫酸分解磷矿粉湿法生产磷酸后的残渣，其中保留了一部分硫酸或磷酸，一般呈强酸性。一般来讲，磷石膏中含有水溶性 P_2O_5（磷酸）和水溶性 F（氟硅酸）分别为 2 000～6 000 mg/kg 和 2 000～4 000 mg/kg。磷石膏堆存处置或土地利用存在污染物（以 TP、SO_4^{2-}、F^- 为主）渗出风险大。如根据对贵州省等地多个磷石膏库周围水体水质调查数据统计结果，堆场淋溶水的水质远超过污水排放标准和地下水Ⅴ类水质标准，其 pH 在 2.13～2.50，污染物中 F^- 和 PO_4^{3-} 严重超标（分别高达 246～3 289 mg/L 和 1 415～6 000 mg/L），应严格落实渗滤液回用与磷酸生产工艺。

磷石膏库保水性质可以暂存一部分雨水，当降水量超过渣库保水能力时，则考虑磷石膏库安全，需要对淋溶性雨水进行二级中和沉淀处理后，使淋溶性雨水处理达到《污水综合排放标准》中的一级排放标准后用泵经输水管网将处理后的水输至磷酸车间回用。

（5）服务期满后环境问题

磷石膏库服务期满封场后，仍要确保渣场防洪、防渗、排水系统的正常运转及监测的正常进行。此外，需要加强封场后的生态恢复，绿化工程对于改善渣场的环境质量十分重要。封场后的全面绿化将使区域生态环境逐渐得到改善。

（6）小结

磷石膏库对不同环境介质污染的途径，结合磷石膏产生与堆存现状、主要污染特征和潜在环境影响剖析，采用资料分析与经验判断相结合的方法，磷石膏库污染物迁移对环境介质影响主要表现为强酸性、氟化物、总磷及砷污染，应综合考虑不同条件下（规模、开采年限、所在地降水量、气象参数等）的影响。开展环境污染分析，结果显示应重点需要关注 pH、总磷、总氮（氨氮）、氟化物、As 等的累积、转化作用影响。

表 12-5　磷石膏库潜在环境影响的主要途径和污染因子

分类	主要途径	主要影响污染因子
环境空气	风力侵蚀造成扬尘	TSP、As（涉及硫铁矿制酸）
地表水环境	地面漫流	pH、总磷、总氮（氨氮）、氟化物、As（涉及硫铁矿制酸）
地下水环境	废水泄漏及渗漏	pH、总磷、总氮（氨氮）、氟化物、As（涉及硫铁矿制酸）
土壤	地面漫流、入渗、大气沉降	pH、总磷、总氮（氨氮）、氟化物、As（涉及硫铁矿制酸）

12.5　磷石膏综合利用现状

磷石膏无害化处理作为解决磷石膏综合利用的重要手段，成为各方关注的焦点，湖北、贵州、云南等地纷纷开展相关工作，国家相关部委联合行业协会组织开展磷石膏无害化处理相关的标准和指南的制定工作，相关工作的开展涉及环保、安全、建筑、农业、道路等多领域的协作，是一项复杂的系统性工程，正在有序进行当中。

“十三五”期间中国磷石膏综合利用水平有了较为明显的提升（图 12-3），综合利用率由期初的 33.3% 增长至期末的 45.3%，增长 12%，超额完成“十三五”既定目标；

利用量由期初的 2 650 万 t/a 增长至期末的 3 400 万 t/a，增幅 28.3%，年均递增 5.11%。

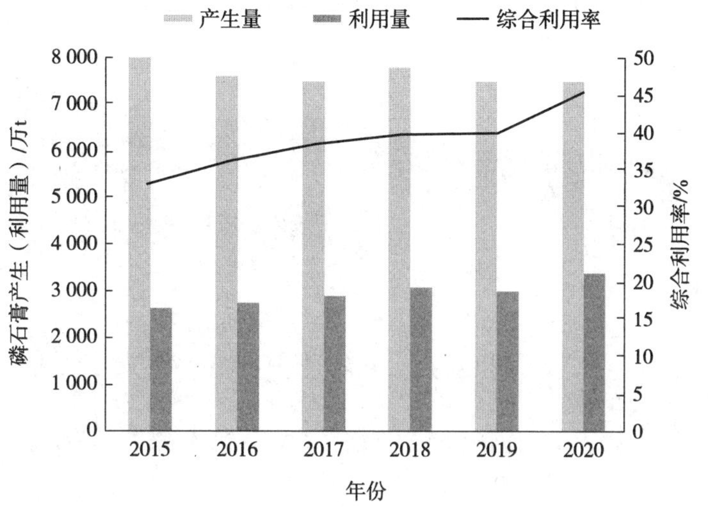

图 12-3 “十三五”期间我国磷石膏综合利用情况

从各主要磷石膏产生省的利用情况分析，利用率最高的省份为安徽省和贵州省，综合利用率已超过 100%，安徽省因其地处东部地区，市场较大，加之产量较少，综合利用率较高；贵州省自 2018 年实施“以用定产”政策以来，磷石膏综合利用率由 2018 年的不足 55%，一跃提升至 2020 年的 105%，原因主要有三个方面，一是贵州省政府出台了一系列鼓励磷石膏资源综合利用和使用磷石膏资源综合利用制品的政策；二是企业主动开展磷石膏大规模综合利用，加大投资建设磷石膏综合利用装置；三是执行“以用定产”政策，部分装置限产；其次为四川省和湖北省，2020 年两省综合利用率分别为 46.4% 和 29.3%，随着两地磷石膏政策的落地，2021 年磷石膏综合利用率有了很大的提升；云南省由于磷石膏产量大，加之地处偏远、市场辐射量小、磷石膏综合利用起步较晚等因素，磷石膏综合利用率在 20% 左右，2021 年中央第八生态环境保护督察组向云南省反馈督察情况，针对云南省现有历史遗留废弃露天矿山约 8 000 座及生态修复工作滞后的问题提出要求，云南省结合磷石膏综合利用与矿山生态修复，提出磷石膏经处理后用于生态修复的方案，目前正在开展相关工作，磷石膏综合利用率有望得到显著提升；河北、山东、广东、福建等地的磷石膏产量较低，且靠近消费市场，磷石膏综合利用率均超过 100%；其他省份磷石膏产量少，堆存压力小，综合利用率较低。

我国磷石膏资源化利用工艺已基本成熟，部分关键共性技术得以突破和应用，以水泥缓凝剂及各类建材产品等初级化利用途径为主。由图 12-4 可知，水泥缓凝剂用量最大，约占磷石膏利用量的 30%；其次为外供外售，约占 25%；用作各类建材产品，如石膏板、石膏砖、石膏砌块、石膏粉等，约占20%；用作筑路或充填约占15%；此外还有少量用于磷石膏土壤调理剂、磷石膏制硫酸等应用途径。

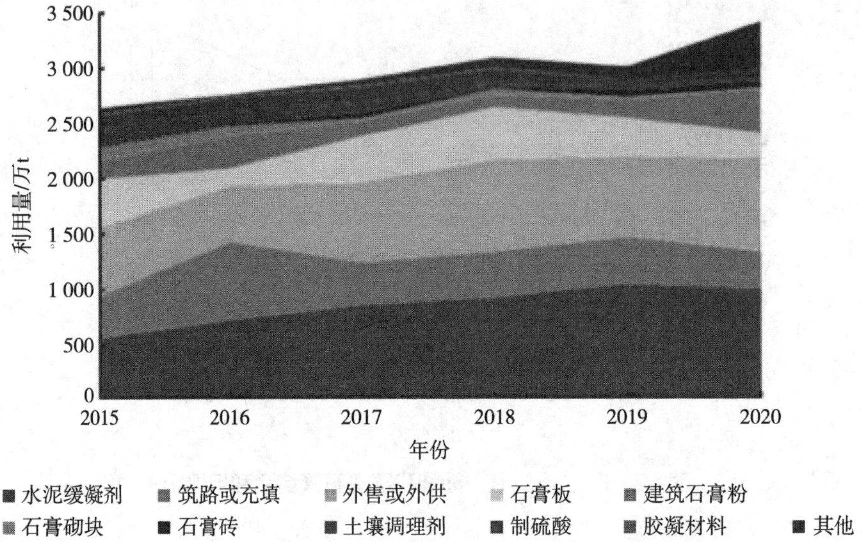

图 12-4 “十三五”期间我国磷石膏不同利用途径利用量情况

当前磷石膏综合利用存在的问题主要有以下几点：

1）对磷石膏认识不清。我国早期的磷肥工业主要为解决我国磷肥供给，通过引进与技改，使我国磷肥工业得到了快速的发展，然而伴随产生的磷石膏并未得到重视，而是作为“废物”全部进行堆存处理，并未开展与之相关的基础研究和与综合利用相关的试验研究工作，导致现阶段我国对磷石膏的基本属性及使用磷石膏可能造成的环境风险、安全隐患、健康威胁、土质变化等缺乏必要的试验和证据佐证；此外磷石膏成分复杂，杂质去除难度大，对其综合利用产生了阻碍。随着我国磷肥工业的不断发展，早期积累的磷石膏问题日益凸显，加之磷石膏管理存在一定的问题，磷石膏及磷石膏下游产品质量不稳定，致使磷石膏的综合利用成为磷肥行业发展的“卡脖子”问题。

2）磷石膏综合利用缺乏创新动力。磷肥行业利润率较低，长期稳定在2%左右的水平，企业缺乏创新动力，加之目前我国磷石膏综合利用技术路线主要以低附加值的初级利用途径为主，且同质化严重，市场竞争激烈，产品价值低甚至贴钱销售，企业积极性不高。

3）上下游产业协同不足。磷石膏综合利用是一项系统工程，涉及化肥、化工、建材、建筑、农业、轻工等多个行业，以及生态环境、安全、发改、工信、住建等多个政府管理部门，磷石膏综合利用在标准制定和执行、归口管理、权责划分等方面存在产业间、部门间沟通协作不畅的问题，使推动磷石膏资源化利用工作的过程阻力较大。

4）磷石膏产生地集中，规模化手段缺失。受地域资源禀赋和经济发展水平影响，云南、贵州、四川、湖北等地的磷石膏产生集中、历史堆存量大、利用难度大，且大多地处偏远，磷石膏综合利用产品的周边辐射市场容量不足以满足如此大批量的磷石膏利用，加之受运输成本影响，产品运距较短，限制了综合利用产品的销售。

13 赤泥污染特征

13.1 选矿工艺

铝业是金属冶炼行业中仅次于钢铁的第二大产业。赤泥是制铝工业提取 Al_2O_3 时产生的一种红色、强碱性固体废渣，一般含 Fe_2O_3 量大，外观与赤色泥土相似，故称为赤泥。其产出量因矿石品位、生产方法和及时水平而异，大多数生产厂每生产 1 t Al_2O_3 附带产生 0.9～1.4 t 赤泥。我国作为 Al_2O_3 生产大国，每年排放的赤泥高达上亿吨，大量的赤泥不能充分有效地利用，只能依靠大面积的堆场堆放，占用了大量土地，也对环境造成了严重的污染。

根据原理不同，Al_2O_3 生产工艺可以分为拜耳法、烧结法和联合法（混联、串联和并联）3 种，其中拜耳法为最主流技术，由 K · J 拜耳早在 1889—1892 年提出，在常温的 $NaAlO_2$ 溶液中，当氧化钠和氧化铝摩尔比为 1.8 时，只要添加 $Al(OH)_3$ 作为晶种，并不断搅拌，溶液中 Al_2O_3 便可以氢氧化铝的形式析出，而氢氧化铝溶液经加热后，可溶出氧化铝水合物。典型拜耳法 Al_2O_3 生产工艺过程中赤泥的形成如图 13-1 所示。根据 Al_2O_3 生产方式的不同，赤泥可分为拜耳法赤泥、烧结法赤泥和联合法赤泥。拜耳法赤泥产生方式：采用 Na_2O 溶出铝土矿，铝矾土作为主要原料，越过高温煅烧环节被直接用来溶解、分离、结晶、焙烧等工序得到 Al_2O_3，溶解后分离出的浆状即为拜耳法赤泥，产量为 1～1.1 t/t 氧化铝；烧结法赤泥产生方式：首先在原料中掺入一定量的 Na_2CO_3，继而在回转窑内高温煅烧，制成 $NaAlO_2$ 熟料，之后经溶解、结晶、焙烧等工序制取氧化铝，溶解后分离出的浆状即为烧结法赤泥，产量为 0.7～0.8 t/t Al_2O_3；联合法赤泥产生方式：联合法所用的原料是拜耳法排除的赤泥，然后采用烧结法再制取 Al_2O_3，最后烧结法排出的赤泥即为联合法赤泥，产量与烧结法赤泥相当。

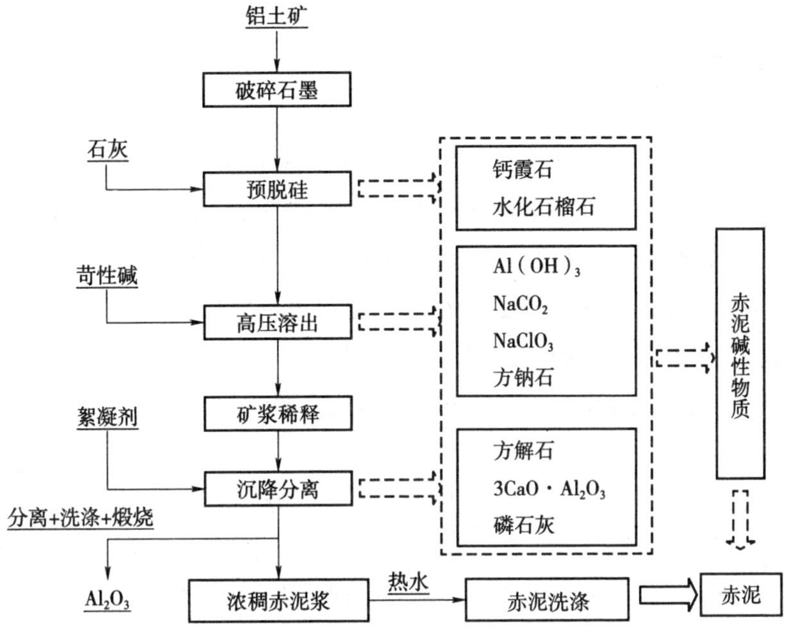

图 13-1　典型拜耳法氧化铝生产工艺过程中赤泥的形成

赤泥的主要矿物为：文石和方解石含量为 60%～65%，其次是蛋白石、三水铝石、针镁矿，还有少量的钛矿物、菱铁矿、天然碱、水玻璃、铝酸钠和火碱。其矿物组成复杂，且不符合天然土的矿物组合。在这些矿物中，文石、方解石和菱铁矿既是骨架，又有一定的胶结作用；而针铁矿、三水铝石、蛋白石、水玻璃起胶结作用和填充作用。

赤泥的化学成分通常是 SiO_2 为 20%～25%、TiO_2 为 3%～5%、Al_2O_3 为 6%～25%、Fe_2O_3 为 5%～12%、CaO 为 40%～50%、Na_2O 为 2%～4%、K_2O 为 0.2%～0.7%、SO_3 为 0.4%～0.6%、烧失量为 6%～14%、MgO 为 2% 左右。由于生产 Al_2O_3 的方法以及生产过程中添加剂的物质成分和新生成的化合物成分不同，产生的赤泥成分也不尽相同。

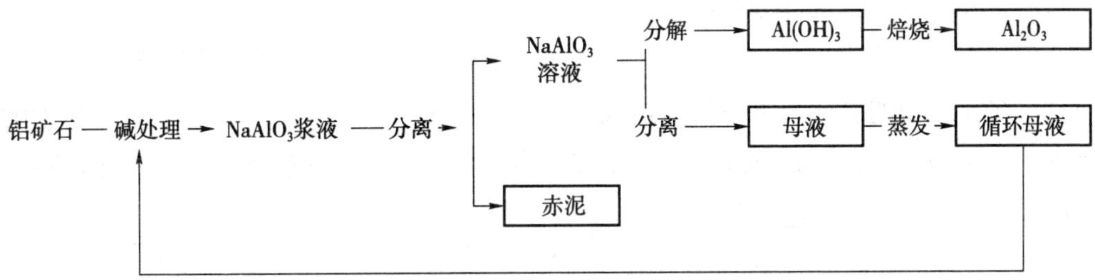

图 13-2　烧结法氧化铝生产过程中产生赤泥工艺

13.2 赤泥产生量

由于近年来我国新增产能均为拜耳法氧化铝，拜耳法赤泥占据我们赤泥的主导地位。由于缺乏赤泥大宗利用的经济可行技术，赤泥的综合利用率一直处于较低水平，仅为 4% 左右，远低于全国工业固体废物 65% 的平均利用水平，造成我国赤泥大量堆存。目前我国赤泥累计堆存量已达 4 亿多 t。赤泥大量堆存不仅占用土地、浪费资源，而且带来环境污染和安全隐患。同时，赤泥也是一种宝贵的二次资源，赤泥的堆放使赤泥中的这些可利用成分得不到合理利用，造成资源的极大浪费，严重地阻碍了铝工业的可持续发展。

我国赤泥产生及堆存的分布情况与氧化铝生产分布情况一致，主要集中于山东、河南、广西、山西、贵州、重庆等 6 个省（市）。由于赤泥碱性高、产生量大，大量赤泥难以充分有效利用，传统的堆存、填海等处理方式会对周边环境造成一定影响。不完全统计数据显示，2023 年全国赤泥产生量 10 700 万 t，综合利用 1 050 万 t，利用率 9.8%，已创历年最高水平，但仍以堆存为主，迄今我国赤泥累计堆存量已达 14 亿 t，堆存占地已达 12 万亩 [①]。

13.3 赤泥污染特征分析

目前，国内外 Al_2O_3 大部分将赤泥输送到堆场，贮坝湿法堆肥，且靠自然沉降分离对溶液再利用，该方法容易使大量废碱液渗透到附近农田，造成土壤碱化，沼泽化，污染地表地下水源。另一种方法是将赤泥干燥脱水和蒸发后干法堆存。此外，国外 Al_2O_3 厂也有填海和特殊植被覆盖处理的方法，其中，填海对环境影响特别严重，我国赤泥的处理主要是贮坝堆存。我国 Al_2O_3 生产过程中每年产生的赤泥量超过 600 万 t，全部露天堆存，并且大部分堆场坝体用赤泥构筑。目前，人们日益关注赤泥堆放对环境造成的影响，赤泥的堆放不仅占用大量的土地，耗费较多的堆场建设和维护费用，而且存在赤泥中的碱向地下渗透，造成地下水体和土壤污染。裸露赤泥形成的粉尘随风飞扬，污染大气，对人类和动物的生存造成负面影响，恶化生态环境。赤泥堆存对环境的影响主要有以下几个方面。

---

① 1 亩≈666.67 m^2。

13.3.1 土地和农田的占用

赤泥的存放占用大量土地和珍贵的农田。赤泥的贮存不仅需要占用大面积的土地及投入巨额资金筑坝，同时需要耗费较多的堆场建设和维护费用，用于堆放赤泥的土地费用占 Al_2O_3 产值的 1%～2%。

13.3.2 大气环境影响

赤泥的粒度因生产工艺有很大的差异，当赤泥脱水风化后，表层的黏结性变差，容易引起粉尘污染。晒干的赤泥形成的粉尘到处飞扬破坏生态环境，而且贮灰场中的赤泥由于风蚀扬尘影响能见度，造成严重污染。但在生产运行期，由于堆场表层一直在排放赤泥浆液，湿度较大，不会引起粉尘污染。此外，在赤泥中有害元素大于 2 μm 沉积在鼻咽区，小于 2 μm 的沉积在支气管、肺泡区，被血液吸收，输送到人体各个器官，对人类和其他动物的健康的危害极大。

13.3.3 地表水环境影响分析

赤泥库渗滤液如不收集或收集后未经处理直接排放进入地表水体，将对地表水体造成污染，如增加水体的碱度、氟化物等，进而影响水生生物。

13.3.4 地下水环境影响分析

赤泥对水体的污染表现为，一方面直接排入水体，形成沉淀物、悬浮物、可溶物等，造成污染；另一方面赤坭淋滤液下渗，将会引起地下水体的水质硬度增加，有时甚至造成更严重的 As、Cr 等元素污染水体。

赤泥及其附液的含碱量均很高，赤泥堆场下游的地下水是受赤泥影响的主要对象，在未采取防渗措施的赤泥堆场附近，高碱度的污水渗入地下水或进入地表水，使水体 pH 升高，地下水总硬度最高的接近 1 600 mg/L（超标 2.53 倍），pH 达 11.2（标准为 6.5～8.5），可能造成超过地下水Ⅲ类水质标准的问题。赤泥中所含的氟化物是另一个造成水体污染的主要污染物。氟化物来自 Al_2O_3 生产所需的原料中，在一些使用一体化设备的生产中，跟随赤泥被一起堆放到堆放场地里。同时由于 pH 的高低常影响水中化合物的化学性质和毒性，随着水体的流动，还会造成更为严重的水污染。一般认为碱含量为 30～400 mg/L 是公共水源的适合范围，饮用水中氟化物的含量标准为 0.5～1.0 mg/L，而赤泥附液的碱度高达 26 348 mg/L，浸出液的 pH 为 12.1～13.0，氟化物含量 11.5～26.7 mg/L；当赤泥中污染元素在水中聚集到一定程度时，水体便具有生物毒性。例如，有研究曾对山西铝厂冶炼场地的地下水进行检测，水体中 Fe、Mn

和氟化物等的含量就超过了地下水Ⅲ类水质标准和饮用水水质标准。

13.3.5 对建筑物表面和土壤环境的影响

赤泥呈碱性，因此在潮湿空气中赤泥对建筑物表面有侵蚀性，降落地面的悬浮微粒则使土壤碱化，造成土壤污染，影响种植及放牧。赤泥的强碱性，会扰乱植物根系正常的生理活动，影响植物对养分的吸收，所以大多数植物都不适宜在赤泥堆放过的土壤中生长。赤泥及其附液的强碱性对地下的黏土层具有极强的盐碱化作用，其强碱性和附液可改变地下黏土层的结构和化学成分。赤泥堆存过的土壤很难复垦和种植植物。

13.3.6 赤泥的放射性污染

部分赤泥因为原矿所含矿物质成分的原因而含有 Ra、Po 等放射性物质及有毒物质，会对堆场附近的人和动物产生危害，因而对环境会造成辐射危害。

13.3.7 对人体健康的影响分析

赤泥的主要污染物是碱、氟化物、Na 和 Al 等，这些物质经各种途径进入地下水，将会引起地下水体的水质硬度增加，有时甚至造成更严重的砷、铬等元素污染水体。随着食物链进入人体，或者人们长期饮用含有这些污染物的地下水，各种污染离子就会在人体内富集，从而影响身体健康。碱对人体的危害往往不是直接的，一方面，高碱度的污水渗入地下水或进入地表水，使水体 pH 升高，以致超出国家规定的相应标准，造成水污染；另一方面，pH 的高低常影响水中化合物的毒性。F 是人体所必需的元素，但长期饮用高氟水会引起氟骨症、氟斑牙，严重时可使骨质组织疏松，容易骨折等，国家规定饮用水的氟化物标准为 0.5～1.0 mg/L，而赤泥附液中的氟化物浓度超出国家标准 10 倍左右，其长期影响不容忽视。Al 对人体的危害主要表现在使人的消化功能下降以及影响肝功能，另外对人脑神经也会产生不利的影响。

13.4 赤泥利用处置案例

赤泥中含有可再生利用的氧化物和多种有用金属元素是赤泥再生利用的基础。赤泥中含有较高的 CaO、SiO_2 可用来生产硅酸盐水泥及其他建材；利用其 SiO_2、Al_2O_3、CaO、MgO 的含量特征及少量的 TiO_2、MnO、Cr_2O_3 可以生产特种玻璃；同时赤泥中含有丰富的 Fe、Sc、Ti 等有用金属可回收利用；赤泥具有铁矿物含量较高、颗粒分散性好、比表面积大、在溶液中稳定性好等特点，在环境修复领域具有广阔的应用前景。概括来说对赤泥的综合利用，一是提取其中有用组分回收有价金属，二是将赤泥作为矿物原料整体利用。

赤泥中含有丰富的 Fe、Al、Ca、Ti、Sc 等有用金属元素，这些金属资源目前未能得到充分的利用，在矿产资源日益缺乏的条件下对赤泥中有用金属的回收显得日渐重要。同时赤泥被充分利用于建材中，有效缓解了赤泥对环境造成的危害。据了解目前赤泥已经被用于建筑、环保、农业等诸多领域，并取得了明显的成效，并随着自然资源的匮乏，从赤泥中回收有价元素的重要意义。

13.4.1　赤泥在建筑领域的应用

13.4.1.1　制备水泥

赤泥含有 $CaCO_3$、Al_2O_3 以及大量的硅酸盐，尤其是烧结法赤泥含有大量的β- 硅酸二钙，因此赤泥作为活性材料，可以作为水泥的添加剂，用于生产水泥，作为水泥熟料生产中的原材料，所生产的水泥抗压强度优于一般水泥，是赤泥无害化处理的一种有效方式。这既解决了水泥生产的资源需求问题，又有利于赤泥废渣的处理，提高了资源的综合利用效率。中铝山东分公司建成综合利用赤泥的大型水泥厂，已运营多年，通过技术的改造革新，水泥生料中赤泥的配比由 20%～38.5% 提高到 45%，同时提高了水泥的质量，由原来以生产 425 水泥为主转变成以生产 525 水泥为主。此外，广西华众建材有限公司拥有年处理 50 万 t 赤泥综合利用项目，是全国 40 家“矿产资源综合利用示范基地”重点项目之一，也是中国铝业股份有限公司广西分公司年产 40 万 t 铝水自备发电机组工程的配套项目，项目总体规划为年产生态水泥 600 万 t，项目一期已于 2020 年 12 月竣工点火，构建起“工业生产—废渣—建材”的循环经济产业链。

图 13-3　赤泥生产水泥

13.4.1.2　作为混凝土掺合料

赤泥可以作为一种活性材料，对混凝土抗压强度和收缩性能有一定提升，添加至混凝土中具有良好的力学性能，能够降低水泥混凝土的成本。Ghalehnovi 等利用赤泥部分代替水泥或填料制成自密实建筑混凝土，发现赤泥的掺加对混凝土的性能影响不大，与基准混凝土相比，结果变化大多小于 5%，可以忽略不计，并且掺加赤泥可以提高混凝土的抗硫酸盐侵蚀性能。Metilda 等研究了赤泥掺加量对混凝土力学性能的影响，并将其与普通混凝土进行比较，发现赤泥的最佳掺加量为 15%，此时混凝土试件的力学性能最好，继续掺加赤泥会降低混凝土试件的力学性能，证明赤泥可以作为一种良好的混凝土胶凝剂，提高混凝土的性能。将各原料烘干后进行粉末，赤泥粉磨至表面积为 800 m^2/kg，矿渣、熟料以及石膏分别磨至比表面积 500 m^2/kg 左右，以矿渣、水泥熟料、石膏按照 8：1：1 配比，外加 1% 减水剂配制成基础胶凝材料。再将赤泥作为掺合料掺入基础胶凝材料，加水搅拌均匀，搅拌完成后将浆体注入模具振动成型，浆体成型后放入标准养护箱养护，最终通过调整赤泥的掺入比例，获得高性能混凝土掺合料。

13.4.1.3　制备砖材

赤泥透水砖是以赤泥（含量 50% 以上）、尾矿等工业废渣为主要原材料，经混合搅拌、加压成型、高温焙烧等工序制成，可根据用户需求生产铺路砖、广场砖、六角砖、异形砖、植草砖、护坡砖等不同型号。目前，山东淄博市天之润生态科技有限公司已建成年处理赤泥 7 万 t 的大规模透水砖的生产线。该公司赤泥透水砖项目赤泥掺配率高达 90%，成功入选 2018 年山东省循环经济十大创新成果。

图 13-4　赤泥制砖材

赤泥烧结砖是以赤泥为主要原料，以页岩、炉渣等为辅料，采用“低温慢烧”技术，使用一次性码烧工艺，经混合搅拌、成型干燥、低温慢烧等工序制成。该技术已在山东魏桥创业集团有限公司实现产业化应用，年利用赤泥可达 15 万 t。

13.4.1.4 路基材料

赤泥制备路基材料，可以减少石灰等不可再生资源的消耗。赤泥制备路基材料是使用改性固化剂对赤泥进行改性处理，促使该材料颗粒之间电荷中和、吸附架桥、机械压实，从而使赤泥路基材料形成路用性能可靠、污染性指标可控的优质低成本路用填筑材料。该改性固化剂由工业废渣磷石膏、调节剂和稳定剂按一定比例混合而成，利用固体废物之间互补的化学特性，通过对活性物质的激发实现对赤泥的固化，通常的配方是赤泥占80%～90%，石灰占5%～10%，粉煤占5%～10%，固化剂为0.2%。该产品广泛应用于新建及改（扩）建公路的路基填筑材料，高速公路、国道、省道等公路底基层的填筑材料，建筑、厂矿、港口及货场基础的填筑材料，一般施工工艺为赤泥、粉煤灰、石灰、固化剂→搅拌混合→摊铺→整平碾压→成型养护。目前，该产品已存在多个应用案例，技术较为成熟，如滨州北海静脉产业园主干路建设、滨州北海市政路网建设、济青高速改扩建等项目中均有采用该产品。据测算每千米高速公路可消耗20万t赤泥，省级公路可消耗6万t赤泥，市政道路可消耗2万t赤泥。

图 13-5 赤泥用于道路材料

13.4.1.5 制备微晶玻璃

由于赤泥的化学性质与微晶玻璃相近，但传统方法制备微晶玻璃的原材料昂贵，因此，近年来利用赤泥制备微晶玻璃的研究很多。利用赤泥及辅助化工原料生产出各种颜色微晶玻璃粒料，经过干燥、粉碎、筛分、除杂质处理，利用专利技术“写意微晶石布料系统”将微晶玻璃粒料按照预先设计好的图案均匀分布在耐火模具中，利用辊道窑晶化技术放入辊道窑内升温，进行晶化摊平，部分玻璃料由非晶质向晶质转变，同时大部分玻璃料开始软化、熔融，直到一定温度摊平成光滑平整的板材，再经过一定恒温时间和缓慢冷却而成板材。板材经过退火冷却后，采用专用机械从耐火模型中将其分离出来，利用研磨抛光设备将微晶玻璃板面研磨抛光，成为具有天然石材纹理，但理化性能更加优越的微晶玻璃装饰板材。赤泥微晶玻璃板材吸水率为零，耐酸耐碱，光泽度高，永不褪色是高档建筑物或公用设施的外墙、内墙、地面装饰的首选。李宝毅等以中州铝厂固体废物赤泥、粉煤灰、碱渣等为主要原料，加入 TiO_2 作为晶核剂，制备以钙铝黄长石为主晶相的微晶玻璃，为赤泥、粉煤灰的利用开辟了一条新的途径，并通过实验验证以赤泥、粉煤灰废渣为主要原料制备微晶玻璃的性能优于天然大理石、花岗石等材料，可用于现代建筑内、外墙及地面的装饰材料，具有很大的应用价值和发展前景。

山东轻工学院利用山东铝厂赤泥、济南化工厂铬矿渣为主要原料，配以石英砂、萤石、碳粉和锰渣等物质，生产出黑色玻璃饰面材料。其工艺为将石英砂、萤石、碳粉和锰渣等湿磨后与赤泥共同烘干，按一定比例混合均匀。所制材料具有良好的机械强度、化学稳定性和浓黑光亮的质量外观，耐酸碱性能好，热稳定性高，是优良的建筑材料。

图 13-6　赤泥制造微晶玻璃

13.4.1.6　制备岩棉

赤泥岩棉是以赤泥为主要原材料，通过加压制块、固化晾干、高温熔融、集棉成型等工艺制成的高附加值产品，可生产节能保温岩棉系列制品，可广泛用于工业、建筑业、农业、船舶业等行业领域。某环保科技公司自 2013 年开始研究赤泥固体废物治理，已在山东茌平建成年治理 30 万 t 赤泥年产 6 万 t 岩棉项目，经济效益可观。

图 13-7　赤泥制造岩棉工程

13.4.2　赤泥在环境保护方面的应用

13.4.2.1　在废水处理领域应用

赤泥具有表面积较大、吸附性较强的物理特征，因此在对污水进行处理的过程中，可以将赤泥作为吸附剂，对污水中含有的大量有害金属离子进行有效吸附处理。赤泥在对废水进行澄清的过程中，还可以当作水泥使用。由于赤泥中含有的碱性物质较多，因此在对软性污水进行处理的过程中经常被使用。

黄河等研究了赤泥对废水中 Mn^{2+} 的去除能力，并对其吸附机理力学分析，综合考量了溶液 pH、赤泥投入量、Mn^{2+} 初始浓度对吸附率的影响，研究发现，主要受化学吸附控制，被吸附之后的 Mn^{2+} 可以部分氧化成高价的锰氧化物。陈新年等针对污染，以赤泥为主要原材料，并在其中掺入不同水厂的污泥，研制了用于吸收污水中重金属泥基陶粒，发现掺加污水处理厂污泥的陶粒对水中的 As 离子有更好的去除效果，在最优条件下，除 As 率可达 90% 且经济性好。Bento 等将赤泥与聚对苯二甲酸乙二酯（PET）进行混合制成复合材料高温处理之后对其从水中去除亚甲基蓝染料的能力进行了测试，24 h 后，亚甲基蓝染料去除率达到 90%。

图 13-8　赤泥应用于废水处理

13.4.2.2　在土壤修复领域的应用

赤泥应用于土壤修复，主要通过吸附土壤中的重金属元素来实现土壤修复。崔节虎等利用赤泥作为原材料制备赤泥陶粒，研究吸附时间、镉的质量浓度和土壤 pH 对陶粒吸 Cd 的影响。最优条件下得到的 Cd 的吸附率为 40.69%，吸附时间对吸附效果影响最大。史力争等研究了赤泥、盐酸改性赤泥、人造沸石、石膏和 $FeSO_4$ 及其复配对修复重金属复合污染土壤，由 11 组不同的对比试验，人们发现 0.5% 赤泥与 0.5% $FeSO_4$ 复配对 Pb、Sd、As 复合污染属有很好的钝化效果。郑州研究院自主研发的“赤泥土壤化生态修复技术”已在中铝矿业、遵义铝业、东方希望等企业实现规模化应用，应用面积达到 3.6 万 m^2，修复后赤泥土壤肥力达到旱地 I 级标准，植被绿化覆盖率达 95% 以上。

13.4.2.3　废气治理领域的应用

工业生产中会产生大量的包含 SO_x、NO_x 等的废气，赤泥具有良好的吸附性，含有丰富的碱性物质，其在处理工业废气方面有广泛的应用前景。竹涛等以混合赤泥为原料，分析了温度、液固比、赤泥粒度、烟气浓度和 pH 对赤泥脱硫率的影响，通过单因素脱硫试验，实现了长时间的脱硫效率，使赤泥变废为宝，实现资源化回收利用。Li 等创新性地提出用赤泥和矿井排水混合制成新的吸收剂来处理工业废气中的 SO_2 和 NO_2，通过鼓泡和喷淋塔试验对试验条件进行优化选择，在赤泥浓度 12%、气体流量 40 L/min、液气比 20 L/m、吸收剂更新率 15%、$NaClO_2$ 浓度 1.9% 以下，得到的脱硫效率大于 99.0%，脱硝效率约为 45.0%。

13.4.3　赤泥在农业生产中的应用

赤泥中除含有较高的 Si、Ca、K、P 等成分外，还含有数十种农作物必需的微量元素。赤泥脱水后，在 120～300℃烘干活化并磨细至粒径为 90～150 μm，即可配制硅钙农用肥。它可使植物形成硅化细胞，增强作物生理效能和抗逆性能，有效提高工作作物产量、改善粮食品质，同时降低土壤酸性，作为基肥改良土壤。例如，某铝业公司广西分公司开展了赤泥土壤植被栽培技术试验研究，实现了在三期赤泥上进行多种植物种植。

13.4.4　从赤泥中回收有价元素

赤泥含有大量 Fe、Al、Ti、Na 并含有相对较高的 Sc、Th、U 等元素，可进行有价金属回收。赤泥碱性强、水分含量高决定赤泥有价金属回收更适合用无机酸浸出。

13.4.4.1　回收铁

赤泥中 Fe_2O_3 含量较高，目前，国内赤泥回收铁的技术主要包括直接分选、还原焙烧、浸出提取等。直接分选中强磁选技术工艺是目前赤泥回收铁应用最广泛的生产工艺，广西信发铝电有限公司、中铝广西分公司、山东魏桥创业集团有限公司等企业均采用此生产工艺回收赤泥中的 Fe。此外，广西靖西银健赤泥综合利用有限公司、广西东懋再生资源开发有限公司、广西德保镓业有限公司、田东锦鑫稀有金属材料公司等企业均已建成赤泥提铁、提镓项目。

13.4.4.2 回收钛

由于 Al_2O_3 生产工艺和产地的不同，其中铝土矿渣中有价金属的含量也有不少差异，但是几乎每一个产地的赤泥中都含有高含量的 TiO_2，赤泥中 TiO_2 含量一般在 4%～12%，通常以锐钛矿、钙钛矿等形式存在。因此，从经济及环境保护方面来看，赤泥中提取钪和钛具有重要意义。赤泥中钛的赋存状况比较复杂，并不是以单一的矿物形式存在，而是多种矿物共存。由于赤泥是铝土矿在强碱性介质及高温条件下排出的尾渣，其中的钛多以钙钛矿和板钛矿的形式存在，结构稳定。目前将赤泥中的钛进行回收有火法冶金和湿法冶金两种方法。火法回收钛的原理一般是将赤泥烧结除去 Fe、Al、Si 等，使 Ti 于渣中富集，再将渣中的 Ti 浸出。除火法外，还可采用湿法回收 Ti，则以酸性浸出工艺为主。朱晓波等采用三级循环酸浸提取赤泥中的 Ti，考量了影响 Ti 浸出率的硫酸浓度、浸出温度和反应时间，通过动力学分析，最终在最优条件下进行研究，Ti 的浸出率达到 82%，硫酸的消耗量降低 25%。研究发现，浸出率主要受硫酸浓度和矿浸出温度影响。

13.4.4.3 回收钪

钪（Sc）是一种典型的稀散金属元素目前自然界中发现的独立钪矿物资源很少而我国铝土矿中 Sc_2O_3 含量为 40～200 g/t 主要富集于赤泥中。回收处理铝土矿等的尾矿或废渣中的伴生钪成为工业上获得钪的主要途径。铝土矿中 Sc_2O_3 含量为 20～150 μg/g，铝土矿经过生产氧化铝后，基本上 98% 的 Sc 在赤泥中富集，所以赤泥是很好的提钪原料。目前赤泥中提钪的工艺主要分为湿法冶金和火法—湿法冶金。

13.4.4.4 回收稀土元素

我国各氧化铝厂排出的固体废物赤泥，因使用的铝土矿产地不同和氧化铝的生产方法不同。贵州铝厂拜耳法赤泥中 Sc_2O_3 为 107 μg/g，Re_2O_3（稀土元素总量）达 1 400 μg/g；烧结法赤泥 Sc_2O_3 92.5 μg，Re_2O_3 1 320 μg。郑州铝厂赤泥中三氧化二钪 70.5 μg，Re_2O_3 66 μg。山西铝厂的赤泥中 Sc_2O_3 41.2 μg，Re_2O_3 355 μg。山东铝厂的赤泥中 Sc_2O_3 44.9 μg，Re_2O_3 664 μg。在氧化铝的生产过程中，在强碱状态下使稀土离子定量地转变成稀土氢氧化物，脱水后便生成稀土氧化物凝胶，干燥后，变成氧化物分散在赤泥中。目前，从赤泥中回收稀土金属主要采用酸浸出工艺，其中包括盐酸浸出、硫酸浸出、硝酸浸出等。我国学者徐刚研究和总结了一些国内外专家在这方面的研究成果。指出了目前从赤泥中提取钪的主要方法有：还原熔炼法，赤泥＋碳粉＋石灰→生铁＋含铝硅炉渣→苏打浸出→钪进入浸出渣（白泥）；硫酸化焙烧，赤泥＋浓硫酸（200℃焙烧1 h）→每升2.5 mol硫酸浸出（固液比为1：10）→浸出液（含钪）；酸洗液浸出，赤泥→灼烧→废酸浸出→铝铁复盐（净水剂）＋浸出渣（高硅，保温材料）＋浸出液（钪每升10 mol）；硼酸盐或碳酸盐熔融，赤泥熔融→盐酸浸出→离子交换除NON-RE→Sc/RE分离。从历史研究成果看，赤泥中回收稀土金属在技术上是可行的。但综观国内外工艺研究成果，所有的工艺技术都针对某一种赤泥，有一定的局限性，不能普遍适用。朱晓波等采用酸浸法从赤泥中提取Y，综合考虑了各种因素的影响，在最优条件下得到Y的浸出率为82.57%。

14 生态环境管理

我国尾矿年产生量约 10 亿 t，占一般工业固体废物年产生量的 1/4。尾矿种类多、成分复杂，在其产生、贮存、运输和综合利用各个环节都可能产生环境污染。

随着我国矿产资源开发相关技术的进步和矿山企业的不断发展，国家和企业也逐渐认识到尾矿堆存带来的环境问题的严重性，因而国家不断出台政策，从资金、制度和技术等方面给矿山企业提供支持，企业也不断投入资金对尾矿的环境管理和综合利用等方面进行实践和探索。经过多年的发展，我国已经初步建立了一套较为完善的尾矿环境监督管理体系。

14.1 法律、法规

2020 年修订实施的《中华人民共和国固体废物污染环境防治法》（以下简称《固体废物污染环境防治法》）中要求，矿山企业应当采取科学的开采方法和选矿工艺，从源头减少尾矿、废石等矿业固体废物的产生量和贮存量，并鼓励采取先进工艺对尾矿、废石等矿业固体废物进行综合利用。在尾矿等矿业固体废物贮存设施停止使用后，矿山企业应当按照国家有关环境保护等规定进行封场，防止造成环境污染和生态破坏。

针对尾矿库的运营、管理单位，2017 年修正的《中华人民共和国水污染防治法》和 2021 年正式实施的《地下水管理条例》（国务院令　第 748 号）均要求尾矿库的运营、管理单位，应当采取防渗漏等措施，并建设地下水水质监测井进行监测，防止地下水污染。2019 年正式实施的《中华人民共和国土壤污染防治法》中明确规定尾矿库运营、管理单位应当按照规定，加强尾矿库的安全管理，采取措施防止土壤污染。危库、险库、病库以及其他需要重点监管的尾矿库的运营、管理单位应当按照规定，进行土壤污染状况监测和定期评估。地方生态环境主管部门应当加强对尾矿库土壤污染防治情况的监督检查和定期评估，发现风险隐患的，及时督促尾矿库运营、管理单位采取相应措施。

针对尾矿库的扬尘污染问题，2018 年修正的《中华人民共和国大气污染防治法》要求，矿山、填埋场和消纳场应当实施分区作业，并采取有效措施防治扬尘污染。

尾矿库作为贮存尾矿的场所，其建设应当按照 2017 年修订的《建设项目环境保护管理条例》（国务院令　第 682 号）的规定依法编制环境影响报告书，建设单位应当在开工建设前将环境影响报告书报有审批权的环境保护行政主管部门审批；建设项目的环境影响评价文件未依法经审批部门审查或者审查后未予批准的，建设单位不得开工建设。尾矿库作为建设项目需要配套建设的环境保护设施，必须与主体工程同时设计、同时施工、同时投产使用。环境保护行政主管部门应当对建设项目环境保护设施设计、施工、验收、投入生产或者使用情况，以及有关环境影响评价文件确定的其他环境保护措施的落实情况，进行监督检查。

14.2　部门、地方规章

根据《建设项目环境影响评价分类管理名录（2021 版）》（生态环境部令　第 16 号），黑色金属矿采选业（包括铁矿采选 081；锰矿、铬矿采选 082；其他黑色金属矿采选 089）和有色金属矿采选业（包括常用有色金属矿采选 091；贵金属矿采选 092；稀有稀土金属矿采选 093）包含新建或扩建的独立尾矿库（不含单独的矿石破碎、集运；不含矿区修复治理工程）在内的建设项目全部要求编制建设项目环境影响报告书。

《国家危险废物名录（2021 年版）》（生态环境部令　第 15 号）中涉及两类尾矿，一类是汞矿采选过程中产生的尾砂和集（除）尘装置收集的粉尘，废物代码为 091-003-29，属常用有色金属矿采选行业，HW 29 含汞废物大类；另一类是采用氰化物进行黄金选矿过程中产生的氰化尾渣和含氰废水处理污泥，废物代码为 092-003-33，属贵金属矿采选行业，HW 33 无机氰化物废物大类。对于采用氰化物进行黄金选矿过程中产生的氰化尾渣，在满足《黄金行业氰渣污染控制技术规范》（HJ 943）要求进入尾矿库处置或进入水泥窑协同处置的豁免条件下，其处置过程不按危险废物管理。

为贯彻落实《固体废物污染环境防治法》等有关法律法规，建立健全尾矿环境管理制度，防治尾矿污染，2022 年，生态环境部修订了已经颁布实施了 30 年的《防治尾矿污染环境管理规定》。正式发布的文件将名称修改为《尾矿污染环境防治管理办法》（生态环境部令　第 26 号）。该《尾矿污染环境防治管理办法》以环境风险防控为核心，明确尾矿全过程的污染防治要求，压实相关企业主体责任；依据生态环境部门职责定位，明确生态环境部门尾矿环境监管职责，突出管理重点，强化尾矿环境管理，防范尾矿库环境风险；密切衔接涉及尾矿环境管理法律法规标准的有关内容，细化尾矿污染防治和环境管理要求，明确台账管理、环境准入、建设项目环境管理、排污许可、污染物排放控制、环境监测、污染隐患排查治理制度、环境应急管理、综合利用、尾矿库封场等环节的污染防治要求，对尾矿的污染防治依法实施监管。

根据《尾矿污染环境防治管理办法》，尾矿污染防治坚持预防为主、污染担责的原则。产生、贮存、运输、综合利用尾矿的单位，以及尾矿库运营、管理单位，应当采取措施，防止或者减少尾矿对环境的污染，对所造成的环境污染依法承担责任。对产生尾矿的单位和尾矿库运营、管理单位实施控股管理的企业集团，应当加强对其下属企业的监督管理，督促、指导其履行尾矿污染防治主体责任。

针对我国尾矿库数量多、分布广，环境风险高，环境监管难度大的特点，为提高尾矿库环境监管的精准化、科学化水平，尾矿库污染防治实行分类分级环境监督管理。生态环境部制定发布了《尾矿库分类分级环境监督管理技术规程（试行）》，根据尾矿所属矿种类型、尾矿库周边环境敏感程度、尾矿库环境保护水平等因素，将尾矿库分为一级、二级和三级环境监督管理尾矿库，并明确不同等级的尾矿库环境监督管理要求。各地依据技术规程，建立尾矿库环境监管清单，划分确定尾矿库环境监管等级，并动态更新。地市级生态环境部门对行政区域内一级环境监管尾矿库监督指导每年不少于两次，并至少在汛期前开展一次；对二级环境监管尾矿库每年不少于一次；对三级环境监管尾矿库随机开展抽查。省级生态环境部门重点加强一级环境监管尾矿库的监督管理，同步完善尾矿库分类分级环境监督管理清单。

针对尾矿库污染隐蔽性强，废水收集处理和防渗等环境保护措施不到位，可能对水、大气、土壤造成潜在的污染，《尾矿污染环境防治管理办法》规定，尾矿库运营、管理单位应当建立健全尾矿库污染隐患排查治理制度，定期组织开展尾矿库污染隐患排查治理；发现污染隐患的，应当制定整改方案，及时采取措施消除隐患。同时要求尾矿库运营、管理单位在环境监测等活动中发现尾矿库周边土壤和地下水存在污染物渗漏或者含量升高等污染迹象的，应当及时查明原因，采取措施及时阻止污染物泄漏，并按照国家有关规定开展环境调查与风险评估，根据调查与风险评估结果采取风险管控或者治理修复等措施。生态环境部专门制定发布了《尾矿库污染隐患排查治理工作指南（试行）》，进一步明确了尾矿库污染隐患排查治理“查什么、怎么治、如何管”的具体工作要求，并要求尾矿库运营、管理单位在每年汛期前至少开展一次全面排查。

针对尾矿水的污染防治，《尾矿污染环境防治管理办法》规定，尾矿水应当优先返回选矿工艺使用；向环境排放的，应当符合国家和地方污染物排放标准，不得与尾矿库外的雨水混合排放，并按照有关规定设置排放口并设立标志，依法安装流量计和视频监控；尾矿库运营、管理单位应当在尾矿水排放期间，每月至少开展一次尾矿水监测；排放有毒有害水污染物的，还应当每季度对受纳水体等周边环境至少开展一次监测；尾矿库运营、管理单位应当在尾矿库封场期间及封场后，采取措施保证渗滤液收集设施、尾矿水排放监测设施继续正常运行至尾矿库封场后连续两年内没有渗滤液产生或者产生的渗滤液不经处理即可稳定达标排放。

针对尾矿库的防渗，《尾矿污染环境防治管理办法》规定，尾矿库防渗设施的设计和建设，应当充分考虑地质、水文等条件，并符合相应尾矿属性类别管理要求。尾矿属于第Ⅰ类一般工业固体废物、第Ⅱ类一般工业固体废物的，其尾矿库防渗设施的设计和建设应当符合《一般工业固体废物贮存和填埋污染控制标准》（GB 18599）中的有关管理要求；尾矿属于危险废物的，其尾矿库防渗设施的设计和建设应当符合《危险废物填埋污染控制标准》（GB 18598）中的有关管理要求。同时，尾矿库配套的渗滤液收集池、回水池、环境应急事故池等设施的防渗要求应当不低于该尾矿库的防渗要求。

针对尾矿库突发环境事件，在环境保护部发布的《突发环境事件应急管理办法》（环境保护部令　第34号）、《企业事业单位突发环境事件应急预案备案管理办法（试行）》等部门规章中明确，县级以上地方环境保护主管部门应当对企业事业单位环境风险防范和环境安全隐患排查治理工作进行抽查或者突击检查；应当按照有关规定开展事件调查，查清突发环境事件原因，确认事件性质，认定事件责任，提出整改措施和处理意见；并明确环境保护主管部门对尾矿库企业，包括湿式堆存工业废渣库、电厂灰渣库企业的环境应急预案备案的指导和管理。

14.3　国家规划、指导意见

近年来，党中央、国务院高度重视生态环境保护工作，先后发布《水污染防治行动计划》《土壤污染防治行动计划》《关于全面加强生态环境保护坚决打好污染防治攻坚战的意见》《长江保护修复攻坚战行动计划》《关于深入打好污染防治攻坚战的意见》等一系列生态环境保护行动计划，对水、大气、土壤污染防治工作作出了全面战略部署，明确阶段性治理目标，突出重点污染物、重点行业和重点区域，提出具体治理措施。在这一系列的污染防治行动指南中，均对尾矿的污染防治提出了要求。

《水污染防治行动计划》中要求矿山开采区、垃圾填埋场等区域应进行必要的防渗处理，以防治地下水污染，保障水生态环境安全。《土壤污染防治行动计划》中提出全面整治历史遗留尾矿库，完善覆膜、压土、排洪、堤坝加固等隐患治理和闭库措施。有重点监管尾矿库的企业要开展环境风险评估，完善污染治理设施，储备应急物资。同时，加强工业废物处理处置，全面整治尾矿等固体废物的堆存场所，完善防扬散、防流失、防渗漏等设施，制定整治方案并有序实施。《关于全面加强生态环境保护坚决打好污染防治攻坚战的意见》中提出要开展危险尾矿库和“头顶库”专项整治。《长江保护修复攻坚战行动计划》的主要任务中提出在主要支流组织调查，摸清尾矿库底数，按照“一库一策”开展整治工作。《关于深入打好污染防治攻坚战的意见》中要求，持续打好长江保护修复攻坚战，扎实推进尾矿库等污染治理工程；加强渝湘黔交界武陵山区“锰三角”污染综合整治；着力打好黄河生态保护治理攻坚战，开展黄河流域“清废行动”，基本完成尾矿库污染治理。

长江流域经济发达，人口密集，矿产资源丰富，尾矿库数量众多，部分尾矿库污染隐患突出，对长江生态环境安全构成威胁。为做好长江经济带尾矿库污染防治工作，补齐尾矿库污染治理设施短板，着力消除长江经济带尾矿库风险隐患，国家发展和改革委员会先后印发实施《关于加强长江经济带尾矿库污染防治的指导意见》《“十四五”长江经济带尾矿库污染治理实施方案》按照分类施策、防治并举、分步实施、系统治理的思路，提出了严格项目准入、加强污染防治、防范安全风险、强化闭库治理、健全监测预警体系、强化应急处理能力和推进尾矿资源综合利用等方面重点任务举措，推动相关部门和沿江省（市）强化执法监管，推进尾矿库治理工作。

2021 年，生态环境部印发《加强长江经济带尾矿库污染防治实施方案》，明确提出全面开展长江经济带尾矿库污染治理情况“回头看”，深入排查治理尾矿库环境污染问题，用两到三年左右的时间，到 2023 年年底，补齐长江经济带尾矿库环境治理设施建设短板，尾矿库突出环境污染得到有效治理。到 2025 年年底，建立健全尾矿库污染防治长效机制，有效管控尾矿库污染物排放，为长江经济带生态环境质量明显改善提供有力支撑。该实施方案提出对已完成污染治理的尾矿库，全面开展污染防治成效复核，核查污染防治方案是否找准污染问题，污染防治措施是否落实到位，污染问题是否有效解决；对已编制污染防治方案正在治理的尾矿库，结合污染问题排查对污染防治方案查漏补缺，实现应治尽治；对尚未完成污染防治方案编制的尾矿库，加快推进方案编制及污染治理；对不需编制污染防治方案的尾矿库，进一步核查污染治理设施是否完善，是否存在环境污染问题。同时，要求以地市为单元，分类梳理排查发现的尾矿库环境污染问题，拉条挂账建立问题清单，督促尾矿库企业对照问题清单和时限要求，编制或修订污染防治方案，按照“一库一策”加快实施治理，治理完成后，尾矿库生产经营单位应当及时开展验收，无生产经营主体的尾矿库由治理组织实施单位开展验收，并要求各地生态环境部门进一步提高尾矿库环境污染监测能力，以饮用水水源地上游尾矿库为重点，建立健全尾矿库环境预警监测体系，根据尾矿成分明确特征污染物种类，制定有针对性的监测方案，加强对尾矿库尾水排放及下游地表水水质的监测监控，及时发现早期环境污染隐患。

2022 年，为落实黄河流域生态保护和高质量发展国家重大战略，按照《关于深入打好污染防治攻坚战的意见》，着力打好黄河生态保护治理攻坚战，生态环境部等 12 部门联合制定了《黄河生态保护治理攻坚战行动方案》（以下简称《方案》）。《方案》要求，强化尾矿库污染治理，扎实开展尾矿库污染隐患排查，优先治理黄河干流岸线 3 km 范围内和重要支流、湖泊岸线 1 km 范围内，以及水库、饮用水水源地、地质灾害易发多发等重点区域的尾矿库；严格新（改、扩）建尾矿库环境准入，对于不符合国家生态环境保护有关法律法规、标准和政策要求的，一律不予批准；健全尾矿库环境监管清单，建立分级分类环境监管制度；完善尾矿库尾水回用系统，提升改造渗滤液收集设施和废水处理设施，建设排放管线防渗漏设施，做好防扬散措施；尾矿库所属企业开展尾矿库污染状况监测，制定突发环境事件应急预案，完善环境应急设施和物资装备；建设和完善尾矿库下游区域环境风险防控工程设施；到 2025 年，基本完成尾矿库污染治理。

14.4 行政指导性文件

为严格防范尾矿库垮塌引发突发环境事件，最大限度地减少污染损害，国家环境保护总局早在 2006 年就发布了《关于防范尾矿库垮塌引发突发环境事件的通知》，要求加强矿山尾矿设施环境安全检查，各级环保、安全监管部门，针对矿山尾矿设施的环境、安全问题，开展一次全面排查，全面掌握尾矿库的基本情况。对违规设计、超量储存、超期服役、有垮坝险情和影响饮用水水源安全的尾矿设施，实行限期停产整改、挂牌督办，彻底消除环境安全隐患。要求产生尾矿的企业必须按规定向当地环境保护部门进行排污申报登记，尾矿贮存设施必须采取并完善防扬散、防水、防渗漏、防流失和防止污染环境的其他措施；对新建、改建、扩建、闭库以及在用尾矿库回采再利用和闭库后再利用等建设工程，严格按照“环境影响评价”和“三同时”等制度的规定，加强环境监管。严把尾矿库环保竣工验收关，对未按环保要求设计、建设，没有经过安全评估的尾矿库，不得通过验收，更不得投产。对关闭停用的尾矿库，要明确环境安全管理责任。尾矿库闭库工作及闭库后的环境安全管理由原生产经营单位负责；解散或关闭破产企业尾矿库的管理工作，由生产经营单位出资人或者其上级主管部门负责，无上级主管部门或者出资人不明确的，由县级以上地方人民政府指定管理单位。各地环保与安全监管部门要督促、指导企业制定饮用水安全、汛期安全和生产安全的尾矿库环境安全应急预案，并与地方政府环境应急预案相衔接，开展危害程度分析和环境影响预测，做好环境安全应急响应机构的人员配备、资金和物资准备及应急演练工作，发现重要情况及时处理并上报。环保、安全监管部门要建立联动机制，一旦尾矿库垮塌引发突发环境事件，应立即采取应急措施，争取在最短时间内，把对环境的影响降至最低程度。

2007年，国家环境保护总局发布《关于落实尾矿库专项整治行动工作方案的通知》，通过开展尾矿库专项整治行动，依法取缔各类非法尾矿库，关闭严重污染环境尾矿库，消除尾矿库重大环境安全隐患，健全和完善环境监督管理体制和环境监察工作机制。对所有尾矿库环境安全隐患问题进行全面清查，加大对尾矿库环境违法行为的查处力度，整治企业违法排污行为，并加强对尾矿库项目的环境影响评价、“三同时”验收、污染防治、隐患排查等各项环境管理工作；强化源头管理，严把新建尾矿库项目准入关和竣工验收关；加强日常监管，落实企业环境安全管理责任。随后，又发布《关于加强尾矿库环境隐患排查整治工作的通知》不断深化尾矿库的环境安全隐患排查工作，并在全面开展环境安全隐患排查的基础上，对现有的尾矿库进行分类，建立尾矿库环境安全管理台账，进一步加强尾矿库环境安全评估、监测和治理，实行动态管理。

2011年，环境保护部在《2011年全国环境应急管理工作要点》中强调，要深化尾矿库环境应急管理工作，环境保护部将研究制定尾矿库环境风险分级分类技术方法，尾矿库数量较多的省级环保部门都要确定2～3个地级市，按照《尾矿库环境应急管理工作指南（试行）》的要求，开展示范工作。在2012年《关于开展全国环境安全百日大检查活动的通知》、2013年《关于开展2013年环境安全大检查的通知》中，都要求开展尾矿库企业环境风险防控情况检查，特别是下游10 km内存在江、河、湖库的尾矿库以及坝下1 km内有危险化学品单位和危险废物收集、贮存、运输处置设施和场所的尾矿库环境风险防控情况，并重点检查尾矿库环境风险隐患整治情况，包括重点检查各地尾矿库环境风险隐患整治开展情况、尾矿库重大环境风险隐患的整改落实情况；尾矿库企业环境影响评价制度执行情况；尾矿库污染治理设施运行情况；尾矿库环境应急管理情况，包括环境风险隐患排查开展情况、环境风险防控设施建设情况、环境应急预案制定与备案情况、环境应急演练开展情况、环境应急物资储备情况、环境应急救援队伍建设情况等；尾矿库企业发生突发环境事件以及整改落实的情况等。

为妥善应对自然灾害引发的突发环境事件，保障尾矿库汛期环境安全，环境保护部于2011年就发布过《关于加强汛期环境应急管理工作的通知》，要求各级环保部门要结合本辖区特点，加大对辖区内重点污染企业、污水处理厂、尾矿库和危险化学品企业的监管力度，严肃查处排污单位借汛期偷排偷放、超标排放的违法行为。要督促排污单位落实环境风险隐患排查整治工作的主体责任，对发现的污染隐患要及时整改，落实防范措施，确保尽快治理。

2016年，针对汛期尾矿库的环境应急工作，环境保护部发布《关于做好汛期尾矿库环境应急管理工作的通知》，要求各级环保部门要督促指导尾矿库企业按照《尾矿库环境风险评估技术导则（试行）》（HJ 740—2015）和《尾矿库环境应急预案编制指南》，开展尾矿库环境风险评估、环境安全隐患排查治理，编制尾矿库环境应急预案并报环境保护部门备案，对尾矿库环境应急预案进行培训和演练，掌握尾矿库特征污染物及其应急处置措施，提高尾矿库环境风险防范和突发环境事件先期处置能力。同时，要全面掌握行政区域内尾矿库的特征污染物、周边环境敏感点尤其是饮用水水源等环境风险信息；对发现存在重大环境安全隐患且整改无望的尾矿库提出闭库建议；尾矿库环境风险突出的区域，要及时将行政区域内尾矿库环境风险状况向地方政府报告。

2019年，生态环境部发布《关于做好“三磷”建设项目环境影响评价与排污许可管理工作的通知》，要求优化产业规划布局，严格项目选址要求，长江干流及主要支流岸线1 km范围内禁止新建、扩建磷矿、磷化工项目，长江干流3 km范围内、主要支流岸线1 km范围内禁止新建、扩建尾矿库和磷石膏库；磷矿建设项目选矿废水、尾矿库尾水应闭路循环，磷石膏库渗滤液及含污雨水收集处理后全部回用；磷石膏库、尾矿库、暂存场按第Ⅱ类一般工业固体废物处置要求采取防渗、地下水导排等措施，并建设地下水监测井，开展日常监控，防范地下水环境污染；改建、扩建项目应对现有工程（包括磷石膏库、尾矿库）进行回顾分析，全面梳理存在的环境影响问题，并提出“以新带老”或整改措施。

自2019年开展长江经济带尾矿库污染防治工作以来，生态环境部持续加强尾矿环境管理，特别是在2020年接连发生2起尾矿库泄漏事故后，为切实做好尾矿库环境风险隐患排查治理，加强汛期尾矿库环境应急准备工作，防范化解尾矿库重大环境风险，坚决遏制尾矿库重特大突发环境事件发生，生态环境部发布《关于做好汛期尾矿库环境风险隐患排查治理与环境应急准备工作的通知》，与应急管理部联合开展尾矿库风险隐患集中排查治理，进一步推动尾矿库环境风险隐患治理措施落地见效，提升尾矿库环境应急保障水平。

14.5 标准、技术规范、导则

为规范矿产资源开发过程中的生态环境保护与恢复治理工作，促进矿区生态环境保护，2013年环境保护部发布了《矿山生态环境保护与恢复治理技术规范（试行）》（HJ 651—2013），规定了矿产资源勘查与采选过程中，包括尾矿库在内的矿区生态环境保护与恢复治理的指导性技术要求。针对尾矿库生态恢复，在尾矿库安全稳定性方面要求尾矿库的排水、围挡、防渗、稳定等措施参照《尾矿库安全技术规程》（AQ 2006）执行。针对尾矿库覆土及植被恢复，要求尾矿库闭库后，坝体和坝内应视尾矿库所处地区气象条件、尾矿污染物毒性、植被恢复方式、土源情况进行不同厚度覆土，因地制宜进行植被恢复和综合利用，恢复植被的覆土厚度不低于 10 cm；位于干旱风沙区、不具备植被恢复条件的尾矿库，应覆盖砂石等材料；尾矿库恢复后用于农业生产的，应对尾矿库覆盖土壤（包括植物根系延伸区的尾砂）进行污染物检测与农产品安全评估，根据评估结果确定农业利用方式。针对尾矿再利用的生态恢复，要求尾矿库进行回采再利用或经批准闭库的尾矿库重新启用时，应通过环境影响评价，制定实施尾矿利用规划和恢复治理方案；再利用结束的尾矿库根据本标准要求进行生态恢复。

《环境影响评价技术导则　地下水环境》（HJ 610—2016）要求尾矿库进行地下水Ⅰ类环境影响评价。《环境影响评价技术导则　土壤环境（试行）》（HJ 964—2018）要求采矿业中金属矿开采进行土壤Ⅰ类环境影响评价。

为构建尾矿库突发环境事件预防与应急处置体系，实现尾矿库应急管理的专业化、科学化和规范化，2010 年，环境保护部印发《尾矿库环境应急管理工作指南（试行）》，根据有关法律法规，确定了尾矿库企业在尾矿库环境管理方面的主体责任、环境保护主管部门管理职责环境应急管理工作要求，明确了尾矿库环境应急预防和预警要求，包括涉及尾矿库建设项目的环境管理、尾矿库动态管理数据库、尾矿库环境风险分类管理、尾矿库日常环境监测、尾矿库环境隐患排查、预警体系、建立联动机制 7 个方面的内容，突出日常环境监测和环境风险隐患检查，并设计了《尾矿库环境风险隐患检查表》；明确了尾矿库环境应急准备内容，包括尾矿库环境应急预案体系、尾矿库三级防控体系、尾矿库环境应急保障体系 3 个方面的内容，并在附件中提出尾矿库企业环境应急预案编制内容，以指导尾矿库企业的环境应急预案编制工作；明确了尾矿库环境应急响应与处置的工作流程，包括分级响应机制、应急响应程序、信息报送与处理、指挥与协调、处置措施、应急监测、通报与信息发布、应急终止 8 个方面的内容，重点突出对尾矿库引发的突发环境事件的处置，并有针对性地提出典型尾矿库突发环境事件的处置措施；同时，明确了尾矿库突发环境事件应急终止后的环境管理，尾矿库突发环境事件终止后，各级政府环境保护行政部门应在本级政府的领导下，做好尾矿库突发环境事件应急终止后的环境管理工作。

2015 年，为指导企业做好尾矿库环境应急预案编制工作，环境保护部组织编制并发布了《尾矿库环境应急预案编制指南》，规定了尾矿库企业编制尾矿库环境应急预案的整体框架、编制程序、主要内容和具体要求等。适用于运行期间尾矿库，非运行期间尾矿库可参照。同年，发布《尾矿库环境风险评估技术导则（试行）》（HJ 740—2015），规定了尾矿库环境风险评估的一般原则、内容、程序、方法和技术要求。适用于运行期间的尾矿库环境风险评估。

2020年修订发布的《一般工业固体废物贮存和填埋污染控制标准》(GB 18599—2020),规定了一般工业固体废物贮存场、填埋场的选址、建设、运行、封场、土地复垦等过程的环境保护要求，以及替代贮存、填埋处置的一般工业固体废物充填及回填利用环境保护要求，以及监测要求和实施与监督等内容。适用于新建、改建、扩建的一般工业固体废物贮存场和填埋场的选址、建设、运行、封场、土地复垦的污染控制和环境管理，现有一般工业固体废物贮存场和填埋场的运行、封场、土地复垦的污染控制和环境管理，以及替代贮存、填埋处置的一般工业固体废物充填及回填利用的污染控制及环境管理。标准中明确定义了尾矿库的封场也称闭库；尾矿库应采取均匀放矿、洒水抑尘等措施防止干滩扬尘污染；尾矿、矿山废石等可在原矿开采区的矿井、矿坑等采空区中充填或回填。

2022年，为加强和规范尾矿库污染隐患排查治理，防范和化解尾矿库环境风险，生态环境部制定印发了《尾矿库污染隐患排查治理工作指南(试行)》，以推动尾矿库污染隐患排查治理制度化、常态化。适用于指导生态环境部门组织开展尾矿库污染隐患排查治理和监督管理工作，以及指导尾矿库运营、管理单位自行开展尾矿库污染隐患排查治理。不适用于贮存放射性尾矿的尾矿库。尾矿库运营、管理单位是尾矿库污染隐患排查治理的责任主体，其中，无主尾矿库的污染隐患排查治理由地方人民政府指定的尾矿库管理维护单位组织开展。尾矿库运营、管理单位要建立健全尾矿库污染隐患排查治理制度，强化日常排查治理工作，并在每年汛期前至少开展一次全面排查治理。根据排查问题清单，结合日常排查治理情况，制定治理方案，实施“一库一策”治理，明确具体治理措施、完成时间以及后续管理措施，消除污染隐患，同时按照排查治理内容及变化情况及时更新尾矿库环境管理台账，形成污染隐患排查、污染隐患治理、治理成效核查的管理闭环。

15 国外及国际组织尾矿环境管理

本章介绍了部分国外的尾矿环境管理体制与制度，国外管理经验为我们提供了很好的借鉴思路，有助于启发探索更适合我国国情的尾矿环境治理管理制度。

15.1 美国

在矿山监管方面，美国矿山立法管理历史悠久，早在1920年就出台《矿业租赁法》作为矿山管理的依据，1977年出台的《露天采矿管控与土地复垦法》（SMCRA）是一部以生态红线来衡量矿业活动的法律。该法总共九章，其中对整治方面的规定极为详尽，重点围绕如何有效管控露天采矿的环境影响这一主题，对相关法律标准、技术标准、计划制订与实施、有关责任与保障等作出了具体规定，还对审批开采许可证、分类复垦管理、管控可能造成影响的勘探项目、公众参与的程序、管理机关如何履职、如何监督与处罚等内容作出明确规定。

《露天采矿管控与土地复垦法》（SMCRA）明确了复垦基金和保证金的管理制度，对资金缴纳、返还程序等内容作了明确合理的要求，可操作性强，成为美国矿山土地复垦资金来源的有效保障。矿山环境恢复保证金制度是确保矿业主对被破坏的矿山环境进行恢复治理的基本制度。矿业主必须按规定的时间和数量向政府缴纳一定的保证金，以确保矿山环境的恢复治理。缴纳金额采用全成本计算法，可因各采矿区的具体情况而不同，最终数额由管理机构决定。

在环境监管方面，美国形成了针对尾矿等矿业废物的环境管理体系，立法较为详尽、明确、可操作性强。1965年美国就出台了《固体废弃物处理法》，是第一个固体废物专业性法规。1976年该法修订为《资源回收利用法》（RCRA），该法是美国固体废物管理的基础性法律，主要阐述由国会决定的固体废物管理的各项纲要，RCRA有众多的章节和小章节、条款以及相当多的附录。1984年，根据《资源回收利用法》（RCRA）的要求，EPA颁布了《危险和固体废物修正法》（HSWA），其内容共包括九大部分及大量附录，每一部分都与《资源回收利用法》（RCRA）的有关章节相对应。《资源回收利用法》（RCRA）的规定包含在美国联邦法典 CFR40 部分（环境保护）第 239～282 节，分别对固体废物、危险废物和危险废物地下贮存库的管理提出要求，对于危险废物，要求从产生到最终安全处置过程全面管理；对于一般固体废物，主要由各州实施管控，形成了一套从联邦到州的完整体系。

1986 年之前，矿山采选过程中产生的尾矿等矿业废物仍属于危险废物，但是 EPA 经过评估最终在 CFR 40 第 261 节的危险废物识别与名录中，将“从提取、选矿固体废物、矿石和矿物加工，除了 §266.112 章提供的设施或处理危险废物焚烧产生的废物”从危险废物中排除，其中矿石和矿物选矿过程限于下列活动：粉碎；洗涤；溶出；结晶；过滤；排序；上浆；干燥；烧结；球团；成型；煅烧除去水和 / 或二氧化碳；焙烧、高压灭菌，在制备氯化浸出［除焙烧（或高压灭菌氯化）/ 浸序列产生的最终或中间不接受进一步的选矿或加工产品］；重选；磁分离；静电分离；浮选；离子交换；溶剂萃取；电解；沉淀；融合；堆浸、缸、贮蓄塘、原地浸出。

另外，由于矿山开采、尾矿库运营过程中会涉及废水与大气排放，因此，矿山开采前要按照《国家环境政策法》（NEPA）要求编制环境影响报告（EIS）。矿山环境评价包括两个方面：一方面是对矿山开发前的环境状况进行评价；另一方面是对采矿可能造成的环境影响进行预测并制定防治的方法、措施，列出进行防治的技术方法，其中环境影响预测中应涉及尾矿处置。

同时，环境许可证是美国矿山开采前必经的法律程序，如果没有内政部或州政府管理机构颁发的许可证，任何矿山都不得进行开发活动。环境许可证被视为运营许可证，主要目的是把生产活动可能会对生态环境产生的影响降低到最低限度。这一制度包括对矿山环境的管理。在矿山项目建设和开发之前，矿业公司必须首先获取环境许可证书（ECC），这必须通过进行环境影响评价和提交环境影响报告书的形式来获取。环境许可证主要是明确矿业主在矿山环境保护中的主要职责，并对其在矿山开发中的相关活动提出明确的要求，如对污染物的排放、固体废物堆放，建筑物的布局，土地复垦等都提出了具体要求。

在运营过程中，矿山按废水排放许可（NPDES）和有毒废气排放（HAP）要求进行控制，矿井水可以通过国家污染物排放消除系统（NPDES）允许的排水口排放到地表溪流（通常是经过处理后），用作磨粉工艺补给水（再循环），或在现场用于其他目的（例如，粉尘控制、钻井液、将固体作为回填物充回矿井等）。美国填埋场渗滤液的排放要求由法规及排放去向决定，制定排放标准的原则是处理水平应与环境保护法规、经济发展和科学技术水平相协调。较为强调依靠最佳经济可行技术（BAT）的评估，使环境标准与技术相适应。

15.2 欧盟

欧盟制定了严格的指令、法规和政策以减少工业固体废物对环境的不利影响，以保护人类的健康。《欧洲废物名录》根据废物来源和属性将废物细分为矿业废物、热处理产生的废物、拆建废料、电子电器废物、废旧汽车、包装废物、可降解废物和废旧电池等。其中欧洲矿业废物（勘探、采矿、采石、物化处理）主要包括金属矿和非金属矿开采废物，金属矿加工的过程中产生的尾矿、赤泥、粉尘、废石，非金属矿加工过程中产生的废砂、尾矿、废石、黏土、切割废料、钾盐、钻井泥浆和岩盐等废物。欧盟矿产资源尤其是金属矿产资源相对较少，开采量也逐年减少，主要依赖进口，矿业废物的回收和综合利用程度较高。欧盟矿山废物产生情况见图 15-1。

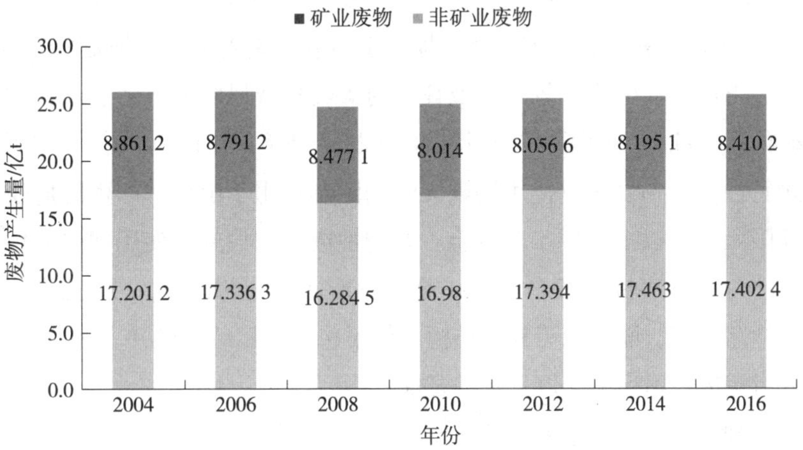

图 15-1 欧盟矿山废物产生情况

2008 年 10 月，欧盟发布实施了《废物框架指令》（2008/98/EC），该指令提出了固体废物层级管理制度，即源头减量、再利用、再循环、其他回收处理、处置，形成了适用于所有废物类别的一般规则框架，并整合了以前适用的（特定）指令。该指令将预防废物的产生作为首要选择，并要求在制定管理法规、政策时将该层级管理制度作为主要的参考依据。

《废物框架指令》指出废物包括持有人丢弃或打算或被要求丢弃的任何物质或物品。它不包括某些类型的废物，例如，气体流出物、土地（原位）、未受污染的土壤、放射性废物、退役炸药、粪便、动物副产品和开采活动产生的废物。《废物框架指令》规定了一个废物层次结构，作为废物预防和管理立法和政策的优先顺序：预防、准备再利用、回收、其他回收和处置，各会员国应为此采取适当措施。针对固体废物填埋场渗滤液，《废物框架指令》规定各成员国要建立一个基于高环境保护水平的渗滤液处理网络，渗滤液必须达到相应标准后排放，但法令中没有提及具体的排放标准，而是要求各成员国自行制定。

除《废物框架指令》之外，欧盟还有一些关于特定废物类别的立法。尾矿等矿业废物的专项立法《矿业生产中尾矿和废石管理条例》（2006/21/EC），涵盖了 Al、Cd、Cr、Cu、Au、Fe、Pb、Mn、Hg、Ni、Ag、Sn、W、Zn、煤炭采掘、加工和湿法冶金产生的废物的管理，包括对尾矿库、尾矿坝、尾矿堆、表层土和覆盖层或回填过程的管理。《矿业生产中尾矿和废石管理条例》提出了尾矿和矿山酸性废石管理的主要环境问题，包括：与选址和占用土地相关的环境影响、潜在的粉尘和废水释放、溃坝、土壤污染，动植物体内重金属积累、动物和人寿命的缩短。该法规提出尾矿和废石管理最重要的方面除了正确选址外，还包括对产酸潜力的准确预测以及了解尾矿特性与长期运行状况的关系等。此外，该法规还指出正确管理尾矿和废石的关键是对废物进行恰当的属性分析。

《矿业生产中尾矿和废石管理条例》提出了尽量避免或减少矿业废物对环境特别是对水、空气、土壤、动植物和景观以及任何对人类构成风险的方法、规程和指导。该指令将尾矿处理设施分为四类：具有特定的健康和环境风险的 A 类设施和用于处理具有危险废物特性的废物设施，使用期限无时间限制；用于由意外产生的危险废物的设施，使用期限六个月以上；用于非危险、非惰性废物的设施，使用期限一年以上；用于未污染的土壤、无害勘探废物、选矿废物、惰性废物的设施，使用期限三年以上。以上设施包括库、坝、堆、池等其他结构，但不包括采掘后的矿井。

该指令对尾矿管理提出了以下基本要求：

①尾矿管理者必须拟订废物管理计划并考虑可持续发展原则，该计划包括：废物特性描述；对废物处理设施进行适当的分类；对废物的产生后续处理操作的描述；使废物堆放产生的危害降到最低的防范措施的描述；恰当的控制和监管程序以及封场和复垦管理计划建议；防治水体恶化的方法；调查废物处理设施将会对土壤造成的污染情况等。

②建立处理设施运营的申请和许可证制度。

③废物设施的建设和管理：废物设施必须由称职的人管理，定期培训；监管部门要求管理者在建设和改造废物设施时确保：位于合理的位置，满足短期和长期运行所必要的条件；结构合理，管理和维护合理，防止和减少污染；对定期的监控和检查制定合理的计划和安排；封场、关闭后复垦计划合理。

④封场和封场后的管理程序。

⑤防止水体恶化、空气和土壤污染：渗滤液产生的可能性评估，包括渗滤液中的特征污染物；防止或减少产生渗滤液，以及对空气、水、土壤的污染；收集和处理污

水和浸出液直至达到安全排放标准范围以内；评估废物处置设施（无论是运行中还是封场后）渗滤液的产生量以及污染物含量的潜力。

另外，欧盟《固体废物填埋导则》也对地下水保护和渗滤液管理作出了规定，并且规定一般工业固体废物填埋场渗滤液禁止回灌。其中规定所有的填埋场都必须达到《地下水指令》的基本要求，即在填埋场的整个生命周期内，其所在地不存在不可接受的排放风险。《污染综合防治指令》（Directive96/61/EC）目的是防止或减少企业向大气、水体和土壤中排放污染物，达到整体上高水平的环境保护。《污染综合防治指令》对地下水保护和渗滤液管理作出了规定，规定一般工业固体废物填埋场渗滤液禁止回灌。该指令还提出废物层级管理制度，即预防，准备再利用，再循环，其他回收处理，处置。该指令将预防废物的产生作为首要选择，并要求在制定废物预防和管理法规、政策时将该层级制度作为主要的参考依据。因此，欧盟的废物利用率很高，针对危险废物、矿业及采石业废物的填埋量也占据相当大的比重。

15.3 德国

德国在 1986 年从法律上对固体废物的分级管理制度进行了明确。德国《固体废物循环经济法》于 1996 年 7 月正式生效执行，将循环利用和再生放在首位，明确了德国管理固体废物的基本准则并根据组成和来源不同对各种废物进行分类。主要有四大类：生活垃圾、建筑废物、大宗废物、商业废物。此外，参照《欧洲废物名录》，德国还制定了相应的废物名录。图 15-2 显示了德国矿山废物产生情况，德国一般工业固体废物中矿山类废物占比约 66%，其他一般工业固体废物约占 34%。

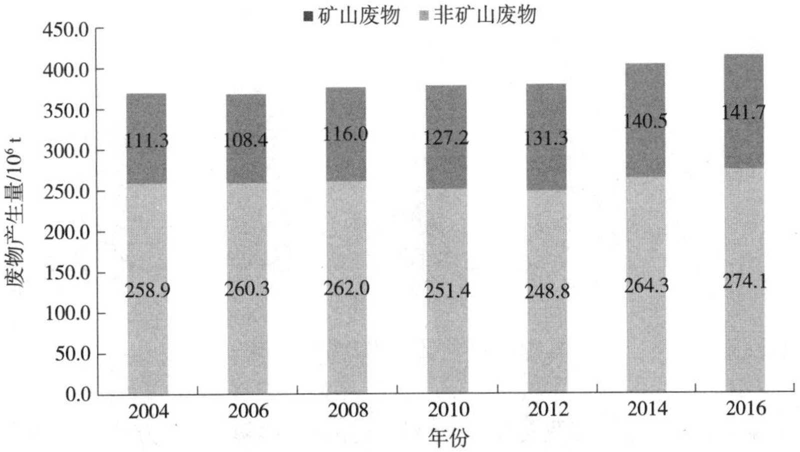

图 15-2 德国矿山废物产生情况

根据填埋废物的种类不同划分了 3 类填埋场，其中第三类填埋场主要应用于工业固体废物（包括危险废物）。各类填埋等级都有详尽的技术标准，包括表面和基底的防渗层结构与建设，渗滤液的收集和处理系统，运行监测系统。这些规定极大地降低了填埋场对周围环境的危害。

德国的废物管理基本与欧盟的最大限度地实现产生量最低和回收量最大化保持一致，同时对剩余的废物进行环境友好型处置，主要有热处理（焚烧）和填埋两种方式。为加强一般工业固体废物的填埋处置，德国于 2008 年发布了《固体废物填埋技术规范》，由于不同废物对应的填埋技术要求不同，对环境安全的影响也存在很大的差异，该技术规范采用分级填埋技术要求，用以规范填埋场的规划、建设和运行：0 级填埋场用来填埋建筑垃圾等惰性废物，Ⅰ、Ⅱ级填埋场用来填埋生活垃圾，Ⅲ级填埋场用来填埋工业固体废物（包括危险废物）。德国固体废物填埋的全部技术要求在该技术规范中都给予了明确的规定，主要包括基底防渗层结构和建设设计、表面防渗层结构和设计、填埋气体收集利用系统、渗滤液收集和处理系统、填埋场运行监测系统。通过这些规定，使填埋场对周围环境造成危害的可能性降到最低。

德国的矿山废物处置主要依据欧盟《矿业生产废物管理条例》（2006/21/EC）的相关要求执行。德国矿山废物主要处置方式是回填，约占总量的 2/3，并呈逐年递增趋势，2016 年回填量接近 1 亿 t。德国矿山废物处置情况见图 15-3，填埋是矿山类废物的另一种主要处置方式，约占 1/3，2016 年矿山废物填埋量为 6 279 万 t。

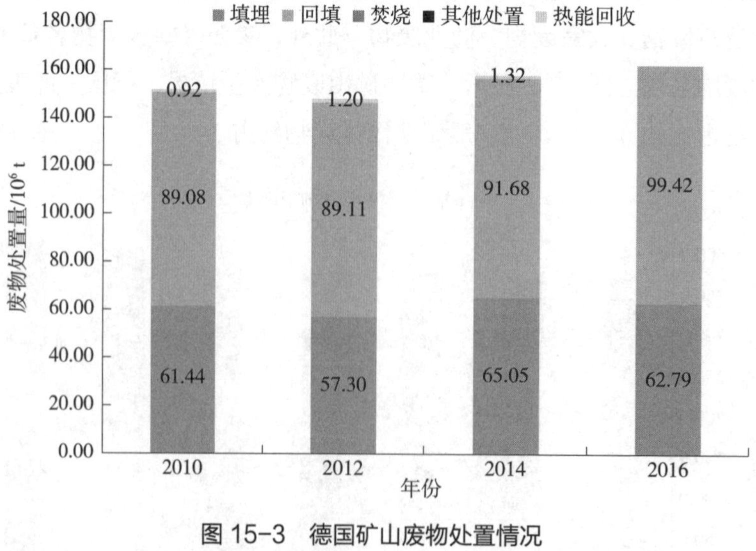

图 15-3　德国矿山废物处置情况

对于渗滤液排放，《固体废物填埋技术》规范根据填埋作业方式和气象条件采取适当的措施，包括：控制降水进入填埋场；防止地表水和地下水入渗；收集污水和渗滤液；填埋场渗滤液应达到相应的排放标准要求。德国颁布了用来规范填埋场渗滤液的排放要求《废水排放指令》，见表 15-1 和表 15-2。

表 15-1 直接排放要求

指标	单位	排放限值
化学需氧量	mg/L	200
BOD_5	mg/L	20
总氮	mg/L	70
总磷	mg/L	3
总碳	mg/L	10
水生物毒性	GF	2

表 15-2 与其他废水混合排放要求

指标	排放限值（随机采样或 2 h 混合样）/（mg/L）
可吸附有机卤化物	0.5
Hg	0.05
Cd	0.1
Cr	0.5
六价铬	0.1
Ni	1
Pb	0.5
Cu	0.5
Zn	2
As	0.1
易释放氰化物	0.2
硫化物	1

15.4 澳大利亚

澳大利亚作为一个英美法系国家，在矿山环境保护方面采用了成文法的形式，联邦政府的立法主要是在一定范围内的环境保护活动和各州政府之间在环境保护问题的协调合作上，统一立法较少并且规定的原则性较多，各州政府负责具体的矿山环境保护立法工作，澳大利亚尾矿库的立法工作主要由各州矿业部门负责。国家和各州建立了一系列完备的矿山环境管理体系，从而形成了一个完整的矿山环境保护立法制度。整个法律体系有着详细的条款，具有较强的操作性，同时对于违法行为重在预防，有着较重的惩罚力度。

澳大利亚矿山及尾矿库的环境准入依据环境影响评价制度，与我国相近。矿山的开发和利用在一定程度上都会对原来的生态环境造成一定的破坏，为了减小这种破坏的影响，保护生态环境，澳大利亚政府做了以下规定：矿山企业在开采前必须制订开采计划，进行环境影响评价，并提交报告并经政府审批，签订协议后方可实施生产。但澳大利亚承担审批环境影响评价的文件主体涉及多个管理部门，如矿产能源部、环保局和各州的资源开发部。矿产能源部负责环境影响轻微的项目，环保局负责环境敏感区域（如海岸带、自然保护区等）及具有高环境风险的项目，各州自然资源开发部则负责审批按州协定开发的大型项目。

澳大利亚建立了矿山企业环境年报抽查制度，以年为时间单位，在矿产的开发中实行对环境的动态监测评估，在开发中保护矿山环境。《澳大利亚矿山环境管理规范》要求矿山企业每年制定“环境执行年度报告书”，开展矿山开发的每一年，都要进行评估并提交矿业主管部门审核。该报告书总结企业本年环境治理工作情况，并对所做的矿区复垦等环境恢复工作以文件的形式进行记载。为规范这种报告管理制度，澳大利亚政府采用信息化的处理方式，由计算机系统对需要提交报告的企业进行通知，矿山企业在两次催告后不履行提交报告义务，矿业主管部门将考虑告知授权部门收回企业的采矿权。政府的矿业主管部门在对“年度环境执行报告书”审查后，派遣矿区环境监管人员前往选矿厂现场抽查环境治理情况，发现问题立即要求企业整改；问题严重的下发书面通知，并反映给环境监管部门，由其责令矿厂停产，处以罚金并收回企业的采矿权。

澳大利亚政府的环境影响报告及年报抽查制度，从细节上对于报告制定、提交作出了规定，能够充分保障环境影响报告在事前的规划和事后治理功能，可操作性强，同时使得政府在矿山环境保护监管工作中有法可依，在立法制度上对矿山环境保护进行了保障。

15.5 加拿大

根据加拿大宪法，各省对其领土范围内的矿产资源及其相关开采开发和保护均拥有管辖权。加拿大在矿山管理特别是尾矿管理方面有着相比其他国家更为详细、完整的保护制度、法律规定及管理标准，并有切实可行的实施规章，对采矿到复垦的工作进行全流程的监督和管理。其中最有代表性的两个主要制度是矿产资源管理制度、土地复垦保证金制度。

在矿山保护方面，矿产资源管理的职责划分为联邦政府和省级政府两个主体。联邦与省、地区两级政府在矿业中扮演着互补的角色，各省在管理自然资源方面拥有很大的权力。联邦政府从宏观上进行全局管理，确保全国范围内的矿产资源都受到有序约束。各省政府则以本地的矿产资源为主要管理对象，并进行详细的职责划分。各级政府互相配合，共同管理矿产资源的开发活动，同时各省政府负责监管各个矿山环境的治理和恢复工作。加拿大对于矿山环境的保护未制定全国性的法律，主要将省政府制定的矿业法作为治理和恢复矿山环境的依据，指导相关的矿山环境保护工作。在实际工作中，各省政府所制定的矿业法在具体内容上有极大的相似性。一是在开采矿产资源的前提要求下，各级政府均要求矿山企业采矿前应当要先提交申请材料，在申请通过后才可获得采矿权，依据许可的范围及权限进行矿产资源的开采工作。二是对于要求提交的申请材料，加拿大内各省政府均进行了严格规定，只有符合要求的情况下才能申请获取采矿权。在经过政府部门审批后，矿山企业应当严格地按照其制定的内容具体开展矿山环境保护工作，不得有缺漏或疏忽的部分。

因为矿山环境的治理工作需要耗费数额庞大的治理资金，为了能够保证矿山环境治理工作的有效展开和如期落实，加拿大政府也对保证金制度进行了规定，要求矿山企业承担缴纳足额的保证金的义务。在具体的保证金缴纳额度的规定上，根据不同矿山企业的具体规模和实际运营中的开采情况的差异，企业可以与其所在地的省政府进行协商，制定符合企业实际的保证金额度，此外，当地政府还可以依据企业当下运营情况的变化，在保证不低于治理和恢复矿山环境的最低资金要求的前提下，对企业需要缴纳保证金的额度进行弹性调控。另外，矿山企业应严格地按照要求切实实现土地复垦，使土地状况达到治理标准。治理效果达标时，对所缴纳的保证金予以返还。若治理结果不理想，未达到治理标准，政府有权将资金用于环境治理活动，不予返还。保证金可以通过现金、抵押财产、票据等多种方式缴纳。

同时，加拿大具有成熟的绿色矿业政策体系，在矿业发展过程中，加拿大特别注重矿业的可持续与绿色发展，重点关注环境保护、促进经济增长和改善社企关系等内容。2009 年 5 月，加拿大自然资源部启动了“绿色矿业”倡议（GMI），与我国目前推行的“绿色矿山”模式相近，旨在通过建立完整的生命周期管理体系，在矿业行业内推广绿色技术，改善矿业环境，减少尾矿，循环利用矿业废水，修复治理地貌景观和生态系统。2016 年，加拿大自然资源部发布了《绿色矿业发展计划》，分别从尾矿管理、原住民关系、能源利用、温室气体排放、有害物质管理、员工培训等方面对绿色矿业做了要求：对尾矿管理，要求履行尾矿管理政策和承诺、建立尾矿管理系统、报告尾矿管理年检结果、尾矿库运行维护等；对矿山关闭工作，要求按照相关法律法规及2008年批准的《矿山关闭协议》进行。

15.6 日本

日本于1969年颁布了《废弃物处置与清扫法》，重点放在废弃物的环境无害化处置。作为资源匮乏的国家，日本更加意识到固体废物的资源价值和在未来社会中的重要作用，因而在2000年制定了《构建循环型社会推进法》，提出日本在21世纪建设循环型社会。所谓循环型社会就是"抑制废弃物产生，促进对废弃物的合理循环利用，不能循环利用的进行合理处置"。这一法律还明确了"产生者责任制"和"生产者延伸责任制"，替代《废弃物处置与清扫法》成为日本固体废物管理的基本法律。自此，日本相继制定了《家用电器再生法》等一系列促进固体废物再生利用的法律，与《废弃物处置与清扫法》一起构成了固体废物管理的专门法律体系。可以看出，日本固体废物管理的重点和目标全面转向了资源再生循环。

日本废弃物分为市政废弃物和产业废弃物两部分。矿渣、建筑废料、燃烧灰渣、污泥、废金属、灰尘等19类废弃物都属于产业废物。各类废物的最终处置方式分为填埋、再利用和海洋投弃处置。日本《一般废弃物最终处置场与产业废弃物最终处置场技术标准》将填埋场分为遮断型填埋场、管理型填埋场和安定型填埋场三类。其中遮断型填埋场用于处置危险废物；管理型填埋场用于处置生活垃圾和除危险废物、安定型废物以外的产业废物，这类废物容易产生对环境有害的浸出液，但不含有害金属；安定型填埋场专门用于性质稳定的、原则上不会产生污水的废物，如废塑料、废橡胶、废金属、废玻璃、拆建废料等。在安定型、管理型填埋场处置一般工业固体废物时，当渗滤液及周边地下水的水质检查发现超过标准时，应立即中止产业废弃物填埋处理。

参考文献

[1] 尾矿污染环境防治管理办法 [EB/OL]. 2022-04-06. https://www.mee.gov.cn/gzk/gz/202204/t20220414_974709.

[2] 施灿海，刘明生，程立家，等. 尾矿综合利用研究进展及工程实践 [J]. 中国矿业，2024，33(2): 107-114.

[3] 冯安生，吕振福，武秋杰，等. 矿业固体废弃物大数据研究 [J]. 矿产保护与利用，2018(2): 40-43，51.

[4] 石晓莉，杜根杰，张铭，等. 尾矿综合利用产业存在的问题及建议 [J]. 现代矿业，2022，38(2): 38-44.

[5] 郭万进，吴明海，王阳，等. 我国铜矿尾矿资源化利用技术现状及进展 [J]. 矿产综合利用，2023(5): 127-134.

[6] 赵立芳，赵转军，曹兴，等. 我国尾矿库环境与安全的现状及对策 [J]. 现代矿业，2018，34(6): 40-42.

[7] 宝文宏，常瑞卿，孙丽. 金属矿山排弃尾矿的主要环境问题及防治对策 [J]. 包钢科技，2011，37(1): 79-82.

[8] 刘玥，何勇. 铅锌尾矿库沟道地表水和底泥重金属污染研究 [J]. 辽东学院学报（自然科学版），2014，21(1): 41-44.

[9] 陈瑾瑶. 四川大梁子铅锌矿区地下水重金属污染风险评估 [D]. 成都：成都理工大学，2019.

[10] 陈哲. 某稀土尾矿库土壤细菌群落结构和功能的季节动态 [D]. 赣州：江西理工大学，2019.

[11] 杨进忠，毛益林，陈晓青，等. 某尾矿资源化处置与综合利用 [J]. 矿产综合利用，2019(6): 117-122.

[12] 陶森森. 含硫尾矿酸性废水物化处理及尾矿基生物脱氮滤料制备与应用 [D]. 合肥：安徽建筑大学，2021.

[13] 谷安庆，卢新哲，徐明星. 典型硫化物矿尾矿区及周边土壤 Cd、Cu 污染及其生物有效性研究 [J]. 环境生态学，2020，2(1): 89-96.

[14] 刘楠楠，林星杰，苗雨，等. 典型多金属伴生矿区尾矿库水环境风险评估 [J]. 有色金属（矿山部分），2019，71(4): 100-105.

[15] 李亚民，黄凌云，李汶交，等. 有色金属矿山尾矿资源化利用研究进展 [J]. 矿冶，2023，32(4): 93-103.

[16] 余晶. 尾矿综合利用和尾矿污染防治政策研究与探索 [J]. 世界有色金属，2023，22: 172-174.

[17] 陈帮金，赵晨阳，瞿广飞，等. 含重金属尾矿资源化利用研究进展 [J]. 有色金属（矿山部分），2022，74(2): 116-125.

[18] 陈甲斌. 尾矿资源调查评价与综合利用政策研究 [D]. 北京：中国地质大学，2013.

[19] 郭万进，吴明海，王阳，等．我国铜矿尾矿资源化利用技术现状及进展 [J]. 矿产综合利用，2023(5): 127-134.

[20] 黄志友．铜矿选矿技术与设备工艺流程 [J]. 设备管理与维修，2019(24): 91-93.

[21] 童雄．复杂矿资源高效利用过程的互补效应与和谐选矿 [M]. 北京：科学出版社，2016.

[22] 李亚民，黄凌云，李汶交，等．有色金属矿山尾矿资源化利用研究进展 [J]. 矿冶，2023，32(4): 93-103.

[23] 谭波，张冬冬，宁平，等．铜尾矿综合利用研究进展 [J]. 化工矿物与加工，2021.

[24] 王志楼，谢学辉，王慧萍，等．典型铜尾矿库周边土壤重金属复合污染特征 [J]. 2022(1).

[25] 赵鑫．铜冶炼炉渣浮选尾矿二次资源综合利用研究 [D]. 赣州：江西理工大学，2018.

[26] 陈文韬，徐红娇，张乃明，等．某铜矿尾矿库对周围环境影响污染评价研究 [J]. 环境科学导刊，2015，34(2): 6.

[27] 黄岁梁．泥沙解吸重金属污染物动力学模式研究 [J]. 地理学报，1995(6): 497-505.

[28] 汪洋，田键，朱艳超．铜尾矿开发利用现状分析 [J]. 环境工程，2015，33(S1): 623-627.

[29] 谭波，张冬冬，宁平，等．铜尾矿综合利用研究进展 [J]. 化工矿物与加工，2021，50(2): 46-51.

[30] 章丽，潘文秀．我国铜尾矿处理取得阶段性进展 [J]. 资源再生，2018(5): 30-31.

[31] 兰志强，蓝卓越．铜尾矿资源综合利用研究进展 [J]. 矿产保护与利用，2015(5): 51-56.

[32] 张宏泉，李琦缘，文进，等．铜尾矿资源的利用现状及展望 [J]. 现代矿业，2017，33(1): 127-131.

[33] 张彪，姜春志．铜尾矿资源综合利用及研究进展 [J]. 世界有色金属，2019(18): 125-126.

[34] 张日恒，寇青军，安耿．钼尾矿综合利用研究进展 [J/OL]. 矿产综合利用，1-15.

[35] 马伟鸣，柴文翠，马鹏举，等．钼尾矿中有价矿物综合回收研究进展 [J]. 化工矿物与加工，2024，53(4): 33-41.

[36] 王修，刘冲昊，王安建，等．中国钼资源开发利用现状及未来需求预测 [J/OL]. 矿产综合利用，1-13.

[37] 王东东，解明亮，盖俊鹏，等．某大型钼尾矿强化回收铜精矿的试验研究 [J]. 当代化工研究，2023(23): 39-41.

[38] 邵伟华，赵平，郭珍旭，等．河南某库存钼尾矿回收钨钼选矿试验 [J]. 金属矿山，2014(10): 176-180.

[39] 吴玉洁，张燕红，赵文雅，等．栾川三道庄钼尾矿中低品位铜综合回收工艺研究及产业化 [J]. 中国钼业，2018，42(5): 30-32.

[40] 王夺，徐龙华．钼尾矿综合回收硫铁试验研究 [J]. 有色金属（选矿部分），2013(6): 45-47，55.

[41] 崔永琦，蓝卓越，王国彬，等．用选矿方法回收钼尾矿中非金属矿物的研究现状 [J]. 矿冶，2021，30(5): 119-127.

[42] 王允火．某铜钼尾矿中金红石的浮选回收试验 [J]. 金属矿山，2014(11): 167-170.

[43] 张乾伟，任瑞晨，李彩霞．从选钼尾矿中回收金云母试验研究 [J]. 非金属矿，2013，36(2): 72-74.

[44] 李峰，崔孝炜，刘璇，等. 钼尾矿在建筑材料中的二次利用研究进展 [J]. 矿产综合利用，2021(3): 132-139.
[45] 李春，王恩峰，崔乐，等. 掺杂商洛钼尾矿制备免烧砖的研究 [J]. 新型建筑材料，2016，43(7): 90-92.
[46] 赵威，王彬宇，刘明宝，等. 以商洛钼尾矿为主要原料制备泡沫陶瓷的研究 [J]. 中国陶瓷，2017，53(8): 53-58.
[47] 张金良，席晓光，廉玉利. 一种利用钼尾矿代替黏土制备普通硅酸盐水泥熟料的方法 [J]. 中国钼业，2018，42(6): 51.
[48] 崔孝炜，狄燕清，南宁，等. 钼尾矿骨料混凝土的实验研究 [J]. 混凝土与水泥制品，2016(8): 84-87.
[49] 曹晓润，刘冬，李建伟，等. 利用钼尾矿配制混凝土的可行性研究 [J]. 河南建材，2016(4): 268-270.
[50] 何浩，邵延海，等. 我国硫化铜镍矿浮选工艺及药剂研究现状 [J]. 矿产保护与利用，2020，40(2): 100-104.
[51] 张文杰，叶晗晨，等. 印尼某褐铁型红土镍矿工艺矿物学及选矿工艺的研究 [J]. 有色金属工程，2023，13(12): 90-99.
[52] 申莹莹，郭文博，等. 低品位硫化镍矿资源化利用以及硫化焙烧技术研究现状 [J/OL]. 矿产综合利用，2023.
[53] 李小虎. 大型金属矿山环境污染及防治研究——以甘肃金川和白银为例 [D]. 兰州：兰州大学，2007.
[54] 王玲，刘玉强，等. 金川镍矿尾矿砂矿物组成特征与酸溶特性研究 [J]. 地学前缘，2013，20(3): 138-146.
[55] 夏瑜，冯泽珅，等. 含铜镍尾矿重金属溶出特性试验研究 [J]. 材料与冶金学报，2019，18(2): 147-152.
[56] 刘绪光. 某铜镍硫化矿石浮选尾矿综合回收试验 [J]. 矿冶工程，2015，35(6): 61-67.
[57] 刘建东，孙伟. 镍钼矿浮选尾矿工艺矿物学及再选试验研究 [J]. 南华大学学报（自然科学版），2016，30(3): 24-29.
[58] 陈肖汀，肖军辉，等. 响应曲面法优化含镍铜尾矿还原焙烧—磁选工艺提镍 [J]. 金属矿山，2013: 1-8.
[59] 王欣，杨洪英，佟琳琳. 镍尾矿细菌堆浸的模拟试验研究 [J]. 中国资源综合利用，2023，41(4): 9-12.
[60] 胡霞，杨爱江，等. 嗜酸性氧化亚铁硫杆菌对钼镍尾矿中金属浸出行为影响的研究 [J]. 有色金属工程，2022，12(8): 70-76.
[61] 崔兴兰，刘玉强，等. 氧化亚铁硫杆菌促进金川铜镍硫化矿尾矿砂提取有价金属实验研究 [J]. 岩石矿物学杂志，2013，32(6): 797-802.
[62] 王国强，李欣，等. 喀拉通克铜镍矿戈壁—冶炼渣胶结充填试验研究 [J]. 中国矿业，2019，

28(S1): 182-185.
[63] 张云韦，张际敏，等. 喀拉通克铜镍矿下向空场嗣后充填采场充填体配比研究 [J]. 中国矿业，2021，30(S1): 284-288.
[64] 郭慧高，武拴军，等. 我国大型镍矿充填采矿固废资源化利用研究进展 [J]. 徐州工程学院学报（自然科学版），2021，36(2): 46-52.
[65] 侯永强. 金川二矿区废石尾砂复合胶结充填体力学特性及损伤破裂机理研究 [D]. 北京：北京科技大学，2023.
[66] 杨志强，高谦，等. 金川镍矿全尾砂－棒磨砂混合充填材料工业充填试验研究 [J]. 山东科技大学学报（自然科学版），2014，33(2): 40-47.
[67] 杨志强，王永前，等. 金川镍矿尾砂膏体充填系统工艺技术改造与应用研究 [J]. 有色金属科学与工程，2014，5(2): 1-9.
[68] 李江，杨爱江，张青青. 钼镍矿尾矿和冶炼废渣的污染及生物毒性研究 [J]. 有环境科学与技术，2014，37(12): 199-204.
[69] 王宇斌，雷大士，等. 用堆浸法从某选镍尾矿中回收镍的试验研究 [J]. 中国有色冶金，2014，3: 67-70.
[70] 陈芳芳，张亦飞，薛光. 黄金冶炼生产工艺现状及发展 [J]. 中国有色冶金，2011，2(1): 11-18.
[71]《黄金生产工艺指南》编委会. 黄金生产工艺指南 [M]. 北京：地质出版社，2000.
[72] 刘淑杰，代淑娟，焦丹丹，等. 金矿预处理及金资源提取和回收现状 [J]. 有色矿冶，2016，32(6): 25-28.
[73] 王笃军. 氰化法在堆浸提金工艺的应用和研究 [J]. 科技创新导报，2017，14(35): 66-67.
[74] 秦昌静，杨建国. 全泥氰化提金工艺设计与生产实践 [J]. 世界有色金属，2021，10(50): 117-118.
[75] 陈周. 浅谈黄金选矿技术与应用 [J]. 有色金属设计，2021，48(2): 23-25.
[76] 梁佑贵. 国内黄金选矿的技术现状及发展趋势 [J]. 科技创新与应用，2017(1): 156.
[77] 蒲江东，王广伟，胡海平. 关于黄金选矿的技术探讨 [J]. 中国金属通报，2018，12(18): 291-292.
[78] 赵龙. 国内黄金尾矿综合利用现状及趋势 [J]. 现代矿业，2023，39(9): 39-43.
[79] 孟文文，李鹏. 黄金行业尾矿处置政策与综合利用实践 [J]. 黄金科学技术，2023，31(6): 1023-1034.
[80] 马平杰. 金矿尾矿及废水中氰化物的处理研究进展 [J]. 中国新技术产品，2017，6(3): 109-110.
[81] 金精矿氰渣无害化处置关键技术获重大突破 [EB/OL]. 中国黄金协会，2022，9. https://www.cngold.org.cn/technology/show-3857.html.
[82] 郭钰颖，陈鑫，王树全. 某金矿尾矿库土壤污染现状调查及发展趋势分析 [J]. 矿产勘查，2019，10(11): 2740-2745.
[83] 杨玮，常东，龙涛，等. 金尾矿资源化利用研究进展 [J]. 矿产保护与利用，2023，43(3): 168-178.

[84] 李日升，翟旭东，冯玉怀，等 . 从某金尾矿中回收金的探讨性试验 [J]. 现代矿业，2017，33(3): 141-144.

[85] 段明铭，王苹，杨鹏，等 . 甘肃某金矿浮选尾矿新型环保浸金剂浸出试验研究 [J]. 黄金，2021，42(6): 74-77.

[86] 杨玮，叶金秋，龙涛，等 . 选冶联合回收某高硫黄金尾矿中金的试验研究 [J]. 黄金科学技术，2023，31(1): 113-122.

[87] 常富强，梁献振，李杰 . 河南某金尾矿回收金试验研究 [J]. 现代矿业，2021，37(9): 9-11，40.

[88] 张胜广，曹志群，石云良 . 磁化焙烧 - 磁选 - 反浮选工艺回收选金尾矿中铁的试验研究 [J]. 矿冶工程，2012，32(3): 44-47.

[89] 陈延信，姚艳飞，酒少武，等 . 分散态磁化焙烧—磁选回收某金尾矿中的铁 [J]. 金属矿山，2012，428(2): 63-66.

[90] 杨振兴，于鸿宾，郝福来，等 . 某氰化尾渣综合回收铜铅选矿试验研究 [J]. 黄金，2021，42(4): 76-79，83.

[91] 周新民，徐靖，宋翔宇 . 灵宝某金矿白钨尾矿综合回收试验研究 [J]. 矿产保护与利用，2011，176(Z1): 83-87.

[92] 王英硕，孙体昌，郭晓霜，等 . 有色金属尾矿综合利用的方法比较 [J]. 现代矿业，2019，35(11): 20-24.

[93] 王江飞 . 金浮选尾矿提取石英试验研究 [J]. 有色金属（选矿部分），2015，34(6): 36-40.

[94] 王忠凯 . 金矿选矿厂尾矿综合利用选矿工艺的分析 [J]. 世界有色金属，2023，23(12): 91-93.

[95] 何辉，贾学国，谢建宏，等 . 氰化尾矿再选回收硫的试验研究 [J]. 矿业研究与开发，2013，33(1): 45-47.

[96] 迟崇哲，翟菊彬，兰馨辉，等 . 黄金尾矿综合利用分析 [J]. 黄金，2022，43(2): 100-103.

[97] 徐宝华，宋姗 . 尾矿砂复配在混凝土生产中的研究及应用 [J]. 商品混凝土，2010(7): 23-25.

[98] 王晓东 . 金尾矿在活性粉末混凝土中的应用研究 [D]. 石家庄：石家庄铁道大学，2017.

[99] 邵力，何所为，权胜民，等 . 利用金尾矿生产烧结普通砖的研究 [J]. 砖瓦，1997，58(1): 34-37.

[100] 彭建军，贺深阳，刘恒波，等 . 白云石质金尾矿制备烧结砖的研究 [J]. 新型建筑材料，2012，39(10): 21-23.

[101] 袁健博 . 赤泥 / 尾矿 / 页岩协同制备免烧建材及性能研究 [D]. 北京：中国地质大学，2020.

[102] 汪宗文，刘义波，赵显辉，等 . 金矿尾矿免烧砖的制备研究 [J]. 冶金与材料，2020，40(1): 24-25.

[103] 闫传霖 . 金尾矿焙烧陶粒的制备与性能研究 [D]. 济南：济南大学，2014.

[104] 孙旭东，潘德安，龚裕，等 . 氰化尾渣高温氯化焙烧制备陶粒 [J]. 有色金属（冶炼部分），2020，23(6): 70-79.

[105] 王亚婕 . 金尾矿高硫选冶尾渣制备泡沫陶瓷 [D]. 武汉：武汉理工大学，2016.

[106] 王志明，渠美云，姚耿，等 . 利用碱渣和金尾矿协同制备多孔陶瓷中孔结构和晶相的影响因素研究 [J]. 山东科技大学学报（自然科学版），2022(4).

[107] 刘玉 . 山东黄金集团生产矿山充填技术现状与展望 [J]. 中国金属通报，2019，1003(4): 40-41.

[108] 谷岩，南世卿，李富平．矿渣胶结材料充填体强度确定及配比优化 [J]. 金属矿山，2014，453(4): 10-14.
[109] 卫亚儒，王瑞廷，孙皞，等．外加剂在我国尾矿充填中的研究及应用进展 [J]. 中国钼业，2021，45(5): 1-5.
[110] 赵英良，邢军，刘辉，等．蚕庄金矿尾矿碱熔活化制备充填胶凝材料 [J]. 有色金属工程，2017，7(6): 80-85.
[111] 付万长，蔡基伟，史俊礼，等．化学与热处理法对金尾矿胶凝活性的激发 [J]. 硅酸盐通报，2020，39(8): 2542-2548.
[112] 赵鑫．黄金尾矿基井下胶结充填材料力学性质研究 [D]. 阜新：辽宁工程技术大学，2021.
[113] 曹华文，张寿庭，裴秋明．中国锡矿资源概况 [J]. 地质论评，2015，61(S1): 802-803.
[114] 张建斌，丁建华，南格利．中国锡矿资源特征及主要远景区潜力分析 [J]. 中国地质，2015，42(4): 839-852.
[115] 夏庆霖，汪新庆，常力恒，等．中国锡矿床时空分布特征与潜力评价 [J]. 地学前缘，2018，25(3): 59-66.
[116] 陈丛林，张伟．全球锡矿资源现状及供需分析 [J]. 矿产保护与利用，2021，41(4): 172-178.
[117] 王伊杰，时晨，王海军，等．我国锡矿资源开发利用形势与“十四五”发展建议 [J]. 自然资源情报，2022(7): 32-36.
[118] 张靖，朱连明．锡矿尾矿库重金属污染特征分析 [J]. 矿冶，2022，31(4): 122-126.
[119] 符海桃，莫峰，兰希雄．锡尾矿综合利用研究进展 [J]. 世界有色金属，2018(6): 221-224.
[120] 邬娜，张晓敏，吴佳，等．有色金属工业固废资源属性多维度评价体系构建——以锡尾矿为例 [J]. 中国环境管理，2022，14(6): 143-148.
[121] 敖顺福．有色金属矿山尾矿综合利用进展 [J]. 矿产保护与利用，2021，41(3): 94-103.
[122] 易龙生，米宏成，吴倩，等．中国尾矿资源综合利用现状 [J]. 矿产保护与利用，2020，40(3): 79-84.
[123] 赵志龙，何孟常，王建兵，等．镍钴锡锑采选行业重金属污染与防治 [M]. 北京：清华大学出版社，2015.
[124] 蔡永兵，张竞博，索改弟，等．广西茶山锑矿尾矿砂中重金属淋滤释放的关键影响因素研究 [J]. 环境污染与防治，2021(10): 1219-1224.
[125] 邓伟．尾矿资源是宝贵的二次资源 [N]. 中国黄金报，2023，9(19): 2.
[126] 张靖，朱连明．锑矿尾矿库重金属污染特征分析 [J]. 矿冶，2022，31(4): 122-126.
[127] 周薛森．三元洞尾矿库加高扩容后坝体的稳定性研究 [J]. 山西建筑，2024，7(50): 175-180.
[128] 姜锡洲．一种温热外敷药制备方案 [P]. 中国专利：CN 101786854 A，2010-07-28.
[129] 李庆祝．一种金属矿山全尾砂充填用新型尾砂胶凝料 [P]. 中国专利：CN 111333352 A，2020-06-26.
[130] 敖顺福．有色金属矿山尾矿综合利用进展 [J]. 矿产保护与利用，2021，41(3): 94-103.
[131] 赵武，霍成立，刘明珠，等．有色金属尾矿综合利用的研究进展 [J]. 中国资源综合利用，

2021，3(29): 24–28.
[132] 张长青，李其在 . 尾矿资源化综合利用应用研究：以京津冀崇礼矿产资源集中区为例 [J]. 中国矿业，2022，31(7): 49–60.
[133] 全国矿产资源节约与综合利用报告（2019）[M]. 北京：地质出版社，2019.
[134] 冯安生，吕振福，武秋杰，等 . 矿业固体废弃物大数据研究 [J]. 矿产保护与利用，2018(2): 40–43，51.
[135] 孙志勇，林栋，张芹 . 中国铁尾矿资源的综合利用途径 [J]. 自然资源情报，2023(8): 1–5.
[136] 路畅，陈洪运，傅梁杰，等 . 铁尾矿制备新型建筑材料的国内外进展 [J]. 材料导报，2021，35(5): 5011–5026.
[137] 杨爽，安路阳，崔晓东，等 . 鞍山型铁尾矿综合利用现状及发展展望 [J]. 中国资源综合利用，2023，41(2): 103–108.
[138] 任明昊，谢贤，李博琦，等 . 铁尾矿综合利用研究进展 [J]. 矿产保护与利用，2022，42(3): 155–168.
[139] 包玺琳，柏亚林，杨俊龙，等 . 秘鲁某高硫选铁尾矿综合回收铜铁金银新工艺试验研究 [J]. 中国矿业，2022，31(1): 153–159.
[140] 刘书杰，谭欣，肖巧斌，等 . 云南某富镁铁尾矿综合回收伴生铜锌的选矿试验研究 [J]. 有色金属（选矿部分），2019(2): 23–28.
[141] 刘俊杰，梁钰，曾宇，等 . 利用铁尾矿制备免烧砖的研究 [J]. 矿产综合利用，2020(5): 136–141.
[142] 张宝虎，余天航，韩先瑞，等 . 铁尾矿砂石骨料沥青混凝土性能研究 [J]. 武汉理工大学学报（交通科学与工程版），2019，43(3): 481–485.
[143] 刘鹏，刘磊，田馨，等 . 我国铁尾矿工艺矿物学特性及其资源化技术研究进展 [J]. 矿产保护与利用，2022，42(3): 169–178.
[144] 刘璇，张强，李有仓 . 我国铁尾矿综合利用途径的研究进展 [J]. 商洛学院学报，2024，38(2): 51–58.
[145] 沈华 . 湘西地区锰渣污染及防治措施 [J]. 中国锰业，2007，25(2): 46–49.
[146] 冯云，陈延信，刘飞，等 . 电解锰渣用于水泥缓凝剂的生产研究 [J]. 现代化工，2006，26(2): 57–60.
[147] 王志增，史菲菲，但智钢，等 . 电解锰企业环境影响评价存在的问题与改进研究 [J]. 环境科学与管理，2016，41(3): 170–173.
[148] 樊欣，罗静，杨梦，等 . 电解金属锰行业环境污染及合理防治建议解析 [J]. 中国锰业，2016，34(3): 136–137.
[149] 曾沛源，吴念，焦叶宏，等 . 贵州省铜仁市电解锰产业发展的现状与思考 [J]. 广州化工，2016，11(10): 31–32.
[150] 裴倩倩，周长波，李旭华，等 . 电解锰企业实施清洁生产审核实例 [J]. 环境保护科学，2015，(5): 95–98.

[151] 覃清亮，朱凡芊，詹海松，等．电解金属锰渣库建设运行隐患整治初探 [J]. 中国锰业，2016，(4): 31-34.
[152] 陈红亮，刘仁龙，李文生，等．电解锰渣的理化特性分析研究 [J]. 金属材料与冶金工程，2014(1): 3-5.
[153] 刘唐猛，钟宏，尹兴荣，等．电解金属锰渣的资源化利用研究进展 [J]. 中国锰业，2012，30(1): 1-6.
[154] 朱志刚．2017 年中国电解锰工业回顾及未来展望 [J]. 中国锰业，2018，36(1): 1-4.
[155] 蒋宏国，罗琳．电解锰企业的环境风险评价研究 [J]. 湖南有色金属，2011，27(3): 60-64.
[156] 谭柱中，梅光贵，李伟健，等．锰冶金学 [M]. 长沙：中南大学出版社，2004.
[157] 张汪生，周光华．我国锰矿资源及选矿进展评述 [J]. 中国锰业，2006，24(1): 1-5.
[158] 段宁，但智钢，宋丹娜．中国电解锰行业清洁生产技术发展现状和方向 [J]. 环境工程技术学报，2011，1(1): 75-81.
[159] 喻旗，罗洁，涂文忠．电解金属锰生产的污染及其治理 [J]. 中国锰业，2006，24(3): 42-45.
[160] 黄双双．深化重庆市“锰三角”地区锰污染治理的建议 [J]. 重庆行政，2021，22(3): 101-102.
[161] 李争显，李伟，LEI Jiajun，等．常见金属元素对人体的作用及危害 [J]. 中国材料进展，2020，39(12): 934-944.
[162] 李佳，焦向科，杜冬云，等．广西某电解锰渣的矿物学性质研究 [J]. 硅酸盐通报，2017，36(3): 947-952.
[163] 潘岑轩，赵博超，岳波．电解金属锰渣污染防治及锰渣场环境风险管控 [M]. 北京：中国环境出版集团，2022.
[164] 欧志兵，杨文娟，何宾宾．国内外磷石膏综合利用现状 [J]. 云南化工，2021，48(11): 4.
[165] 马小玲，谭宏斌，侯雄，等．磷石膏生产硫酸联产水泥研究现状及发展趋势 [J]. 新型建筑材料，2021.
[166] 孙志立．中国磷石膏资源化利用的展望与思考 [J]. 硫酸工业，2016(1): 4.
[167] 贵州省全面进军磷石膏绿色建材领域 [EB/OL]. 中国日报网，2019. https://gz.chinadaily.com.cn / a/201911 16/WS5dcfcfb1a31099ab995ec500.html.
[168] 长江经济带“三磷”专项排查取得阶段成果　生态环境隐患必须科学整治、分类施策 [EB/OL]. 生态环境部，2019. https://www.mee.gov.cn/xxgk2018/xxgk/xxgk15/201908/t20190820_729 453.html
[169] 杨永宏，李柳琼，顾大钧，等．磷石膏属性调查及控制研究 [J]. 昆明理工大学学报（自然科学版），2006，31(6): 76-78.
[170] 李佳宣，施泽明，唐瑞玲，等．磷石膏堆场对周围农田土壤重金属含量的影响 [J]. 中国非金属矿工业导刊，2010(5): 4.
[171] 崔荣政，白海丹，高永峰，等．磷石膏综合利用现状及“十四五”发展趋势 [J]. 无机盐工业，2022，54(4): 1-4.
[172] 赵琳，刘含笑，陈招妹，等．氧化铝赤泥的产生、危害及处置方式初探 [C]. 环境工程 2018 年全国学术年会论文集（下册），2018.

[173] 薛生国，李晓飞，孔祥峰，等．赤泥碱性调控研究进展 [J]. 环境科学学报，2017，37(8): 14.
[174] 南相莉，张廷安，刘燕，等．我国主要赤泥种类及其对环境的影响 [C]. 第十二届冶金反应工程学术会议论文集，2008: 465–470.
[175] 何艺，温雪峰，罗庆明，等．我国赤泥环境管理现状分析 [J]. 环境与可持续发展，2013，38(6): 43–46.
[176] 励衡隆．西澳赤泥干堆技术开发和实践 [J]. 有色金属（冶炼部分），1993(4): 42–45.
[177] Orescanin V, Nad K, Mikelic L, et al. Utilization of bauxite slag of the purification of industrial wastewaters [J]. Process Saf. Environ.Prot., 2006, 84B(4): 265–269.
[178] 付新峰，尹国勋．中州铝厂赤泥堆放场对环境的影响及治理对策 [J]. 焦作工学院学报（自然科学版），2004，22(2): 136–139.
[179] UNEP. Environmental aspects of alumina production technical review (first edition) [M]. Paris, France: Industry and Environment Office, UNEP, 1985: 37–43.
[180] 杨绍文，曹耀华，李清．氧化铝生产赤泥的综合利用现状及进展 [J]. 矿产保护与利用，1999(6): 46–49.
[181] 贺深阳，蒋述兴，汪文凌．我国赤泥建材资源化研究进展 [J]. 轻金属，2007(12): 1–5.
[182] 李小平．平果铝赤泥堆场的边坡环境问题与治理对策研究 [J]. 有色金属（矿山部分），2007，59(2): 29–32.
[183] 姜怡娇，宁平．氧化铝厂赤泥的综合利用现状 [J]. 环境科学与技术，2003，26(1): 40–42.
[184] Li L Y. A Study of iron mineral transformation to reduce red mud Tailing [J]. Waste Manage, 2001, 21(3): 525–534.
[185] 任根宽．开发利用再生资源赤泥保护生态环境 [J]. 宜宾学院学报，2007(12): 78–81.
[186] 陈蓓，陈素英．赤泥的综合利用和安全堆存 [J]. 化工技术与开发，2006(12): 32–35.
[187] 曹瑛，李卫东，刘艳玫．工业废渣赤泥的特性及回收利用现状 [J]. 硅酸盐通报，2007，2(26): 143–145.
[188] 陈蛟龙，刘伟，石存兰，等．赤泥综合利用技术现状及发展建议 [J]. 居业，2022(4): 4.
[189] 阎红．刍议园林软质景观和硬质景观施工关键技术 [J]. 价值工程，2020，39(18): 149–150.
[190] Ghalehnovi M, Shamsabadi EA, Khodabakhshian A, et al. Self-compacting architectural con-crete production using red mud [J]. Construction and Building Materials, 2019, 226: 418–427.
[191] Metilda D L, Selvamony C, Anandakumar R, et al. Investigations on optimum possibility of repla-cing cement partially by redmud in concrete [J] .Scienific Research and Essays, 2015, 10 (4): 137–143.
[192] 顾明明．Al_2O_3 赤泥综合利用关键技术研究进展 [J]. 轻金属，2014(4): 10–11，16.
[193] 李宝毅，杨殿范，杨振宇，等．赤泥—粉煤灰微晶玻璃的制备研究 [J]. 吉林大学学报（地球科学版），2006(S1): 126–129.
[194] 安卓卿，王艺慈，张帅，等．冶金工业固废制备微晶玻璃研究进展 [J]. 中国陶瓷，2022(7): 58.
[195] 钱余海，雷浩，曲新村．建筑冶金行业赤泥综合利用技术及产业化分析 [J]. 甘肃科技纵横，2021，50(10): 58–75.

[196] 张长春，吴龙，沈平，等.铝业赤泥污染处理的现状及前瞻[J].内蒙古科技大学学报，2012，31(3): 4.

[197] 黄河，李勇超，徐政，等，赤泥吸附废水中 Mn^{2+} 的机理分析研究[J].硅酸盐通报，2019(9): 2801-2807.

[198] 陈新年，李瑶.赤泥基陶粒的研制及含砷饮用水的处理应用[J].科学技术与工程，2019，4: 264-267.

[199] Bentoni, Santos P S C, Souza T E D, et al. Composites based on PET and red mud residues as catalyst for organic removal from water [J]. Journal of Hazardous Materials, 2016, 314: 304-311.

[200] 史力争，陈惠康，吴川，等.赤泥及其复合钝化剂对土壤铅、镉和砷的稳定效应[J].中国科学院大学学报，2018(5): 617-626.

[201] 刘中凯，贾楠.以绿色科技打造美丽中国[N].中国有色金属报，2021-08-31(6).

[202] 刘庆玲，金修齐，杨雨嘉，等，赤泥在环境污染修复中应用研究进展[J]，环保科技，2019(5): 56-60.

[203] 竹涛，王若男，金鑫睿，等，以废治废－铝厂固废赤泥治理工业废气二氧化硫的应用研究[J].有色金属工程，2019(7): 109-114.

[204] Lic, Shengy, Sun X. Simultaneous removal of SO_2, and NO, by a combination of red mud and coal mine drainage [J]. Environmental Engineering Science, 2019(4): 444-452.

[205] 余启名，周美华，李茂康，等，赤泥的综合利用及其环保功能[J].江西化工，2007，12(4): 125-127.

[206] 王永兵，刘宝瑛.风景园林工程中软质景观和硬质景观施工探讨[J].绿色环保建材，2021(2): 91-192.

[207] 姜平国.赤泥中回收稀土金属的综述[J].有色金属再生与利用，2005(12): 8-9.

[208] 朱晓波，李望，管学茂.赤泥循环酸没提钛实验及动力学研究[J].稀有金属与硬质合金，2015(3): 9-12.

[209] 胡华龙，罗庆明.从新固废法反观国际经验[J].中国生态文明，2020(4): 46-48.

[210] 王硕，田祎，叶旌，等.国内外尾矿管理制度比较研究和展望[J].中国环境监测，2020，36(6): 29-35.

[211] 张剑智，周波.尾矿库监管，可有他山之石？[J].中国生态文明，2020(3): 90-92.

[212] 王永生，黄洁，李虹.澳大利亚矿山环境治理管理、规范与启示[J].中国国土资源经济，2006(11): 36-37，42，48.

[213] 谢李娜，周建伟，徐文.澳大利亚尾矿治理现状及先进技术综述[J].环境工程，2015，33(10): 72-76.

[214] 陈帅忠.西澳大利亚州《矿业法》修正案中的环境保护制度[J].环境保护，2020，48(24): 67-70.

[215] 郑娟尔，孙贵尚，余振国，等.加拿大矿山环境管理制度及矿产资源开发的环境代价研究[J].中国矿业，2012，21(11): 62-65.

[216] 刘强，王腾.加拿大矿业项目环境评价分析[J].中国矿业，2019，28(4): 93-97，103.

[217] 强海洋 . 矿业绿色发展的国际实践——以加拿大为例 [J]. 环境保护，2018，46(24): 74-77.
[218] 陈芳芳，张亦飞，薛光 . 黄金冶炼生产工艺现状及发展 [J]. 中国有色冶金，2011，2(1): 11-18.
[219] 李鑫，王明涌，公旭中 . 汞尾矿同步高效浸出汞锑规律 [J]. 有色金属科学与工程，2020，11(4): 9-13，68.
[220] 冯新斌，陈玖斌，付学吾，等 . 汞的环境地球化学研究进展 [J]. 矿物岩石地球化学通报，2013，32(5): 503-530.
[221] 娄振东，段红英 . 贵州万山汞矿废渣特征及治理方法探讨 [J]. 环境与发展，2020，32(11): 33-5.
[222] 许致钦 . 汞尾矿的次氯酸盐浸出实验研究 [D]. 东北大学，2018.
[223] 张鑫 . 掺白云石粉混凝土断裂性能及耐久性研究 [D]. 同济大学，2022.
[224] 廖有朋 . 白云石对硫化铅锌矿浮选的影响机理研究 [D]. 江西理工大学，2024.
[225] 吴德操 . 面向地表水环境的分布式紫外—可见光谱水质在线检测监测系统关键技术研究 [D]. 重庆大学，2016.
[226] 吴萌萌 . 水土中胶体对纳米羟基磷灰石与镉相互作用的影响机制 [D]. 北京：中国地质大学，2021.
[227] 李学伟 . 机械力作用下方解石与重金属离子反应的机理及应用研究 [D]. 武汉理工大学，2017.
[228] 李波 . 酸性矿井水中含铝矿物抑制黄铁矿氧化溶解过程与机制 [D]. 西南科技大学，2023.
[229] 王宝 . 还原屏障控制重金属污染的可行性研究 [D]. 兰州大学，2010.
[230] 黄小凤，刘嘉鑫，李琳丽，等 . 典型汞尾矿汞的释放特征——以万山岩屋坪尾矿库为例 [J]. 安全与环境学报，2024，24(8): 3210-3219.
[231] 刘俐媛，陈扬，冯钦忠，等 . 汞矿尾矿区土壤汞、铅和镉的污染特征及风险评价 [C]//《环境工程》编委会，工业建筑杂志社有限公司 .《环境工程》2018 年全国学术年会论文集 (下册). 北京 : 中国科学院北京综合研究中心，2018: 6.
[232] Baena O J R., Aristizabal G, Pimentel M S., et al. Waste management and the elimination of mercury in tailings from artisanal and small-scale gold mining in the Andes municipality of Antioquia, Colombia[J]. Mine Water and the Environment, 2021, 40(1): 250.
[233] 窦红颖，王书肖，王龙，等 . 长三角背景地区秋冬季节大气气态总汞含量特征研究 [J]. 环境科学，2013，34(1):1-7.
[234] 杨智匀，张洪杰，张刚 . 金属矿山全生命周期汞物质地表过程及其生态环境风险 [C]// 中国环境科学学会 (Chinese Society For Environmental Sciences). 中国环境科学学会 2023 年科学技术年会论文集 (四). 东北师范大学环境学院；国家环境保护湿地生态与植被恢复重点实验室，2023:14.
[235] Van Straaten P. Mercury contamination associated with small-scale gold mining in Tanzania and Zimbabwe [J]. Science of the Total Environment，2000，259(1): 13-105.
[236] Dalziel J，Tordon R. Gaseous mercury flux measurements from two mine tailing sites in the Seal Harbour area of Nova Scotia [J]. Geochem-Explor Env A，2014，14(1): 17-24.
[237] Elwaleed A，Jeong H，Abdelbagi A H，et al. Assessment of mercury contamination in water and soil

from informal artisanal gold mining: implications for environmental and human health in darmali area, sudan [J]. Sustainability-Basel, 2024, 16(10).
[238] 徐平平 . 汞矿区汞污染的环境风险评价研究 [D]. 山东师范大学，2013.
[239] 金新港 . 汞矿遗留场地汞污染及对周边生态环境的影响 [D]. 贵州师范大学，2023.
[240] Rytuba J J. Mercury mine drainage and Processes that control its environmental impact[J].The Science of the Total Environment, 2000(260):57-71.
[241] 刘永思，翟平阳 . 甲基汞在水生生物体内富集倍数的研究 [J]. 水资源保护，1996(3): 1-9.
[242] 徐小清，丘昌强，郑冠强，等 . 水库鱼体汞积累的预测 [J]. 水生生物学报，1998(22):244-250.
[243] 单孝全，王仲文 . 形态分析与生物可给性 [J]. 分析试验室，2001，20(6):103-108.
[244] 王嵩，李宏林，胡明明，等 . 甲基汞检测研究进展 [J]. 化学研究与应用，2011，23(2):129-136.
[245] 张国平，刘丛强，吴攀，等 . 贵州万山汞矿尾矿堆及地表水的环境地球化学特征 [J]. 矿物学报，2004(3):231-238.
[246] 王明启，刘晓媛，冯成斌，等 . 贵州省某汞矿、砷联合危害调查报告 [J]. 中国工业医学杂志，1995，8(6):360-362.
[247] 戴智慧 . 贵州万山汞矿区典型流域汞的质量平衡 [D]. 中国科学院地球化学研究所，2012.
[248] Wright L P, Zhang L, Cheng I, et al. Impacts and effects indicators of atmospheric deposition of major pollutants to various ecosystems-a review[J]. Aerosol and Air Quality Research, 2018, 18(8): 1953-1992.
[249] Wang J, Feng X, Anderson C W N, et al. Mercury distribution in the soil-plant-air system at the Wanshan mercury mining district in Guizhou, Southwest China[J]. Environmental Toxicology and Chemistry, 2011, 30(12): 2725-2731.
[250] 杨康康 . 鲁塘尾矿库岩溶发育特征及其地下水环境影响 [D]. 桂林理工大学，2021.
[251] 王仕远 . 尾矿库对周围地下水环境影响趋势研究 [J]. 有色金属设计，2022，49(3):130-133.
[252] 冯钦忠，陈扬，姚高扬，等 . 典型汞土壤污染综合防治先行区治理与修复技术初探 [C]//《环境工程》编委会，工业建筑杂志社有限公司 .《环境工程》2018 年全国学术年会论文集 (中册). 北京 : 中国科学院北京综合研究中心；国家环境保护汞污染防治工程技术中心；中科京投环境科技江苏有限公司；格丰环保科技有限公司, 2018: 8.
[253] 李宝磊 . 原生汞采选冶行业含汞废物污染特征及风险分析 [J]. 科技创新导报，2017，14(2): 96-97.
[254] 冯俊鹏 . 汞尾矿中汞锑的碱浸回收研究 [D]. 东北大学, 2018.
[255] 陆旋 . 汞污染固化稳定化材料研究及示范应用 [D]. 贵州大学, 2023.
[256] 黄启战 . 可持续发展理念在矿山企业中的运用——评《废物资源综合利用技术丛书——尾矿和废石综合利用技术》[J]. 矿业研究与开发, 2020, 40(01): 165.
[257] 崔正旭 . 论尾矿综合利用现状调查及其意义 [J]. 低碳世界, 2017(12): 76-77.
[258] 赵训 . 万山汞矿区环境污染及其防治对策 [J]. 采矿技术，2010，10(1): 52-53，58.
[259] 聂建仓 . 尾矿综合利用策略与矿山持续发展途径探析 [J]. 新疆有色金属, 2024, 47(4): 28-29.